KB267118

호주 맞짱뜨기

Australia

박미경 저

아이생각
www.ithinkbook.co.kr

성공어학연수 가이드 – 우리는 지금 호주로 간다
호주 맞짱뜨기

| 만든 사람들 |
기획 실용기획부 | **진행** 신지나 | **집필** 박미경 | **편집 디자인** 아이디어스토리지 | **표지 디자인** 전민경

| 책 내용 문의 |
도서 내용에 대해 궁금한 사항이 있으시면 아이생각(디지털북스) 홈페이지의 게시판을 통해 해결하실 수 있습니다.
아이생각(디지털북스) 홈페이지 www.digitalbooks.co.kr
디지털북스 이메일 digital@digitalbooks.co.kr

| 각종 문의 |
영업관련 hi@digitalbooks.co.kr
기획관련 dgbookplan@digitalbooks.co.kr, digital@digitalbooks.co.kr
전화번호 (02) 447-3157~8

[호주 연수의 다섯 가지 약속]

1. 아이엘츠 6.0 만들어 올까?

'나는 그냥 외국친구들 많이 사귀면서 자연스러운 영어를 공부해야지!', '경험상 호주한번 나가면 좋으니까.', '내 목표는 스피킹 실력!' 등의 막연한 생각으로 출국을 하게 되면 성공연수를 하기란 쉽지가 않다. 아이엘츠 성적이든, 토익성적이든 시험성적을 목표로 잡는 것도 좋고, 꼭 스피킹 실력만이 중요하다면 외국영화를 자막 없이 보았을 때 80~90% 이상 이해하는 걸 목표로 해도 좋다! 무엇이든 구체적인 목표를 가지고 출국한다면 좋은 성과가 있을 것이다.

2. 아시안 친구들아~ 미안하지만, 말 좀 걸지 말래??

한국인과 아시아인들을 너무 피하면서 유럽인들과만 친구하려고 하지 않기!
아시아인 중에서도 대만 출신, 태국 출신 등 부유하게 자라서 영어도 잘하고 문화도 잘 맞아, 나와 진짜 잘 맞을 친구가 숨어있을 수 있다. 적절한 거리를 두고 친하게 지내는 성실한 한국인 친구(막가파 노는친구는 피하도록하자.)도 외국생활에 있어서 도움이 될 수 있기 때문에 한국인과 아시아인 등, 특정 국적의 학생들을 일부러 피하지 말자.

3. 오늘 저녁 고추장불고기 어때?

호주에서는 대부분의 학생들이 쉐어를 하고있는데, 100% 외국인 쉐어는 못가더라도, 50%이상은 외국인이 포함되어 있는 쉐어를 택하는 것이 좋다. 예를 들어 총 5명이 아파트 쉐어를 하고 있는데 5명 모두 한국인이라면 집에 소주병과 한국 음식냄새, 한국드라마 소리가 끊이지 않을 수 있다. 반대로 본인 빼고 4명 모두가 외국인인 곳에서 살게 되면, 문화차이와 외로움 때문에 불편할 수 있으니, 국적비율이 적절히 섞여있는 곳을 택하는 것도 좋은 방법이다.

4. 지역 이동도 경험이다.

호주는 각 지역마다 매우 다양한 색깔을 가지고 있다. 1~2년을 호주에서 거주하면서 한 지역에서만 생활을 하게 되면 호주의 일부분만 경험을 하게 되는 것이므로, 한 번 정도 지역을 이동해서 거주해보는 것도 좋은 경험이 될 수 있다.

5. 친구 따라 강남가지 말자!

"시드니 절대 가지마!", "대학부설에서만 연수해야 돼.", "내가 다녀온 학원이 제일 좋아." 등등 주변에 어학연수 다녀온 친구들이 하는 말들을 지나치게 맹신하지말자! 참고해서 결정 할 수는 있지만, 내 인생이 걸린 중요한 선택이니 친구랑 꼭 연수를 같이 가려고 할 필요도 없고, 다녀온 친구가 조언해준 말대로 해야 할 필요도 없다. 자신이 책임질 수 있는, 자신이 원하는 성공 어학연수 플랜을 스스로 만들어보자!

어느 지역으로 어학연수를 가는 게 좋을지, 어느 어학원에서 공부를 하는 게 효율적인지를 고민하기 전에 내가 지키고자 하는 다섯 가지 약속을 직접 만들어 보는 건 어떨까?

박미경

Contents

Australia

PART 01

호주 연수 준비, 어떻게 할까?

요즘은 여권을 신청해도 빨리 발급되어 나오고, 비자 신청도 간단하기 때문에 호주로 갈 때 타고 갈 비행기의 항공권 중에서 저렴한 것을 찾고, 준비물만 챙기면 연수 준비는 거의 끝이 난다.

STEP 01 연수의 기본 준비물, 여권 만들기
STEP 02 비자 신청하기
STEP 03 항공 예약하기
STEP 04 출국 준비물 챙기기

연수의 기본 준비물, 여권 만들기

THEME 01 여권 신청 방법

"너 호주하면 뭐가 떠오르니?"
"캥거루? 코알라?"
"단순한 녀석."

호주라 하면, 일단 캥거루나 코알라를 떠올리는 많은 친구들은 그 일반적인 생각처럼 최대한 빨리 출국하려고 어학원을 등록하는 방법이나 어학원을 선택하는 요령, 지역별 특징 등등을 알아보기 바쁘다.

"헥헥. 호주에서 다닐 어학원도 결정했고 짐도 다 챙겨 놓으니까 이제 호주로 가는 일만…"
"잠깐!"
"아, 깜짝이야. 왜?"
"너 여권 있니?"
"당연히…있…."
"없구나."

으쌔! 나도 여권 한 번 만들어 볼까?

But! 위의 경우처럼 여권이 없으면… 당연히 출국 불가능하다. 결과적으로 연수를 위해서 어학원 결정하고, 준비물을 다 챙기는 것도 맞는 과정이지만 무엇보다도! 바로 다음과 같이 생긴 여권이 있어야 출국이 가능하다는 사실을 말해주고 싶다!

기본적으로 여권은 2008년도 8월 25일부터 전자 여권 발급이 시행되기는 했지만, 기존 여권 신청 방법과 동일하게 신분증+여권용 사진 1장+신청비를 들고 가장 가까운 구청에 가서 신청서를 작성하고 직접 접수하면 된다.

"가끔 신청비 안 들고 가시는 분들❤ 많으시더라구요."

THEME 02 여권 종류

01. 여권의 종류

여권은 우선 기본적으로 기간에 따라 단수와 복수로 나누어진다. 물론 공무원과 같은 이들을 위한 특별 여권들도 있지만 우리에게는 해당되지 않으니 복수/단수 여권의 차이점만 알면 된다.

● 복수 여권: 5년 혹은 10년 동안 횟수에 제한 없이 해외 출국을 할 수 있는 여권(가급적 10년짜리로 신청할 것을 권유한다.)
● 단수 여권: 해외 출국을 1년 동안 한 번만 할 수 있는 여권으로, 병역 미필자 등의 특별한 이유가 있는 사람만 신청한다.

02. 여권 종류별 수수료는?

	기간	수수료
단수 여권	1년	20,000원
복수 여권	5년 미만	15,000원
	5년	33,000원
	5년	45,000원
	5년 이상~10년	53,000원
여행증명서	–	12,000원
기타 사항 변경	–	5,000원

03. 여권에 대한 기타 사항은?

전자 여권 시행에 따라 여권은 대리 신청이 불가능하니, 직접 방문해서 신청해야 한다!

"씨! 귀찮은데….."
"물론 미성년자나 장애인은 대리 신청이 가능하지만 그래도 직접 가서 하는 게 마음도 편하고 훨씬 좋아. 그것도 귀찮으면 숨은 대체 왜 쉬어?"

또 여권은 항상 안전히 보관해야 한다. 타인이 나쁜 목적으로 사용할 수 있기 있기 때문에 분실했을 때에는 막대한 피해가 쓰나미처럼 몰려온다! 따라서 여권 분실 시에는 가까운 여권 발급 기관에 신고하고, 해외에서 분실했을 때는 가까운 대사관이나 총영사관에 신고를 해서 여행증명서나 단수 여권을 발급받자!

"아악! 나 여권 잃어버렸어!"
"뭐? 그럼 빨리 대사관을 가야…응?"
"왜!"
"니 뒷주머니에 있는 건 여권이 아니고 복권이냐?"

뭐 어쨌든 여권에 대한 더 자세한 사항은 외교 통상부 사이트를 참조하여 상세한 사항을 숙지하도록 한다. 외교 통상부 사이트는 www.0404.go.kr!

순번	여권사무수행기관	전화번호	팩스	주소
1	외교부 여권과장	02-720-3780	02-722-8489	(110-733) 서울 종로구 수송동 80번지 코리안리 4층
2	서울 종로구 여권과	02-731-0611 ~3	02-731-0659	(110-701) 서울시 종로구 삼봉길50
3	서초구 오-케이 민원센터	02-570-6921	–	(137-704) 서울시 서초구 남부순환로 2584
4	영등포구 민원여권과	02-2670-3145/50	–	(150-720) 서울시 영등포구 당산로 124
5	노원구 민원여권과	02-950-3750/52	–	(139-703) 서울시 노원구 상계6동 701-1
6	강남구 민원여권과	02-2104-2266/7	–	(135-705) 서울시 강남구 학동로 426
7	동대문구 민원여권과	02-2127-4687	–	(130-703) 서울시 동대문구 하정로 145
8	마포구 여권과	02-3153-8282	–	(121-711) 서울시 마포구 난지도길 30(성산동 370번지) 마포구청 신청사 2층
9	송파구 여권과	02-410-3270/2	–	(138-702) 서울시 송파구 올림픽로326 신천동29-5
10	구로구 민원여권과	02-860-3430	–	(152-701) 서울시 구로구 가마산길 340(구로본동 435번지)
11	성동구 민원여권과	02-2286-5216/20	02-2286-5907	(133-701) 서울시 성동구 고산자로 10
12	강북구 여권과	02-901-6077	02-901-6150	(142-701) 서울시 강북구 구청길 12 수유3동 192-59
13	강서구 여권과	02-2600-6114/8	02-2600-6610	(157-701) 서울시 강서구 화곡동 153(화곡동 980-16) 강서구청 본관 1층
14	광진구 민원여권과	02-3424-2971/4	02-450-1744	(143-702) 서울시 광진구 자양로 150
15	용산구 민원여권과	02-710-3370, 3372/4	–	(140-704) 서울시 용산구 백범로 78
16	은평구 여권과	02-350-3970	–	(122-702) 서울시 은평구 은평구청길8
17	중구 여권과	02-2260-1627	02-2260-1112	(100-701) 서울시 중구 배오개길 76
18	중랑구 민원여권과	02-490-3114	–	131-701) 서울시 중랑구 봉화산길 179
19	강동구 민원여권과	02-479-0100	–	(134-700) 서울시 강동구 성내동길 27 성내동540

순번	여권사무수행기관	전화번호	팩스	주소
20	관악구 여권과	02-880-3201/16	02-880-3762	(151-701) 서울시 관악구 관악로 462(봉천 4동 1570-1)
21	금천구 여권과	02-890-2230/7	02-890-2238	(153-701) 서울시 금천구 시흥대로 483
22	도봉구 민원여권과	02-2289-8750/4	02-2289-1723	(132-701) 서울시 도봉구 마들길 656(방학동 720)
23	동작구 여권과	02-820-9273	02-820-9944	(156-094) 서울시 동작구 장승배기길(노량진동 47-2)
24	서대문구 민원여권과	02-330-1909/10	02-330-1680	(120-080) 서울시 서대문구 연희로 165(연희동 168-6)
25	성북구 여권과	02-920-4400	02-920-4429	(136-706) 서울시 성북구 화랑로 65(하월곡동 46-1)
26	양천구 민원여권과	02-2620-4350	02-2620-3433	(158-702) 서울시 양천구 목동동로 75(신정동 321-4)
27	부산 부산시청 시민봉사과 여권계	051-888-4001/5	051-888-3569	(611-735) 부산 연제구 연산5동 1000(관용, 거주, 긴급(당일) 여권만 신청 가능)
28	사하구 민원여권과	"051-220-4812~6, 4818"	051-220-4819	(604-701) 부산 사하구 사하구청길 30(당리동 317-16번지)
29	서구 민원봉사과	051-240-4288	051-240-4289	(602-701) 부산 서구 서구청 1길 1(토성동 4가 2-3)
30	해운대구 민원여권과	051-749-5613	051-749-5619	(612-701) 부산 해운대구 중일동 1378 95
31	사상구 민원여권과	051-310-7905	051-310-4270	(617-060) 부산 사상구 구청로 34(감전2동 138-8)
32	강서구 민원봉사과	051-970-4000	–	(618-701) 부산광역시 강서구 낙동북로 116
33	기장군 생활민원과	051-709-4000	–	(619-906) 부산광역시 기장군 기장읍 기장대로 400
34	남구 민원여권과	051-637-7373	–	(608-701) 부산광역시 남구 남구청길 50
35	북구 민원봉사과	051-309-4291/4	–	(616-701) 부산광역시 북구 강변2길 6(구포동)
36	영도구 민원봉사과	051-419-4701~3	–	(606-750) 부산광역시 영도구 태종로 1151(청학동)
37	금정구 민원봉사과	051-519-4231~7	–	(609-701) 부산광역시 금정구 중앙로 3055
38	부산진구 민원봉사과	051-605-4260	–	(614-701) 부산광역시 부산진구 구청로 11
39	수영구 민원회계과	051-610-4683	–	(613-702) 부산광역시 수영구 수영구청길 13(남천2동 148-15)

순번	여권사무수행기관	전화번호	팩스	주소
40	동래구 민원봉사과	051-550-4264	–	(607-701) 부산광역시 동래구 읍내길 77(복천동 381)
41	연제구 민원봉사과	051-665-4283	–	(611-703) 부산광역시 연제구 연제로 55(연산2동 1555번지)
42	중구 민원봉사과	051-600-4261	–	(600-701) 부산광역시 중구 영선고개길 186(대청동 1가 1번지)
43	동구 민원봉사과	051-440-4261	051-440-4269	(601-701) 부산광역시 동구 중앙로 734(범일1동 62-720)
44	인천 인천시청 자치행정과	032-440-2480~7	032-425-2207	(405-750) 인천광역시 남동구 시청앞길 25
45	계양구 민원여권과	032-450-6706	032-450-6719	(407-701) 인천광역시 계양구 계산새길 148
46	서구 민원봉사과	032-560-4250	032-560-4250	(404-701) 인천광역시 서구 서곶길 323
47	동구 민원지적과 민원행정팀	032-770-6338	032-770-6339	(401-701) 인천광역시 동구 금곡길 175
48	남구 민원지적과	032-880-4939	032-880-4856	(402-701) 인천광역시 남구 독정이길 151(숭의동 131-1)
49	연수구 민원지적과 여권T/F팀	032-810-7755	032-810-7259	(406-723) 인천광역시 연수구 원인재길 33
50	남동구 민원지적과	032-453-2290	032-453-5691	(405-702) 인천광역시 소래길 88(만수동 1008번지)
51	강화군 민원지적과	032-930-3243	032-930-3660	(417-802) 인천광역시 강화군 강화읍 군청길(관청리 163)
52	부평구 민원여권과	032-509-6331	032-509-7617	(403-701) 인천광역시 부평구 부평로 266(부평4동 879)
53	경기도 경기1 총무과종합민원실	031-249-3200/7	–	(442-781) 경기도 수원시 팔달구 도청앞길 63(매산로 3가)
54	부천시 시민봉사과	032-320-3837/8	032-320-2720	(420-736) 경기도 부천시 원미구 계남큰길 138(중동 1156)
55	용인시 주민생활과	031-324-3124	–	(449-704) 경기도 용인시 처인구 용인대로 735(삼가동 556)
56	광명시 민원정보통신과	02-2680-2600	–	(423-702) 경기도 광명시 시청로 20(철산3동 222-1)

순번	여권사무수행기관	전화번호	팩스	주소
57	시흥시 민원지적과	031-310-2158	–	(429-701) 경기도 시흥시 시청로 20(경기도 시흥시 장현동 300)
58	화성시 민원봉사과	031-369-3533	–	(445-702) 경기도 화성시 시청길133(남양동 2000)
59	이천시 자치행정과	031-644-2125	–	(467-717) 경기도 이천시 남천로 59(중리동 187)
60	김포시 시민봉사과	031-980-2712	031-980-2900	(415-728) 경기도 김포시 시청앞길 40(사우동 263-1)
61	광주시 민원지적과	031-760-2805	031-760-2380	(464-720) 경기도 광주시 송정동 120-8
62	안성시 공보민원 감사담당관	031-678-3284	031-678-2077/9	(456-701) 경기도 안성시 시청길 25(봉산동 31-3)
63	하남시 종합민원과	031-790-5566	031-790-6139	(465-701) 경기도 하남시 시청길 2
64	의왕시 시민봉사과	031-345-2139	031-345-2650	(437-701) 경기도 의왕시 시청로 11
65	오산시 시민과	031-371-3010	031-371-3007	(447-701) 경기도 오산시 성호대로 165(오산동 915)
66	여주군 민원봉사과	031-887-2135	031-887-2369	(469-704) 경기도 여주군 여주읍 청심로 184(홍문리 4번지)
67	과천시 총무과종합민원실	02-3677-2136	–	(427-714) 경기도 과천시 관문로 72(중앙동 1-3)
68	경기2 행정관리담당관실	031-850-2251/8	–	(480-764) 경기도 의정부시 제2청사 1로 66(신곡동 800)
69	파주시 민원봉사과	031-940-4941	–	(413-719) 경기도 파주시 시청로 66
70	구리시 민원봉사과	031-550-2135	–	(471-702) 경기도 구리시 아차산길 62(교문동 390-1)
71	포천시 민원과	031-538-2136	031-538-2746	(487-701) 경기도 포천시 중앙로 179(신읍동 58-2)
72	양주시 생활민원과	031-820-2185	–	(482-709) 경기도 양주시 남방동 1-1
73	양평군 종합민원실	031-770-2042	–	(476-703) 경기도 양평군 양평읍 양근리 448-8
74	동두천시 민원봉사과	031-860-2687	031-860-2669	(483-706) 경기도 동두천시 시청길 27
75	가평군 민원봉사과	031-580-2133	031-580-2090	(477-701) 경기도 가평군 가평읍 석봉로 181(읍내리 513번)
76	연천군 종합민원실	031-839-2159	–	(486-701) 경기도 연천군 연천읍 차탄리 290-1

순번	여권사무수행기관	전화번호	팩스	주소
77	성남시 민원여권과	1577-3100	–	(463-070) 경기도 성남시 분당구 야탑동 486(탄천 종합운동장내)
78	고양시 (동구청) 자치행정과	031-900-6330	–	(410-350) 경기도 고양시 일산동구 마두동 815번지
79	안양시 시민과	031-389-2582	–	(431-728) 경기도 안양시 동안구 시민로 205
80	군포시 민원지적과	031-390-0130	–	(435-701) 경기도 군포시 청백리길 22
81	안산시 자치행정과	"031-481-2980,2983"	–	(425-702) 경기도 안산시 단원구 화랑로 110
82	평택시 민원봉사과	031-659-4098	–	(450-702) 경기도 평택시 중앙로1가 45
83	남양주시 3S고객만족팀	031-590-8714	–	(472-933) 경기도 남양주시 지금동 159-7
84	강원도 강원도청 총무과장	033-249-2271	033-249-4030	(200-700) 강원 춘천시 봉의동 15
85	원주시 민원봉사과장	033-737-2512/5	033-737-4854	(220-703) 강원도 원주시 무실동 1(시청로 1)
86	속초시 민원봉사과장	033-639-2063~5	033-639-2510	(217-701) 강원 속초시 중앙로 469-6(중앙동 469-6번지)
87	환동해 출장소	033-660-8320/21	033-660-1399	(210-806) 강원도 강릉시 주문진읍 주문진로 36(교항리118-1)
88	강릉시 민원지적과	033-640-5090	–	(210-703) 강원도 강릉시 시청로 66
89	동해시 고객봉사과	033-530-2284	–	(240-701) 강원도 동해시 천곡로77
90	태백시 민원봉사과	033-552-2051	–	(235-701) 강원도 태백시 시청길 2 태백시청
91	삼척시 민원봉사과	033-570-3952	–	(245-701) 강원도 삼척시 중앙로 33
92	홍천군 민원봉사과	033-432-2243	–	(250-721) 강원도 홍천군 홍천읍 희망로 72
93	철원군 민원봉사과 일반민원부서	033-450-5454	–	(269-800) 강원도 철원군 갈말읍 신철원리 649번지
94	충북 충북도청 자치행정과장	043-220-2734~36	043-220-5577	(360-765) 충북 청주시 상당구 문화동 89
96	옥천군 민원과장	043-730-3288	043-730-3670	(373-809) 충북 옥천군 옥천읍 삼양리 174번지
95	충주시 종합민원실장	043-850-5416	043-850-5491	(380-700) 충북 충주시 금릉동 700번지

순번	여권사무수행기관	전화번호	팩스	주소
97	청주시 흥덕구 민원봉사과	043-200-8127	–	(360-700) 충청북도 청주시 흥덕구 사직로 280
98	제천시 민원서비스팀	043-641-5754	–	(390-701) 충청북도 제천시 시청길 15
99	진천군 종합민원과	043-539-3076	–	(365-701) 충청북도 진천군 진천읍 읍내리 463
100	음성군 종합민원과	043-871-3210	–	(369-701) 충청북도 음성군 음성읍 읍내리 621-1
101	충남 충남도청 도의새마을과	042-220-3078	042-251-2254	(301-763) 대전 중구 선화동 287
102	천안시청 종합민원실장	041-521-3317~9, 5322~3(상담)	041-521-3316/7, 3319	(330-701) 충남 천안시 번영로 601(불당동 234-1)
103	보령시 허가민원과장	041-930-3884	041-930-3711~2	(355-701) 충남 보령시 성주산로 77(명천동 269-4)
104	서산시 민원처리과장	041-660-2725	041-660-2620, 2248,9	(356-704) 충남 서산시 관아문길 1(읍내동 492)
105	공주시 시민봉사과	041-840-2243	–	(314-702) 충청남도 공주시 봉황로 342
106	아산시 민원위생과	041-540-2885	–	(336-010) 충청남도 아산시 시민로 124
107	논산시 종합민원과	041-730-3243	–	(320-701)충청남도 논산시 시청1길 11
108	연기군 종합민원실	041-861-2242	–	충청남도 연기군 조치원읍 신흥리 123번지
109	부여군 종합민원실	041-830-2075	–	(323-701) 충청남도 부여군 부여읍 계백로 399
110	홍성군 민원봉사실	041-630-1244	041-630-1533	(350-704) 충청남도 홍성군 홍성읍 오관리 98 홍성군천
111	예산군 민원봉사실	041-337-7157	–	(340-701) 충청남도 예산군 예산읍 예산리 600번지 예산군청
112	태안군 종합민원실	041-670-2243	–	(357-701) 충청남도 태안군 태안읍 남문리 90
113	당진군 종합민원실민원팀	041-350-3281	–	(343-805) 충청남도 당진군 당진읍 읍내리 515
114	전북 전북도청 국제협력과	063-280-4999/4263	063-280-2209	(560-761) 전북 전주시 완산구 효자로 2
115	남원시 민원과장	063-620-6105	063-620-6705	(590-701) 전북 남원시 시청로 88(도통동 518번지)
116	군산시 민원봉사과장	063-450-4150, 6418(행정담당)	063-450-4396	573-703) 전북 군산시 시청로 8번(조촌동 888번지)
117	정읍시 종합민원과장	063-530-7389,7390	063-530-7393	(580-701) 전북 정읍시 수성동 440-1

순번	여권사무수행기관	전화번호	팩스	주소
118	익산시 종합민원팀	063-859-5359	-	(570-753) 전라북도 익산시 시청로1
119	김제시 종합민원과	063-540-3247	-	(567-120) 전라북도 김제시 시청로 166
120	진안군 주민만족과 복합민원담당	063-430-2853	-	(567-806) 전라북도 진안군 진안읍 군하리 9704
121	부안군 종합민원실	063-580-4380	-	(579-700) 전라북도 부안군 부안읍 동중리 222-1번지
122	전남 전남도청 종합민원실장	061-286-2314	062-607-6206	(534-821) 전남 무안군 상향면 남막리 1000번지
123	여수시 민원지적과장	061-690-2190	061-690-2953	(555-701) 전남 여수시 시청로 1번(학동 100번지)
124	광양시 민원봉사과장	061-797-2262	061-797-3224	(545-701) 전남 광양시 시청앞길 8(중동 1313번지)
125	순천시 허가민원과	061-749-3230	061-749-3154	(540-701) 전라남도 순천시 장명로 92
126	영암군 종합민원과	061-470-2248	-	(526-804) 전라남도 영암군 영암읍 통무리 158번지 영암군천
127	경북 경북도청 새마을봉사과장	053-950-2215, 2253	053-950-3409	(702-702) 대구시 북구 산격동 1445-3
128	안동시 종합민원실장	054-840-6880~3	054-840-6149	(760-701) 경북 안동시 시청로 6(명륜동 344번지)
129	포항시 새마을봉사과장	054-270-2903~5, 2124(심사담당)	054-270-5998~9	(790-722경북 포항시 남구 대잠동 1001번지
130	경주시 민원봉사과	054-779-6453	-	(780-701) 경상북도 경주시 양정로 260
131	김천시 종합민원처리과	054-420-6141	054-420-6149	(740-701) 경상북도 김천시 시청1길 1
132	구미시 시민만족과	054-450-5453	-	(730-717) 경상북도 구미시 송정동 50
133	경산시 종합민원과	054-810-6141	-	(712-703) 경상북도 경산시 님매로 159
134	영주시 새마을봉사과	054-639-6728	-	(750-701) 경상북도 영주시 시청로 1
135	상주시 민원봉사팀	054-537-6145	-	(742-706) 경상북도 상주시 남성동 140-3
136	경남 경남도청 행정과장	055-211-6114	055-211-2659	(641-702) 경남 창원시 대방로 1번지
137	진주시 시민봉사과장	055-749-5048(안덕숙), 5150	055-749-2812~4	(660-760) 경남 진주시 상대동 284

순번	여권사무수행기관	전화번호	팩스	주소
138	거제시 민원지적과장	055-639-3247, 3155	055-639-3484	(656-720) 경남 거제시 신현읍 고현리 717번지
139	김해시 허가과장	055-330-3688, 4808	055-330-3689	(621-701) 경남 김해시 부원동 623번지
140	거창군 종합민원실장	055-940-3051-3 (여권담당쪽 문의) 055-940-3078~9	-	(670-807) 경남 거창군 거창읍 상림리 64-1
141	마산시 행정관리국 고객감동과	055-220-3277	-	(631-702) 경상남도 마산시 3.15의거길 760
142	진해시 민원봉사과	055-548-4294	-	(645-701) 경상남도 진해시 부흥동 1번지 진해시청
143	통영시 민원지적과	055-650-4815	-	(650-800) 경상남도 통영시 통영해안로 54
144	사천시 민원지적과	055-831-2981	-	(664-701) 경상남도 사천시 용현면 덕곡리 501번지
145	밀양시 민원봉사과	055-359-5223	-	(627-701) 경상남도 밀양시 교동 1000-1번지
146	양산시 민원지적과	055-380-4296	-	(626-701) 경상남도 양산시 남부동 505번지 양산시청
147	합천군 종합민원실	055-930-3193	-	(678-801) 경상남도 합천군 합천읍 합천리 337번지
148	대구 대구시청 시민봉사과장	053-803-2873	053-803-3009	(700-714) 대구시 중구 동인동 1가 1번지
149	북구 민원봉사과	053-665-2261	-	(702-705) 대구광역시 북구 옥산로 85(침산3동 447-16번지)
150	수성구 OK민원팀	053-666-4651/2	-	(706-701) 대구광역시 수성구 달구벌대로 663(범어동 238-3)
151	달서구 종합민원과	053-668-3321	053-668-3385	(704-702) 대구광역시 달서구 학산로 300(월성동 281)
152	달성군 종합민원과	053-668-3321	053-668-3385	(711-790) 대구광역시 달성군 논공읍 달성군청로 33(금포리 1313)
153	동구 행정관리과	053-662-2211	053-662-2219	(701-701) 대구광역시 동구 아양로 373(신암동 36-1)
154	광주 광주시청 민간협력과장	062-613-2963	062-613-2969	(501-701) 광주시 서구 내방로 410
155	북구 민원봉사과	062-510-1230	-	(500-701) 광주광역시 북구 우치로 183(용봉동)

순번	여권사무수행기관	전화번호	팩스	주소
156	광산구 민원봉사팀	062-940-8283	–	(506-702) 광주광역시 광산구 광산구청로10(송정동 833-8)
157	동구 민원봉사과	062-608-2352	–	(501-704) 광주광역시 동구 동구청로1(서석동31)
158	서구 민원봉사과	062-360-7230	–	(502-701) 광주광역시 서구 서구청 1길 10(농성동 299)
159	남구 민원봉사과	062-650-7230	–	(503-701) 광주광역시 남구 제석로 17(봉선동 511)
160	대전 대전시청 시민봉사과장	042-600-2377 ~85, 2380	042-600-3389	(302-789) 대전시 서구 둔산동 1420
161	중구 자치과	042-606-6373	–	(301-701) 대전광역시 중구 중앙로 150(대흥동 499-1)
162	동구 민원봉사과	042-250-1230	–	(300-701) 대전광역시 동구 중앙시장길 100(원동 85-5)
163	서구 민원봉사과	042-611-6170	–	(302-702) 대전광역시 서구 반월길 56(둔산동 1300)
164	대덕구 민원서비스팀	042-608-6250	–	(306-703) 대전광역시 대덕구 대덕구청 5길 20(오정동 500)
165	유성구 구민봉사실	042-611-2990	–	(305-702) 대전광역시 유성구 대학로 243번(어은동 109번지)
166	울산 울산시청 자치행정과장	052-272-3000~1	052-260-5252	(680-701) 울산시 남구 신정동 646-4
167	북구 민원지적과	052-219-7285	–	(683-370) 울산광역시 북구 산업로 1010(연암동 1004-1)
168	제주 제주도청 총무과장	064-746-3000	064-710-3015	(690-700) 제주시 연동 312-1
169	서귀포시 종합민원실	064-760-2128	–	(697-701) 제주특별자치도 서귀포시 중앙로 308(1청사)

비자 신청과 비자 종류 살펴보기

Memo

- 이메일: seoul–visa @dfat.gov.au
- 팩스: 02–720–9932
- 전화번호: 02–2003 –0111(전화 문의 시간은 대사관 공휴일을 제외한 월요일~금요일, 오전 9시~12시, 오후 1시 30분~4시 30분 사이입니다.)
- 우편주소: 서울시 광화문 우체국 사서함 562 주한 호주 대사관 비자과(우편번호 110–605)
- 주소: 서울시 종로구 종로 1가 교보생명빌딩 13층 주한 호주 대사관 비자과

THEME 01 비자과 연락 방법은?

구체적인 비자의 종류에 대해 언급하기 전에 비자 업무를 담당하는 비자과의 업무 시간을 살펴보자. 이는 대사관 공휴일을 제외한 월요일에서 금요일까지로, 오전 9시~12시, 오후 2시~오후 4시까지이다. 다만 비자과는 사전 예약이 필수라는 사실을 기억하자!

● 대사관 공휴일은?

날짜	공휴일명
1월 2일	신정 (in lieu)
1월 23일, 24일	설날
1월 26일	호주의 날
4월 6일	Good Friday
4월 9일	부활절
4월 25일	Anzac Day
6월 11일	Queen's Birthday
8월 15일	광복절
10월 1일	추석/노동절
10월 2일	추석
10월 3일	추석/개천절
12월 25일	성탄절
12월 26일	Boxing Day

01. 관광 비자란?

호주는 유러피안들도 선호하는 아름다운 관광의 나라다.

"그렇다고 연수하러 왔는데 관광만 하러다니는 건 아니겠지?"

따라서 연수를 하면서 본인이 주인공인 뮤직 비디오라도 하나 찍어오고 싶다면 호주로 연수를 떠나보자 !

일명 Electronic Travel Authority(ETA)라 불리는 관광 비자는 호주를 관광이나 상용 목적으로 방문하는 여행객들을 위한 전산 비자로, 여권에 비자 라벨이나 도장이 필요 없고, 방문 시마다 3개월의 체류 기간을 받을 수 있다.

02. 관광 비자, 어떻게 신청할까?

이 관광 비자(ETA)는 한국을 포함한 일부 국가의 국민만이 신청할 수 있는데, ETA는 항공권 예약 시, 항공사나 여행사를 통해서 받을 수 있다.

"그럼 항공사나 여행사에서 티켓을 받으려면 어떤 절차가 필요한 거야?"
"그냥 비행기 티켓 발권할 때, 여행사에 호주 관광 비자를 받아달라고 이야기만 하면 끝이야~!"

대부분의 ETA 신청자는 항공사나 여행사에서 1분 이내에 승인을 받을 수 있는데, 예외로 소수의 신청자는 승인되지 않고 추가 확인을 위해 호주 대사관으로 문의하라는 메시지가 나올 수 있다. 이 메시지는 과거에 호주에서 추방당한 적이 있거나 기타 좋지 않은 기록이 있는 경우에 받게 된다.

또 입국 기록이 많은 사람들은 처음 비자를 신청하는 사람들에 비해 시간이 많이 소

호주가 세계적으로 인정받은 관광명소가 많다고 하던데! 어디 한 번 떠나볼까?

짐은 간단하게 필요한 만큼, 관광하기 편하게 챙기자

인천 공항은 너무 좋아~

요된다. 그러므로 호주로 출국하기 최소 1주일 전에는 미리 신청하는 것이 좋다. 만약 ETA를 대사관에 문의했는데도 승인되지 않는 경우 여행 목적에 맞는 다른 비자를 신청해야 한다.

여행사를 통해서 받은 ETA 비자 샘플

```
>TIETAV            VISA STATU                    16MAY11/0944
FAMILY NAME        PARK.....................     AUSTRALIAN GOVT
GIVEN NAMES        MIKYUNG..................
PASSPORT           M11111111.....  KOR
DATE OF BIRTH      13SEP1989  SEX F   ARRIVAL DATE .........
ENTRY STATUS       UD/976 ETA VISITOR (SHORT)..................
                   AUTHORITY TO ENTER AUSTRALIA VALID TO.....
                   12MAY2012. ........................
                   PERIOD OF STAY 03 MTHS......................
                   MULTIPLE ENTRY.........EMPLOYMENT PROHIBITED.
                   .........................................
                   OVERRIDE VISA/ETA ON DISPLAY?   . Y
```

03. 관광 비자, 제대로 알면 이렇게 이용할 수 있다!

호주 관광 비자는 필요한 서류를 완벽히 구비하면 연장도 가능하지만, 가까운 뉴질랜드 등을 잠시 다녀온 후에 호주 입국 시에 관광 비자를 다시 받는 것도 좋은 방법이다.

"하지만 계속 되풀이되면 제재를 받을 수 있다니까 조심하는 것이 좋아."

또 호주에서 3개월 미만으로 공부할 예정이면 간편히 관광 비자로 들어가는 것도 좋다. 단, 관광 비자로 일을 하는 것은 불법이니 이 점을 염두에 두도록 한다.

남의 나라에서 일하는 게 쉽지만은 않구먼~! 하는 일은 CVA(Conservation Volunteers Australia)로, 자연을 보호하는 무급 자원봉사! 이를테면 나무심기, 쓰레기 줍기, 그린벨트 관리, 등이 포함된다.

THEME 03 워킹 홀리데이 비자
Working Holiday Visa

01. 워킹 홀리데이 비자란?

가방만 메고 당장이라도 떠나고 싶다면, 언제든지 신청 가능한 호주 워킹 홀리데이가 가장 적합한 비자이다. 호주를 포함한 영어권 국가 중 워킹 홀리데이 비자 습득이 가장 편

이것들을 삽으로 땅을 파서 심는 거지! 우리 모두 삽질하세

길거리에 널브러져 있는 나무들도 정리하고

불필요한 나무들을 싹둑 자르기도 하고

하고 쉬운 것이 바로 호주이기 때문에 지금도 한국 어학연수 준비생들은 호주를 어학 연수지로 많이 선택하고 있다. 호주 워킹 홀리데이 비자는 만 18~30세 사이의 불타는 청춘(?)들이 지원 가능하며 호주 여행도하고 문화를 경험하며 부수적으로 여행 경비 마련을 위해 일을 할 수도 있다.

"하지만! 학업 계획도 없이 일만 하게 되면 영어는 절대! 늘지 않는다는 거 알고 있지?"

연수의 가장 핵심적인 목적인 영어 실력은 제자리이고 귀중한 시간만 낭비하고 올 수 있기 때문에 일과 공부를 적절히 잘 분배하는 것이 워킹 홀리데이 비자의 핵심이다.

바닷가에서 쓰레기 줍다가 만난 외국인♥ 어머? 이 훈훈한 생김새는 뭐지? 같이 쓰레기를 줍다가 한 컷! 놀라운 것은 목에 걸고 있는 것이 다 쓰레기라는! 다들 해변에 쓰레기 버리지 마세요.

02. 워킹 홀리데이 비자의 체류 기간은?

워킹 홀리데이 비자를 신청해서 승인이 되면 일 년 체류 기간을 먼저 받고, 더 연장을 원할 시에는 지정되어 있는 농장 관련 일을 3개월 이상 해야 한다. 또 이 사실을 증명할 수 있다면 두 번째 워킹 홀리데이 비자는 어느 국가에서든 신청할 수 있으며 두 번째 비자가 승인되면 다시 일 년의 체류 기간을 받을 수 있다.

묘목을 심기 위해 준비를 하고 있는 중입니다.

03. 워킹 홀리데이 비자, 어떻게 신청할까?

먼저 워킹 홀리데이 비자를 신청하기 전에는 비자 신청 비용을 지불하기 위한 신용카드가 필요하다. 카드는 타인의 카드도 사용 가능하며 해외에서 사용 가능한 '비자'나 '마스터' 카드 등만 가능하다.

내가 직접 싼 도시락! 일하면서 밥 사먹으면 비싸잖아요!! 근검절약은 센스

"참! 체크카드는 사용이 안 된대!"

신용카드 외에도 기간이 유효한 여권이 반드시 필요하다.
이렇게 준비물이 갖춰졌다면 워킹 홀리데이 비자는 어떤
과정을 거쳐 신청하는 건지를 알아볼까?

① 이민성 사이트(www.immi.gov.au)에 접속한다.
② 각 항목들을 살펴보고 해당되는 버튼을 클릭하여 온라인 신
   청을 시작한다. (영어로 되어있기 때문에 유학원에 대행을 맡
   겨도 좋다.)
③ 비자 신청비를 준비해 놓은 신용카드로 결제한다($420).
④ 결제 후 신체검사를 위해 가까운 지정 병원을 선택한다.
⑤ 온라인 신청이 종료되면 맨 마지막 단계에 '리퀘스트 폼
   request form'을 저장해 두고, 프린트한다.
⑥ 리퀘스트 폼, 여권용 사진 1매, 여권, 신체검사 비용 15만 원
   (호주에서 학업을 12주 미만으로 할 예정이라면 신체검사 비
   용은 5만 원이 책정된다.)을 가지고 지정한 병원으로 가서 신
   체검사를 받는다. 참고로 사전 예약이 필요한 병원도 있으니,
   지정 병원에 문의하는 것이 좋다.

04. 신체검사 지정 병원 살펴보기

병원	주소	전화번호	예약시간	담당의사
서울 삼성 병원	서울시 강남구 일원동 50 국제진료소	직통 (02)3410-0227	월~금 09:00~15:45 (점심 12:00~13:00)	Dr. 최봉준 Dr. 김영신
신촌 세브란스 병원	서울 서대문구 신촌동 134 세브란스 병원 국제진료소 내 비자사무소(2호선 신촌역 연세대학교 옆)	(02)2228-5808 ~9	월~금 09:00~11:00 13:30~15:30	Dr. 정용환
삼육의료원 서울병원 (구 서울위생 병원)	서울 동대문구 휘경 2동 29-1(1호선 회기역)	(02)2210-3511 (02)2249-3511	월~목, 일 08:30~11:00 13:30~16:00 금 08:00~11:00 (오전만)	Dr. 이광우 Dr. 심성보 Dr. 구중완
강남 세브란스 병원	서울시 강남구 언주로 211	(02)2019-1209, 2804	월~금 09:00~11:00 13:30~16:00	Dr. 안철우 Dr. 박종석
부산 해운대 백병원	부산시 해운대구 좌동 1435번지 산업의학과 (B1 지하 1층)	직통 (051)797-0369 Fax (051)797-0589	월~목 08:30~11:00 금 08:30~11:00 13:30~15:00	Dr. 김성민 Dr. 김대환

Q&A

Q1. 워킹 홀리데이 비자를 받으면 바로 일할 수 있나요?

A. 워킹 홀리데이 비자를 승인받았다 하더라도, TFN(Tax File Number)을 발급받은 후에 일을 하는 것이 가능합니다. TFN은 호주 국세청 사이트(www.ato.gov.au)에서 인터넷으로 신청이 가능하며 번호를 받는데 2~4주 정도가 소요됩니다.

Q2. 워킹 홀리데이 비자의 입국은 대체로 어떻게 되나요?

A. 워킹 홀리데이 비자로 호주 입국한 후엔 비자 기간 내 출입국의 자유가 보장됩니다. 호주 입국은 최소 워킹 홀리데이 비자를 승인받은 날로부터 1년 이내여야만 합니다. 그렇지 못하면 비자는 무효가 되죠.

Q3. 워킹 홀리데이 비자, 일과 학업은?

A. 6개월까지만 한 명의 고용주 밑에서 일을 할 수 있으며, 학업은 4개월까지 가능합니다.

Q4. 워킹 홀리데이 비자에서 확인해 둘 사항은?

A. 영문 이름(반드시 여권과 동일), 생년월일, 여권 번호 등은 매우 중요하니 신청할 때 특히 유의하는 것이 좋습니다. 만약 틀렸을 경우 비자를 신청한 날짜, 본인 이름, 생년월일, 여권 번호, 정정할 내용 등을 이메일로 보내면 됩니다. ※ eVisa.WHM.Helpdesk@immi.gov.au

THEME 04 학생 비자

사진으로 미리 만나는 호주 어학 연수!

학생 비자로 왔는데~ 열심히 공부만 해야겠지요?

수업이 시작되기 전에는 기본적으로 예습, 복습을 철저히!

어학원에는 한국인이 많을 수도 있지만, 외국인도 많이 있으니, 친구들을 차별 없이 골고루 사귀는 게 좋아요.

대학교 부설 센터로 가면, 대학교 학생들 수업도 엿볼 수 있지요.

"너 학생 비자가 뭔지 정확히 알고 있어?"
"그거? 고등학교나 대학교에 있는 학생들만 받을 수
있는 비자 아냐?"
"흠……."

위의 경우처럼 많은 이들이 학생 비자에 대해 잘못 알고 있
는 경우가 많다.

"비자에 '학생'자가 붙어서 그런 건가?"

이유야 어쨌든 학생 비자는 현재 학교에 재학 중인 학생들
만 받는 것이 아니란 소리!
즉, 직장인이라고 해도 향후 호주에서 학원을 다니며 학생
신분으로 지낼 사람들이 받는 것이 학생 비자의 정확한 정
의다. 그러므로 호주에서 일이나 여행을 하기보다는, 호주
체류기간 내내 어학원을 다니며 어학 실력 향상에 목표를
둔 사람들이 신청하는 게 적합하다.

"하… 할머니, 호주엔 어쩐 일이세요?"
"홀홀. 나 영어 공부하러 학생 비자 받아 왔다우."

예를 들면, 할머니 역시 학생 비자를 받아 호주에 올 수 있
다는 이야기! 물론 심사결과는 나와 봐야 알지만요!

02. 학생 비자 체류 기간은?

학생 비자는 호주에서 학생 신분으로 체류하는 기간 만큼
에서 한 달 정도 여행 기간을 덧붙여주는 것이 일반적이다.
예를 들어 어학연수를 1년 이상 생각한다면 우선 6개월 정
도만 학원 등록하여 7개월 정도의 체류 기간을 먼저 받고
호주에서 다시 학원을 등록한 후 학생 비자 연장 신청을 하
는 것을 권한다.

"그럼 호주에서 연수를 9~10개월 이하로 하면 어떡
해?"

> **📋 Memo**
>
> **학생 비자 체류 기간 예시**
> - 학원 등록 6개월+1개월 여행 기간 = 7개월
> - 학원 등록 11개월+1개월 여행 기간 = 12개월

"번거롭게 학생 비자 연장할 필요 없이 학원 등록을
9~10개월 모두 하는 것이 좋아."

03. 학생 비자, 어떻게 신청할까?

비자 신청 시, 필요한 원본 서류를 완벽히 준비하여 대사관에 제출하면 업무일로 약 21일 후에 학생 비자가 발급된다(개인 상황에 따라 비자 발급 기간이 늦어질 수도 있다). 워킹 홀리데이 비자 신청은 비교적 간단하기 때문에 스스로 해도 되지만, 학생 비자 신청은 조금 까다로울 수 있어 가급적 대행을 맡기는 것이 좋을 수도 있다. 요즘은 호주 학생 비자를 워킹 홀리데이 비자처럼 온라인상으로 신청할 수 있기 때문에 비자 구비서류가 전혀 준비되지 않아도 여권, 비자비를 결재할 신용카드만으로도 학생 비자를 간편하게 받을 수 있다. 또 온라인 비자 신청 이후 대사관으로부터 추가서류 요청이 올 시에만 비자 구비서류 중 일부를 준비할 수도 있다.

04. 학생 비자 관련 주의사항

Q&A

Q1. 학생 비자 유지 조건은?

A. 학생 비자로 호주에서 학원을 다니는 사람들은 학원 출석률이 80% 이상이 되어야 합니다.

Q2. 4개월 이하 수업참여라면?

A. 호주에서 4개월 이하로 학원수업에 참여할 예정이라면 워킹 홀리데이 비자를 선택하는 것이 손쉽고 신청비도 저렴합니다.

Q3. 학생 비자 관련 서류는 어떤 언어로, 어떻게 준비할까?

A. 만약 영문으로 되지 않은 서류라면 대행업체나 번역사에 의뢰해 영문으로 번역 받아야 합니다. 또 모든 서류는 원본이거나 공증된 사본이어야 합니다.

항공 예약하기

항공 종류는 다양하기 때문에 장단점을 잘 파악하여 선택하는 것이 좋습니다.

어학연수 지로 갈 곳을 결정했다면 다음으로 해야 할 일은 비행기를 예약하는 일이다. 가격이 저렴하면서도 여러 나라를 스탑오버(stopover)할 수 있는 경유 항공도 여러 종류가 있고, 가격이 비싸지만 가장 편안하게 여행을 즐길 수 있는 직항 항공도 있다.

비행기는 똑같은 일반석이라 할지라도 여러 가지의 클래스로 종류가 나뉘기 때문에 저렴한 클래스로 구매를 하려면 최대한 빨리 예약을 해서 좌석을 확보해야 한다.

THEME 01 스탑오버(Stopover)

[사전적 의미]
휴게(지), 단기 체류(지); 도중 하차(지); 잠깐 들르는 곳

쉽게 말해서 스탑오버는 경유지에서 체류할 수 있는 것을 말한다. 만약 탑승자가 스탑오버를 원하는 경우 먼저 일정을 정하고 항공 티켓 발권 전에 신청을 해야 한다. 스탑오버로 항공권을 구매 시, 항공권의 종류에 따라 요금이 달라질 수도 있다.

01. 콴타스 항공(QANTAS)

콴타스 항공은 호주 항공으로, 매우 많은 항공편을 운영 중이다. 시드니까지 직항으로 취항하며 시드니 외의 도시일 경우 시드니 경유 요금과 동경 경유 요금이 다르다.

예를 들면 인천–시드니–멜버른, 인천–동경–멜버른 요금이 다르며 경유를 하는 것이 저렴하다. 보통 동경 경유가 더 저렴하지만, 그때그때 나오는 비행기 티켓 상품에 따라 비용이 달라진다. 인천 공항에서 직항편(시드니만 직항)을 운행하고 있는 대한민국 국적기로, 대한항공보다는 일반적으로 저렴하고 워킹홀리데이 비자 소지자들에게 할인운임도 제공하고 있어서, 미리 예약만 하면 경유항공보다 더 저렴할 때도 있다.

02. 대한 항공(KOREAN AIR)

인천 공항에서 직항편을 운행하고 있는 대한민국 국적기로, 편안하고 경유가 없어 단시간에 도착할 수 있는 최대의 장점을 갖고 있지만 높은 가격을 자랑한다.

03. 일본 항공(JAPAN AIRLINES)

타 항공에 비해 일 년 왕복이 저렴한 편으로, 별도로 첨부할 서류는 없다. 또 리턴 날짜는 일 회에 한해서 무료로 변경 가능하다. 또 경유지를 통하기 때문에 동경이나 오사카에서 스탑오버가 가능하며 이 경우, 10만 원이 추가된다.

04. 타이 항공

타이 항공은 인천–방콕 비행편이 대만이나 홍콩을 경유해서 가므로 비행시간이 길다. 일반적으로 유효 기간에 따라 항공 요금이 다르며 사전 발권 기간에 따라 요금 적용이 다르다. 또 학생 요금의 경우는 입학 허가서, 학생증, 재학증명서 중 하나를 첨부해 구입해야 한다. 또 무료로 스탑

- 취항지: 브리즈번, 멜버른, 시드니, 케언즈, 퍼스, 애들레이드
- 종류: 1개월, 3개월, 1년
- 경유지: 동경, 홍콩, 필리핀 등
- 전화번호: (02)777-6874

ASIANA AIRLINES

- 취항지: 시드니, 브리즈번(경유편), 멜버른(경유편), 퍼스(경유편) 등
- 종류: 3개월, 1년
- 경유지: 시드니를 경유
- 전화번호: 1588–8000

- 취항지: 시드니, 브리즈번, 멜버른
- 종류: 3개월, 1년
- 경유지: 직항이므로 경유지는 없음
- 전화번호: 1588–2001

JAPAN AIRLINES

- 취항지: 브리즈번, 멜버른, 케언즈, 시드니
- 종류: 3개월, 1년
- 경유지: 동경이나 오사카(시드니에서 귀국 시, 경유지에서 당일 연결되지 않으므로 1박을 할 수 있고, 호텔 및 조식 뷔페, 공항–호텔간 셔틀 버스가 무료로 제공)
- 홈페이지: http://www.jal.co.kr/ko
- 전화번호: (02)757-1711

오버를 할 수 있고 경유지 당일 연결이 가능하나 좌석이 없을 경우 공항에서 장시간 대기할 수도 있다. 리턴 날짜는 무료로 변경 가능하다.

05. 캐세이 퍼시픽 항공(CATHAY PACIFIC)

캐세이 퍼시픽 항공은 돌아오는 날짜를 횟수 제한 없이 무료로 변경 가능하다. 출발 날짜 변경 리턴 날짜 변경 시 수수료 US$ 50불, 스탑오버는 무료.

06. 말레이시아 항공(MALAYSIA AIRLINES)

말레이시아 항공의 경우, 일 년 왕복 요금은 30세 미만자에 한해 적용되며 돌아오는 날짜 역시 무료로 변경 가능하다. 이때 변경 횟수는 제한이 없는 것이 또 다른 장점이다.

07. 중화 항공(CHINA AIRLINES)

중화 항공의 경우, 무료로 스탑오버가 가능하다. 중화 항공은 우리나라의 대한 항공, 아시아나처럼 대만을 대표하는 대표항공사로, 대한 항공 마일리지 적립도 가능하다. 운이 좋을 때는 코드쉐어(공동운항)로 대한 항공을 탑승하게 될 때도 있다. 중화 항공의 가격은 국적기보다 조금 더 저렴한 편이다.

08. 오스트리아 항공(Austrian)

오스트리아 항공은 세계 64개국 123개의 도시로 매일 취항하고 있으며 Modern Fleet 같은 경우는 항공기 나이가 6년 정도로 타 항공사에 비해서 훨씬 적다고 볼 수 있다. 그만큼 비행기 시설이 신식에 가까운 편이고, 유럽계 항공사 중에서 유일하게 호주를 취항하고 있다.

09. 에바 항공(EVA AIR)

에바 항공은 대만 최대의 민항사로, 저렴한 가격을 자랑한다. 가격대비 안전한 항공이지만, 기내식으로 다소 느끼한 중국식이 제공되는 것이 단점이다. 에바 항공의 경우, 무료로 스탑오버를 신청할 수 있다.

THEME 03 항공에 대한 가장 많은 Q&A

Q&A

Q1. 항공권을 예약한 후 취소하면 수수료를 내야 하나요?

A. 항공권을 예약만 해놓은 상태에서는 특별한 경우를 제외하고는 예약이나 변경, 취소에 따른 수수료는 없습니다. 다만 항공사에 따라서 조금씩 차이가 있으며 발권 후 환불하게 되면 항공사의 환불 조건을 따라야 합니다.

Q2. 항공권 발권 후 갑자기 일이 생겨 출발이 불가능하게 되었습니다. 환불은 어떤 식으로 진행되나요?

A. 환불 신청을 하면 항공사에서 환불심사를 한 후 환불 결정을 내리게 됩니다. 약 한 달 정도 이후에 환불 수수료를 제외한 나머지 금액이 환불되게 되며 가격이 저렴한 항공권의 경우 환불이 되지 않을 수도 있으니 주의해야 합니다.

Q3. TAX는 도대체 무엇을 말하나요?

A. 항공권을 구입할 때 항공 요금과는 별도로 TAX라는 것이 있습니다. 이것은 공항 이용료 및 전쟁 보험료 등을 말합니다. TAX는 유가에 따라서 변동이 가능하며 경유를 할수록 그 금액이 올라갑니다.

Q4. 항공권 수령 시, 반드시 확인해야 할 것은 어떤 것이 있나요?

A. 먼저 여권상의 영문 스펠링과 항공권에 나온 영문 스펠링이 같은지 꼭 확인하세요. 그리고 본인이 예약한 시간 및 항공사 목적지가 맞는지 확인하는 것도 잊지 마세요. 요즘은 대부분의 항공권이 전자 티켓으로 사용되기 때문에 쉽게 메일로 받아 볼 수 있으며 항공권 분실 시, 메일로 받은 항공권을 다시 프린트하여 사용하실 수 있습니다.

Q5. 항공권을 저렴하게 구입하려면 어떻게 해야 할까요?

A. 할인 항공권을 많이 파는 항공사를 계속 웹서핑을 하다 보면 저렴한 항공권을 구매할 수 있습니다. 단, 온라인상에서는 간혹 문제가 발생하므로 회사 신뢰도를 파악한 후 항공권을 발권하는 게 중요합니다.

- 취항지: 시드니, 브리즈번
- 종류: 3개월
- 경유지: 대만
- 홈페이지: http://www.china-airlines.co.kr
- 전화번호: (02)317-8888

- 취항지: 시드니, 멜버른
- 종류: 1년
- 경유지: 싱가포르, 쿠알라룸프르
- 홈페이지: http://www.austrian.co.kr
- 전화번호: (02)3788-0141

- 취항지: 시드니, 브리즈번
- 종류: 3개월
- 경유지: 대만
- 전화번호: (02)756-0015

Q6. 데드라인이 지나면 발권을 못 하는 건가요?

A. 항공권을 예약하면 데드라인 날짜가 정해지는데, 이 데드라인이 지나게 되면 예약한 항공권은 취소가 됩니다. 취소되는 것은 둘째고 다시 복구할 수 없기 때문에 방학이나 휴가철 같은 성수기 시즌에는 데드라인을 놓치지 않도록 각별한 주의가 필요합니다.

Q7. 귀국 날짜를 변경할 때 꼭 수수료를 내야하나요?

A. 항공사마다 날짜 변경 수수료는 모두 다르지만, 거의 모든 항공사가 날짜 변경 시, 수수료를 요구하고 있습니다. 티켓을 발권한 여행사에 원하는 변경 날짜를 말해서 좌석을 있을 경우, 변경 수수료를 입금하면 티켓을 재발권하여 이메일로 보내주고 있습니다.

Q8. 리컴펌이 뭔가요?

A. '리컴펌'이란 재확인을 하는 것을 말합니다. 항공 스케줄은 항공사 사정에 따라 변경될 수 있기 때문에 귀국 일주일 전에 이 리컴펌(재확인)을 통하여 항공 스케줄에 이상이 없는지 미리 체크하는 것이 좋습니다.

출국 준비물 챙기기

"뭐야? 너 뭘 그렇게 많이 넣어?"
"흐흐. 뭘 해도 한국인은 밥심이라잖아!"
"공부하러 가냐? 먹으러 가냐?"

호주에는 한인 마켓과 현지 마켓이 많이 있기 때문에 일일이 많은 것을 챙길 필요는 없다. 괜히 가져갔다가 몸만 고생하는 사태가 빚어지기도 한다.
어쨌든! 결과적으로 현지에서도 생필품부터 식재료까지 없는 것 없이 쉽게 구매할 수 있으니 연수자는 짐을 무리하게 챙길 필요는 없다.

필수 준비물을 먼저 챙겨놓고 공간이 남으면, 필수는 아니지만 있으면 좋을 것들을 챙기는 것이 좋겠죠?

"그래도 현지에서 사는 게 의외로 부담된다니까!"
"가급적 위탁 수화물의 무게에 맞춰서 요령 있게 짐을 챙겨야지!"

CHECK LIST

	해외 출입국 관련 준비물	필수	선택
여권	유효 기간이 6개월 이상 남아있는지 꼭 확인한 후 안전하게 보관할 것! 분실을 대비해 복사본과 사진(1장)도 준비	○	
항공권	좌석 상태가 OK되어 있는지, 영문 이름이 여권과 동일한지, 스케줄은 맞는지 확인할 것	○	
환전	환전 시는 AUD$ 고액권($100)으로 환전을 하고 분실이 염려스럽다면 여행자 수표를 준비한 후 일련번호를 적어 놓는 것도 좋다.	○	
신용카드	어떠한 일이 발생할지 모르니 신용 카드를 준비하면. 현지에서 유용하게 쓸 수 있다.(Visa나 Master 카드)		○

국제 직불 카드	한국에서 돈이 필요할 때 직불 카드를 만들어 두면 유용하게 사용할 수 있다. (시티 은행 직불 카드 1개 + Cirrus 카드 1개 각각 1개씩 발급받도록 하며 통장에 목돈을 넣어두지 말 것) 은행 상품에 따라서 그때그때 좋은 카드들이 나오고 있으니 거래 은행에서 상담 받고 카드를 발급하면 더 좋다.	○	
국제 전화 카드	현지에 가면 저렴한 선불카드를 구매할 수 있으니, 당장 처음에 쓸 수 있는 카드 정도만 준비할 것		○
유학생 보험	꼭! 가입하고 가도록 하자.	○	
픽업자 연락처	직접 메모해 놓은 후 일어나는 돌발 상황에 대비할 것!	○	

	수업 및 학습 관련 준비물	필수	선택
노트북	가능하면 챙겨두는 것이 좋지만 무조건 분실주의를 요한다. (요즘에는 스마트폰의 발달로 들고 가지 않는 학생도 있다.)		○
전자사전	최소한 영영, 영한, 한영의 기능이 되는 것으로 준비하며 고가의 전자 사전은 필요 없다.	○	
책	예전에 공부했던 문법책 한 권만 챙길 것!(어학원 교재로도 충분한 학습량이 됩니다.)	○	
필기도구, 연습장	호주에서도 많이 판매하고 있지만 질이 좋지 않고 비싸다. (Made in Korea 제품으로 충분히 구매를 해 가는 게 좋다.)	○	

	의류 및 용품	필수	선택
속옷	하루에 한 벌 정도 준비(개인에 맞추어 준비)	○	
양말	면양말로 약 3켤레 정도 준비(개인적으로 필요한 만큼 준비)		○
반바지	1년 정도의 연수 기간이라면 4계절 옷을 다 챙길 것	○	
긴 바지	가벼운 소재의 옷으로 챙길 것	○	
긴 소매 상의	카디건이나 편한 야구잠바 등을 많이 입게 되므로 준비해 둘것 (호주의 겨울은 영하로 떨어지진 않지만 생각보다 추운편이다.)	○	
신발 및 샌들	신고 가는 운동화 외에 편한 신발1켤레+외출용 신발1켤레	○	
반짇고리	작은 것으로 하나 준비		○
손톱 깎기	작은 것으로 하나 준비		○
귀 후비개	필수는 아니지만, 가끔 필요할 때가 있다.		○
크로스백	주말여행에 요긴하게 사용되며 가방끈이 튼튼하고, 지퍼가 있는 것으로 챙길 것	○	
모자	패션보다는 얼굴이 많이 가려지는 것으로 준비할 것	○	

	세면 도구	필수	선택
세면도구	현지 구입이 가능하나, 3개월 이하의 단기연수는 연수가 끝날 때까지의 양을 준비해도 좋다.	○	
화장품	스킨, 로션, 폼클렌징, 클렌징크림, 영양 크림, 에센스 등은 본인에게 맞는 제품으로 준비	○	

선크림, 수영복	선크림은 지수 높은 것으로 준비할 것	○	
타올, 화장지	수건은 4~5장 이상. 화장지는 현지 구입이 가능하다. 여행용 휴지+당장 쓸 롤1개 정도면 충분하다.	○	
면도기	전기는 240V. 한국에서 사용하던 것을 호주에서 그대로 사용해도 무방하다.		○
여성 용품	호주에도 판매를 하고 있지만, 무게가 안 나가니 3개월 치 이상을 챙겨도 된다.		○
드라이기 매직기	현지 구매 가능		○

	기타 준비물	필수	선택
안경 및 렌즈	착용하는 학생은 예비로 챙길 것		○
구급약	지사제, 감기 몸살약, 해열제, 비타민제, 진통제, 소독약, 물파스, 대일밴드, 연고 등	○	
우산	접는 우산은 하나 정도 준비해 둘 것	○	
카메라	고가의 카메라는 분실의 우려가 있다.	○	
시계	알람이 가능한 손목시계 또는 탁상시계 저렴한 것으로 준비		○
선글라스	눈 보호용으로 한 개 준비할 것		○
선물거리	미니 태극기, 한국노트 등 한국을 알릴 수 있는 작은 것들로 준비할 것		○
튜브	호주에서 튜브를 사용하는 사람은 매우 드물지만, 불기 쉬운 작은 튜브를 가져가도 좋다.		○
전자 모기향	개별적으로 필요한 사람만 준비		○
멀티 플러그	우리나라와 달리 240V 이지만, 우리나라 제품을 모두 사용할 수 있고, 플러그 모양만 다르다.(호주 현지에서 4달러 정도에 구입이 가능하다.)		○
샤워타월	때수건이나, 샤워 타월도 하나 챙겨두는 것도 좋다. 때수건은 2~3개면 충분하다.		○
휴대용 물통	휴대용 물통이나, 개인용 플라스틱 컵 하나도 챙겨둘 것		○
쇠 젓가락	호주에서는 쇠 젓가락을 구하기 어렵기 때문에 챙겨가도 좋다.		○
침낭	배낭여행할 계획이 있는 사람(캠프 형식의 여행을 할 때만 필요함)은 챙겨둘 것		○
외장형 하드	인터넷이 느려 어렵게 다운받은 자료를 저장할 공간이 필요할 때가 있다.		○
목 베개	장거리 여행을 염두에 두는 사람들은 한 개씩 챙기면 용이할 수 있음		○
먹을거리	현지에서 안파는 음식이 없을 정도이지만, 고추장, 김 등은 챙겨 가면 유용하다.		○
개인 용품	화장 솜, 면봉, 영양제, 빗, USB, 파일 등등		○

Australia

PART 02

출국 준비

잠깐! 모든 것을 완벽하게 챙겼다고 생각해도 막상 되짚어 보면 짐 가방 준비물뿐만 아니라 무언가를 한두 개씩 빠트린 것이 있을지도 모른다. 이제 호주로 출발하기 전, 마무리 점검이라 생각하고, 중요한 것들을 다시 한 번 짚어보도록 하자!

STEP 01 출국 전 점검 사항, 뭐가 있을까?
STEP 02 출국부터 비행기 탑승하기까지
STEP 03 호주 도착! 이제 시작이다!

출국 전 점검 사항, 뭐가 있을까?

호주 어학연수는 비교적 준비가 간단하기 때문에 출국 전 준비 기간이 길지는 않은 편이지만, 미리 준비를 시작하여, 놓치는 것이 없도록 하자.

"그럼 여권부터 살펴볼까?"

THEME 01 여권의 유효 기간을 따져보자!

"한국이여 안녕~ 금방 호주 다녀올 테니, 조금만 기다려! 푸하하."
"여권은 준비했지?"
"당연하지! 유효 기간도 5개월씩이나 남아있는 걸?"
"정말? 유효 기간은 6개월 이상 남아 있어야 해! 오늘 출국은 힘들 것 같은데……."
"5개월이나 남아있는데, 뭐가 어때서~! 흐흑 이제 출발해야 되는데 나한테 이러면 안 돼."

티켓, 비자, 머무를 숙소 등 모든 것을 다 완벽히 준비했는데 여권 유효 기간이 5개월밖에 남지 않았다면 어떻게 될까?

"당연히 출국 안 되지!"
"출국시켜 줘! 출국시켜 달라고!"

아무리 준비가 완벽해도, 위의 경우처럼 여권의 유효 기간이 6개월 이상 남지 않았다면 출국이 불가할 수도 있다. 따라서 출발하는 날로부터 6개월 여권 유효 기간이 남아있는지 반드시 체크할 것!

THEME 02 항공권의 영문 이름 확인하기

항공권을 구매하면서부터는 여행 계획을 어느 정도 세우고 가는 것이 좋다. 항공사마다 규정은 다르지만, 일부 항공권은 들어가는 지역과 나오는 지역을 달리 정할 수 있기 때문에 여행 계획에 따라 항공권 규정을 잘 확인하고 정해야 한다.
또 항공권에서 확인해야 할 사항이 한 가지 있다. 의외로 많은 사람들이 이 사항을 대수롭지 않게 여기는 듯 하지만 가볍게 넘기다가 피 본 사람 참 많았더랬지. 이야기의 정황은 이렇다.

"시드니로 입국해서 동호주 여행하고,

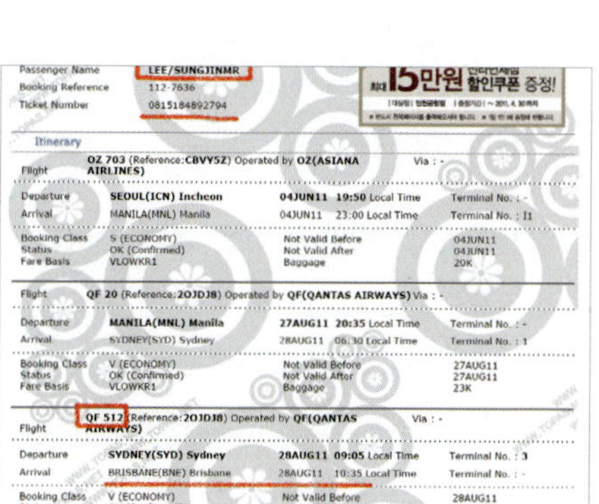

케언즈에서 한국 들어오면 좋을 텐데, 그게 안 되니까 아쉽네!"
"그거 되는데?"
"진짜? 이미 티켓 샀는데,"
"영문 이름은 여권하고 동일하지?"
"아… 아니……. 스펠링 하나 다른데. 내 친구가 한국어를 영문으로 표기할 때는 소
리 나는 대로 대충 쓰면 된다고 했었는데!"
"영문이름을 대충? 대충 쓰면 된다니!"
"내가 비행기 표를 싸게 사겠다고 입석표를 끊어간 것도 아니고 영문하나 틀렸을 뿐
인데 뭐가 어때서. 하면 다 되겠지. 안 되는 게 어디 있겠어?"
"야!"

위의 경우처럼, 어이없이 스펠링 하나의 실수가 여러 혜택(?)을 앗아가는 경우도 있
으니 항공권의 영문 이름이 여권과 동일한지 반드시 확인하고 넘어가길 바란다. 당연
한 필수 사항임에도 덧붙여 얘기하겠다. 해외에는 수많은 사람들이 있고 이름도 다양
하다. 따라서 여권과 영문 이름의 스펠링이 다르다면 본인 확인이 불가하게 되어 '다
른 사람 티켓'이 될 수 있다.

"특히 성이 다르면 더 문제가 될 수 있대!"

이 밖에도 신용 카드를 포함한 기타 다른 서류들도 항상 여권 이름의 스펠링과 통일
해 기재하는 것을 습관화 해두는 것이 좋다! 덧붙여 출국과 리턴 날짜가 맞는지, 혹은
유효 기간이 얼마나 되는지, 변경 수수료와 환불 규정은 어떠한지 역시 빠트리지 말
고 살펴보아야 할 중요한 사실!

THEME 03   비자, 챙겨놨니?

"뭐…뭐라구? 호주로 여행을 간다고?!!"
"고~럼!! 이번에 회사에서 휴직계 승인해 줬잖아! 3개월 동안 갈 거다!!"
'된장, 부러우면 지는 거야.'

어렵사리 호주 여행 계획을 세워서 여러 친구들의 부러움을 사며 저렴한 티켓과 여권
준비완료. 언뜻 보기에도 흠잡을 곳 없는 Perfect한 여행 준비로 주위 사람들의 염장
을 지를 대로 지르고 있었으니…….
출국 당일! 공항에서 체크인을 하고 있는데 직원의 표정이 무얼 잘못보기라도 한 듯
혼란스러워 보이는 것이 아닌가?

"(헐) 관광 비자를 안 받으신 것 같은데요? 오늘 출국을 못 할 것 같습니다."
"출국을 오늘 못한다고요?!!! 아니……. 왜?"
"어차피 시간이 늦어서, 여행사 연락도 안 되실 거고요."

관광 비자 신청을 여행사에 아예 하지 않은 A 양.
티켓 구매 시에 "여행사에 관광 비자 신청도 함께 해 주세요!"라는 말만 했어도 이런 비극은 맞지 않았을 텐데. 여행사에서 관광 비자를 받아주는 것은 5분도 걸리지 않기 때문에 저녁 6시 전이기만 해도 바로 비자를 받을 수 있는 상황이었다. 하지만 이미 너무 늦은 저녁이라, 비싼 리무진을 타고 다시 집으로 가야하는 상상조차하기 싫은 최악의 사태.

"크흑. 호주 여행자 숙소에도 전부 예약금 걸어놨는데……."

관광 비자의 경우, 워낙 간단해서 빠르면 5분 안에도 승인이 되는 비자다. 하지만 사람에 따라 시일이 걸릴 수도 있기 때문에, 비행기 티켓을 발권할 때 여행사 담당자에게 승인 요청을 같이 하는 것이 좋다.

"워킹 홀리데이 비자를 승인받았다면 승인 레터를 갖고 있도록 하고, 학생 비자를 받았다면 승인 레터는 물론, 학교 관련 서류도 갖고 있어야 돼!"

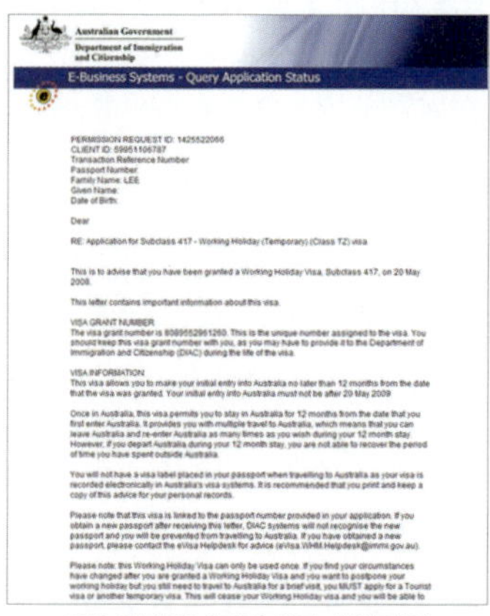

호주 워킹 홀리데이 비자 승인 레터

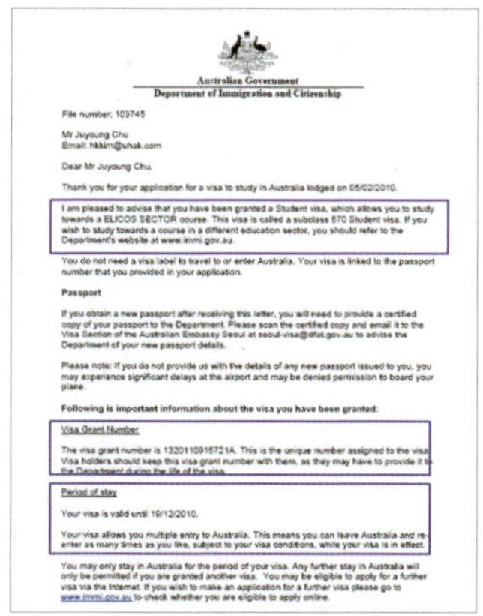

호주 학생 비자 승인 레터

THEME 04 픽업자 연락처 메모하기

다음으로 꼼꼼하게 따져봐야 할 사항은 바로 현지에서 나를 이끌어 줄 '픽업자'의 연락처다. 만약 현지에 도착한 이후에 약속했던 픽업자가 나오지 않았다면 어떻게 될까? 일반적으로 픽업 신청을 하면 보통 '픽업 확인서'가 발급된다. 따라서 다음과 같은 픽업 확인서를 프린트해서 들고 출국하는 것을 권장한다.

PLEASE TAKE THIS CONFIRMATION WITH YOU TO THE AIRPORT

To: YU, JEONG
C/O: Director
Fax:
From: Murjani
Date: July 08, 2011

Ref: Airport Pick up Confirmation - July 25, 2011 session

Airport pick-up arrangements have been confirmed for YU, JEONG   on UNITED AIRLINES Airlines, flight # 892 ; arriving July 24, 2011 at 11:26.

Please be advised that   airport meeting locations for the   Language Centers Downtown Center are as follows:

International : customs exit
Domestic   : baggage claim

You should look for a driver holding a sign with "   Language Centers".

If your flight schedule changes, is delayed or canceled, please call the limousine service at the following number:
- **Limousine Service   Black Hawk Limos   -3232 or   -2178**

If you are unable to reach the limousine service or if you need any other assistance, you may call one of the following numbers:
- **Your   Language Center   2491   (Toll-Free telephone number)**
- **Student Help Line   435-7357   (Toll-Free telephone number)**

"나 지금 시드니거든? 잘 도착했는지 궁금하지도 않냐?"
'참나, 내가 왜! 지금 자랑질 하려고 전화한 거?'
"저번에 내가 이야기했던 카페에서 만난 사람 있잖아? 오늘 픽업 나오기로 했는데, 안 나와!!"
"그럼 나한테 국제 전화를 할 게 아니라, 그 사람한테 핸드폰으로 전화를 거는 게 빠르지! 수신자 부담 전화가 얼만 줄 알아?"
"전화번호? 그런 거 안 챙겨 왔는데……."

픽업 장소를 프린트한 약도나 픽업자 연락처를 메모해 두는 것은 필수다. 간혹 인천 공항이나 경유하는 공항에서 비행기가 연착되면, 픽업 시간이 달라지기 때문에 이런 경우 사전에 픽업자에게 연락하여, 변경될 도착 시간을 알리는 것이 좋다.

"시드니에 대한 항공타고 대략 2시경 도착합니다."
"아냐! 그렇게 정확하지 못하게 픽업자에게 스케줄을 말해주면 만남에 있어서 혼선이 올 수 있다니까? 도착편명, 비행기 종류, 도착 시간, 날짜 등에 대한 정확한 도착 정보를 알려주는 것이 좋다구!"

더불어 메모해 온 픽업자 핸드폰 번호가 연결이 되지 않는 경우도 있으니, 학교나 어학원 연락처 등 여러 개를 알아두는 것이 좋다.

THEME 05 숙박 정보

"호주 어디에서 머무를 예정인가요?"
"(흠, 그거 물어볼 줄 알았다고! 이럴 때는 정확하게) 홈스테이요!"
"(어라? 요놈 봐라? 그렇다면) 주소 좀 알려주시겠습니까?"
"시드니 어디라고 했더라? 본다이 시티?? 뭐라고 했는데……. 공항에서 멀지않다고 했어요!"
"(딱 걸렸어!) 사무실로 따라오세요!!"
"사무실? 왜요! 아, 왜!!"
"아, 일단 따라 오시라고요!"

ACCOMMODATION CONFIRMATION LETTER

Student Name:	Mr Minkyu AHN
Date of Birth:	01/08/1989
Nationality:	Korea
Passport Number:	M53768481
Address in home country:	1214Ho 501 Dong, Hyundai 5cha Chuncheon St, Gangwondo, Korea

This letter confirms where you will be accommodated during your stay in the United Kingdom.

Accommodation details:

Accommodation has been arranged for you and you will be staying with:

Mrs Carol Williams
56 Southcote Road
Bournemouth
BH1 3SS

Tel: + 44 (0)1202-557710   e-mail: carol1221@hotmail.co.uk

Mrs Williams is a widow. She has a lovely home and her interests include walking, music, gardening and family life.

Your accommodation will be available from 18/08/2013 until 15/09/2013.

Please inform your host family (or the residence, where applicable) or the College of your estimated arrival time in Bournemouth.

In taking up a place of study at MLS, and any accommodation arranged by the College, you agree to abide by the MLS terms and conditions which are available on our website at www.mls-college.co.uk.

Please note that should you wish to change or end homestay accommodation we require a minimum one week's notice.

We look forward to welcoming you to MLS International College.

Yours sincerely

Nicole Hardick
Admissions Coordinator

이처럼 호주 입국 시에 공항 직원이 머물게 될 주소를 물어보는 경우도 있기 때문에 홈스테이를 신청했다면 유학원 등에서 받은 홈스테이 정보를 출력해 오는 것이 좋고, 기숙사를 신청했다면 확인증 등의 서류가 있어야 한다. 또 별도로 여행자 숙소를 예약했다면, 최소한 여행자 숙소의 이름과 주소 등은 정확히 알고 있는 것이 좋다.

THEME 06 보험 증권

"XX아! 나 호주에 있을 때 스마트폰 구매한 지 한 달도 안 된 거 잃어버렸어. 크흑.

1. 보험 중도 해지 시 환불이 불가능한 경우 = 보상이력 있을 때 환불 불가

보험 가입 중간에 보험금을 보상 받고 조기 귀국으로 해지환불을 요청할 때, 환불은 불가능합니다. 즉, 보험금 보상과 해지환불 둘 중 하나만 가능하니 꼭 숙지해 주세요.

2. 기왕증은 보상이 불가능

보험 가입 이전부터 가지고 있던 질병이나 증상으로 인한 치료비용 청구는 불가능 합니다.

3. 해외 체류 중 보험 연장 신청 기한

이전 보험 만료되기 이전까지입니다.

4. 자기 부담금은?

해외 치료와 달리 국내 치료비 담보의 경우 자기 부담금이 있습니다.

5. 치과 치료비 보상 여부

치과 치료의 경우 질병에 해당하는 부분은 보상이 불가능한 경우가 많습니다.

식당에서 밥 먹을 때 분명히 옆 테이블에 가방 올려놨는데, 그걸 글쎄 누가 가져가 버렸다니까?"

"어머?! 완전 아깝다~ 해외에서는 그런 거 특히 조심해야 된다니까? 그래도 너 보험은 들어놓지 않았어?"

"보험? 그거 누가 가입해도 보상도 잘 못 받는다고 들지 말라고 해서 안 들었지!"

"뭐? 여행자 보험이건 유학생 보험이건 아무것도 가입을 안 하고 갔다고?"

"아니…. 해외에서 다칠 일도 잘 없고, 평소에 내가 워낙 건강하니까……."

"해외 나갈 때는 저렴한 거라도 가입을 했어야지! 여행자 보험은 휴대품 도난에 대해서도 보상받을 수 있는데……. 아깝다!"

일반적으로 해외 보험은 소멸성이고 그 필요성에 대해 인식이 잘 되지 않기 때문에 미국 학생 비자 소지자들처럼 의무 가입이 아닌 이상 가입 자체를 고민하는 경우가 많다.

하지만 1개월 이하로 여행을 갈 때 여행자 보험을 가입했을 경우 최대 100만 원까지 휴대품 도난에 대한 보상이 이루어질 수 있다는 사실!

"1개월 여행자 보험 가입비 약 3~4만 원을 투자하면 최대 100만 원 정도를 보상받을 수 있다니까?"

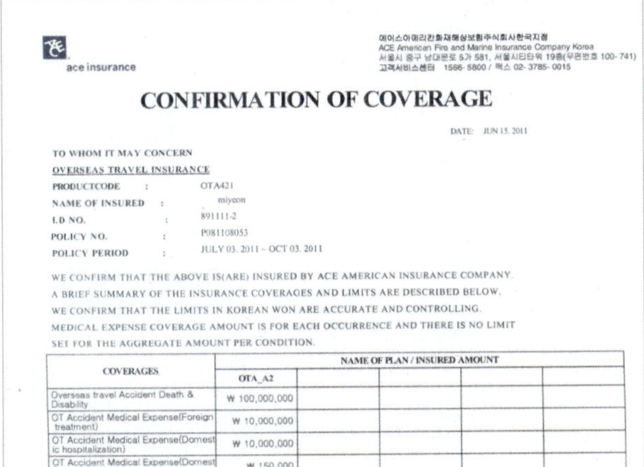

CONFIRMATION OF COVERAGE

COVERAGES	NAME OF PLAN / INSURED AMOUNT					
	OTA_A2					
Overseas travel Accident Death & Disability	₩ 100,000,000					
OT Accident Medical Expense(Foreign treatment)	₩ 10,000,000					
OT Accident Medical Expense(Domestic hospitalization)	₩ 10,000,000					
OT Accident Medical Expense(Domestic outpatient)	₩ 150,000					

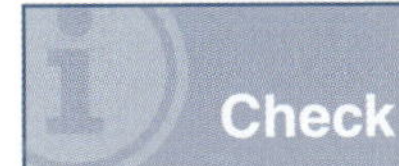

보험 회사마다 보상 한도와 보상 내역 등이 모두 다를 수 있으므로, 보험 회사에서 충분한 설명을 듣고 가입하도록 합니다.

만약 2개월 이상 어학연수를 할 예정자들은 도난에 대한 보상은 되지 않지만, 유학생 보험을 가입하여 의료 보험 혜택을 받도록 하는 것이 보다 안전하다.

THEME 07 환전

환전은 필수지만 많은 금액을 소지하고 있는 것은 분실의 위험이 있을 수 있다.

'현지 가서 카드로 현금 인출하면 수수료 발생되니까 1,000만 원 환전해 가야지!'
"헐. 딱 보아하니 여행객인데 지갑이 두툼한데? 여행객인 거 너무 티내잖아!"
"으아~내 지갑!!! 분명히 주머니에 넣어놨는데, 갑자기 어디 갔지!?"

해외를 가게 되면, 환전을 할 때도 카드를 쓸 때도 수수료는 항상 부과되기 때문에 수수료에 민감할 수밖에 없다. 허나 수수료 때문에 더 큰 돈을 분실하거나 도난당할 수도 있으므로, 환전은 너무 많이 하지 않는 것이 좋다. 따라서 분실에 대비하여 여행자 수표를 발급받아 가는 것도 좋은 방법 중의 하나이다.

은행 환전	공항 환전
• 주거래 은행이 있다면 수수료 우대가 가능! • 미리 주거래 은행에 방문해 환전하기	• 일반 은행보다 비싸다! • 급하지 않다면 비추하는 곳

이것이 바로 여행자 수표!

THEME 08 해외 직불 카드 & 신용 카드

'시티 카드가 발급비는 있지만, 그래도 수수료가 제일 적다고 했으니 시티 카드 2개 만들어 가야지!'
"나 돈 인출하러 가야되는데 같이 가자! 여행갈 때 쓸 돈이 없네."
"나도 용돈 좀 인출해야 해!"
"빨리해! 뒤에 사람 기다려!"
"잠깐만……. 인출이 안 돼!"
"그 카드 안 되면 다른 카드로 한 번 해 봐."
"이거 하나 밖에 없는데……."

이처럼 특정 해외 직불 카드가 수수료가 저렴하다고 해서 한 개만 만들어 가면 카드가 훼손되거나 분실될 경우 현금 인출에 불편을 겪을 수 있으므로 카드의 경우는 2개 이상을 만들어 가는 것이 좋다. 또 카드 종류에 따라 수수료 등이 다르므로, 각기 다른 종류의 카드로 2개 이상 만들어 가는 걸 추천한다.

신용 카드 같은 경우는 우리나라처럼 일반적으로 많이 이용하지 않지만, 국내선 비행기나 기차, 버스표를 인터넷상으로 결제하거나, 현지 여행사 상품을 구매할 때 이용하게 될 수 있으므로, 하나 정도 준비해 가는 것이 좋다.

THEME 09 핸드폰 사용

"흠… 어떤 핸드폰을 사는 게 좋으려나?"
"여보세요~? 엄마 나 지금 시드니야. 여기 진짜 좋은
데! 응. 학원은 내일부터 가지!"
"XX아~! 너 지금 한국에서 쓰던 핸드폰으로 엄마랑
통화하는 거?!! 설마 그 비싼 로밍으로 통화를?"
"미쳤어? 내가 돈이 어디 있어! 심카드(Usim)를 호주
용으로 바꿔서 이제 호주 핸드폰처럼 쓸 수 있다구!"

요즘은 스마트폰 사용이 일반적이기 때문에 호주로 떠나
기 3~4일 전에 통신사에 전화하여 'Country Lock' 해
제를 요청하고, 3일 정도 후에 해제 완료 연락이 오면 'I
Tunes'에 연결해 동기화 작업을 하면 사용이 가능하다.
그 다음 호주에 가서 Usim을 구매해서 끼워 넣으면 끝!
요즘은 이미 Country Lock이 해지되어서 나오는 핸드폰
도 많기 때문에 통신사와 확인해서 Country Lock 해지
된 걸 확인하자!

출국부터 비행기 탑승하기까지

호주 어학연수의 시작은 바로 한국을 떠나는 비행기 안에 서부터이다. 그렇다면 호주로 향하는 비행기에 탑승하기 전 제대로 살펴봐야 할 사항은 어떤 것들이 있을까?

THEME 01 탑승권 & 수화물 Tag

인천 공항에서 티켓팅을 하고 받은 탑승권(Boarding Pass)에 Gate 번호와 탑승할 비행기 편명(비행기 번호판)이 적혀있다. 가급적 지정 시간보다 10분 먼저 가서 대기하고 있는 것이 좋다.

OZ는 뭐고 ICN은 뭐지? full name으로 적혀져 있으면 사전이라도 찾아보겠는데….

인천 공항에서 티켓팅을 하고 받은 수화물 Tag는 분실하지 않도록 여권에 꼭 붙여놓도록 하자! Tag는 호주에서 가방을 찾을 때 필요하며, 간혹 가방을 분실했을 때도 반드시 필요하다.

"뭐하러 이런 영수증 같은 걸 주냥? 나는야 깔끔쟁이!

THEME 02 비행기 탑승

탑승권에 적혀있는 비행기 좌석 번호를 확인하여 자리를 잡고 앉았다면, 이제는 기내용 가방을 안전하게 머리 위 선반에 올려놓고, 노트북 가방 등은 의자 아래로 밀어 넣고 궁둥이를 의자에 붙이면 끝이다. (바로 곯아떨어져도 무방하다!)

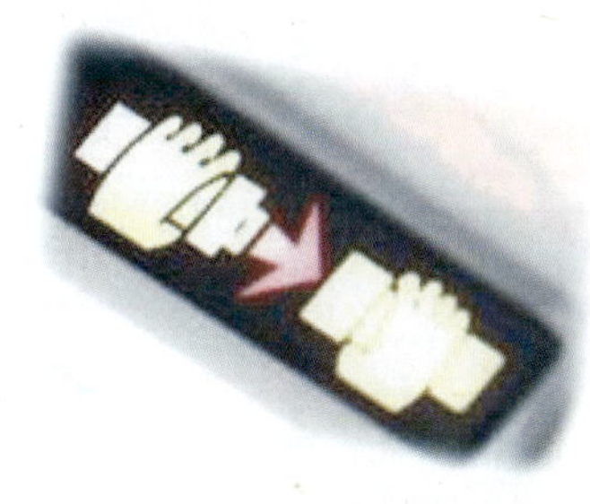

THEME 03 비행기 이륙

이처럼 비행기를 간혹 88열차로(?) 생각해서 가장 재미있는 좌석에 앉겠다고 맨 앞줄에 앉는 분들은 없으리라 생각한다. 또 실제로 그럴 필요도 없다는 사실! 뭐 어쨌든 비행기가 이륙하고 안정궤도에 들어간 후 얼마의 시간이 지나면 뱃속에서 들려오는 구조 요청을 들을 수 있다.

그 소리도 천차만별, 아사의 고통에서 해방시켜 달라는 다양하고도 기괴한 소리의 향연들이 끊임없이 이어진다.

뱃속에서 파업을 일으킨 주모자들을 달래기 위해 드디어
기내식이 투입된다.

뭐, 맛이 없어도 시종일관 꾸르륵 거리는 뱃속의 구조
요청을 외면할 만큼 참기는 힘들지 않을까? 또 기내식
이 입맛에 맞는 분들은 간혹 덤으로 더 먹는 경우도 있다
는…….

호주에 도착하면 무료 기내식이 그리워질 수도 있으니 남
기지 말고 다 같이 싹싹 비워보아요. 참고로 비행기는 절대
금연! 이떠한 응급 상황(?)에도 흡연은 허용되지 않습니다.

상황 이. 내 좌석을 찾으려면?

보딩 패스를 들고 있는데도, 제 자리를 못 찾겠네요!
흐억! 아라비아 숫자도 못 알아보나 봐요. 그럴 때는 이렇게 대답합시다!

"Can you help me find my seat, please?"

상황 02. 이런 괘씸한! 내 자리에 누가 앉았다고?!

저기 죄송하지만, 제 자리 같은데요?! 제가 이 자리 찾는데 꽤 오래 걸려서요.

"Excuse me, I am afraid you are in my seat."

상황 03. 칼칼한 목을 달래줄 음료 요청은?

자리 찾느라 무한 고생이십니다.
갑작스레 목이 마르네요, 오렌지 주스 있어요?

"Do you have Orange Juice?"

상황 04. 난 맥주파야!

아, 역시 주스보다는 맥주가 시원하겠구먼요! 맥주로 마시고 싶어요.

"I would like to have a can of beer!"

상황 05. 돌발 상황! 몸에서 배출 신호가?!

맥주를 너무 많이 먹었나 봐요. 화장실 어디에요? 긴급 상황 발생이라구요!

"Where is the lavatory?"

상황 06. 어허! 졸립구나. 한바탕 잠을 한 번 자보세!

맥주 무제한 호프집에 온 것처럼 많이 마셨더니 졸려요. 베개 좀 가져다주세요.

"Could you bring me a pillow, please?"

상황 07. 잘 때 자더라도 뭐 좀 읽어주는 센스

자기 전에 있어 보이게 신문이나 읽다가 자야지~

"Do you have Korean Magazines or newspapers?"

상황 08. 잠 좀 자자!

신문을 펴자마자 졸리네요. 이거 자리 위에 불 어떻게 끄나요? 환하면 잠을 못자요.

"How can I turn off the light?"

상황 09. 따뜻한 담요 주이소!

불을 껐더니 이젠 춥네요. 으슬으슬~ 이불 좀!

"I think I need a blanket."

상황 10. 갑(자기)툭튀(어나온) 입국 신고서?

아함, 잘 잤다. 오잉? 입국 신고서를 누가 내 앞에 갔다 놨지? 이건 어떻게 쓰는 거지?

"How do I fill in this form?"

상황 11. 입국 신고서 쓰려는데… 펜이 없다?

펜 좀 빌려주세요!

"Can I borrow a pen?"

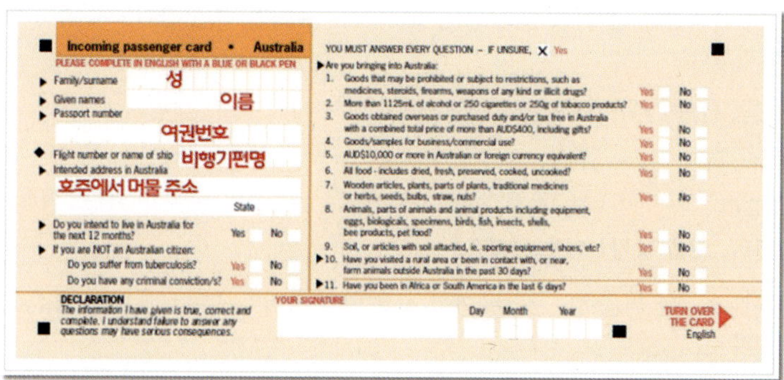

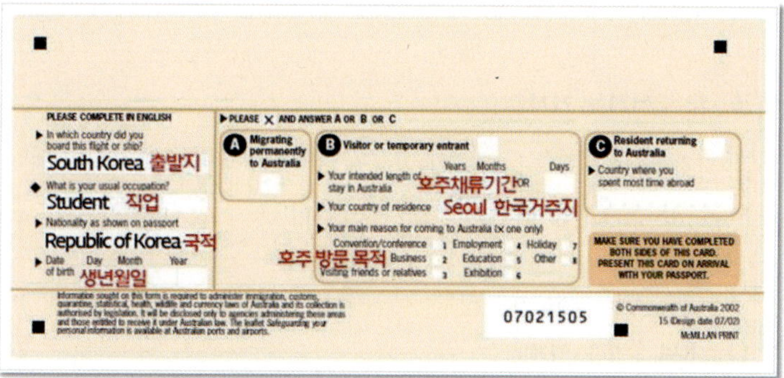

상황 12. 뭐?! 이어폰이 고장이라고?

겨우 다 썼다. 우리 집 주소를 영문으로 쓰는 게 이렇게 어렵다니! 이제 한 고비도 넘겼겠다. 음악이나 들으려고 했더니……. 이런 된장, 이어폰이 고장이라니!

"This earphone is not working."

상황 13. 면세 상품, 넌 내가 접수한다!

기내 면세상품이다! 한쿡돈 받아요? (받아야 돼!)

"Do you accept Korean currency?"

상황 14. 배고파 죽겠다고요! 밥을 달라아!

그나저나 식사는 언제 하냐고! 생선, 고기……. 주기만 하면 물어보지 말고 다 흡입해 버리겠다!

"What time do we have the meal?"

상황 15. 긴급 상황! 너무 아파요!

아아악! 조금만 먹을 걸……. 두 개를 십분 만에 먹어치웠더니 배 아파 죽겠네, 미경이 살려~!

"Can I get some pain killers?"

상황 16. 왜 늦어지는 거지?

뭐야? 내가 이 많은 것들을 다 했는데 아직도 비행기가 출발을 안 했다고 대박

"Is there departure going to be delayed?"

상황 17. 대체 출발은 언제?

대체 호주로 언제 출발하나요?

"When will we be taking off?"

상황 18. 호주 현지 시간, 그것이 알고 싶다!

우와~! 드디어 호주다. 그런데 호주 현지 시간은 어떻게 된다냐?

"What is the local time?"

호주 도착! 이제 시작이다!

아직 방심은 금물! 지금까지 준비를 아무리 철저히 했다고 해도, 호주로 입국이 안 된다면 무용지물이겠지요?

THEME 01 입국 절차

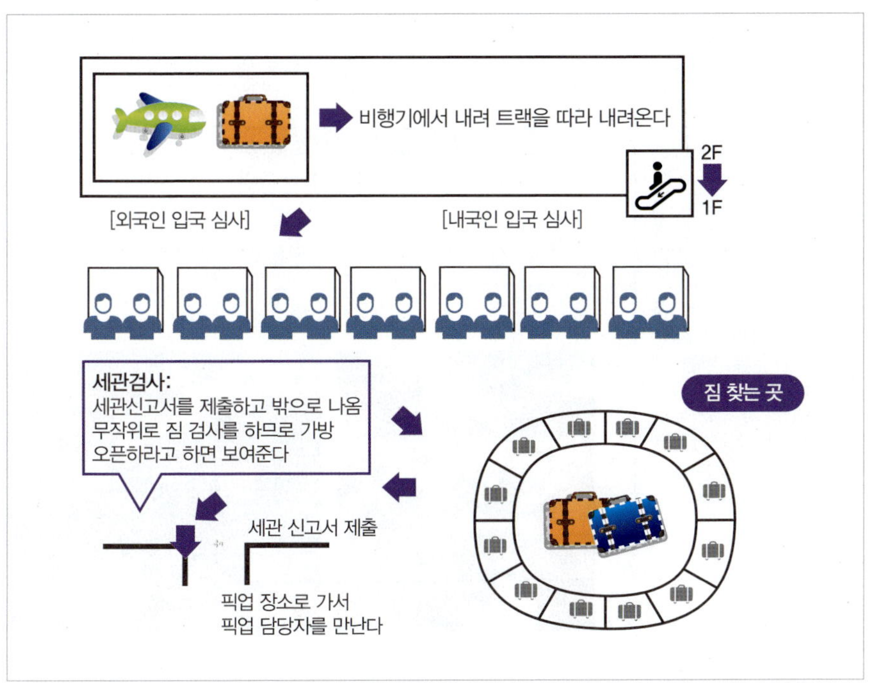

신고 대상은 음식물!

모든 음식물은 신고 대상이므로 많이 안가지고 가는 것이 좋고, 소지한 음식물을 신고하지 않을 때는 벌금을 낼 수도 있습니다.

그렇다면 면세 범위는 어디까지 일까요? 허용 범위는 담배 200개비, 시거 50개비, 향수 50g, 주류는 양주 1L까지입니다.
어떤 분들은 호주가 한국보다 담뱃값이 훨씬 비싸다고 해서 담배 10보루, 소주 10병 가져왔다고 변명하지만 이 역시 문제가 될 소지가 높습니다.

• 반입이 금지된 물품
① 마요네즈, 월병, 달걀이나 고기가 들어있는 국수, 과일, 채소, 달걀, 낙농 제품
② 육류가 들어가 있는 포장된 음식물, 냉동, 훈제, 고기 제품, 저장육, 고기로 만든 스낵, 소고기가 들어간 고추장
③ 연어, 송어, 치즈, 콩류, 살라미, 소시지, 버터, 우유, 낙농 제품(단, 아기를 위한 유아용 분유와 뉴질랜드산 낙농 제품은 허용됨), 씨앗류 등

01. 입국 심사대 찾아가기

비행기에서 내린 후 입국 심사대로 이동한다.

"어디로 가야되는 거지? 에잇! 그냥 사람들 이동하는 곳으로 따라가야겠다!!"

02. 전용 창구에서 순서 기다리기

외국인 전용 창구에서 줄을 서고 차례를 기다린다.

"내국인 전용에는 대여섯 명밖에 없는데 외국인 줄은……. 이게 몇 십명이냥! 내국인으로 가서 심사받으면 안 되나요?"

03. 심사관과 인터뷰하기

본인 차례가 되면 여권, 비자, 입학 허가서, 머무를 곳 등을 제시하고 인터뷰를 한다.(관광 비자일 경우는 여권과 머무를 숙소만 있으면 된다!)

"아……. 저는 보기보다 나쁜 사람이 아닙니다. 뭐 그냥 무단 횡단을 자주 한다거나 가끔 도로에 침을 뱉을 때가 있기는 한데요, 흑. 앞으로 안 그럴게요!"

04. 입국 심사 통과되면 도장 쾅!

입국이 허가가 되면 심사관이 여권에 입국 도장을 찍어 준다.

"아! 진짜 어학연수가 시작되는구나. 호주야 내가 간다!"

1단계 : Baggage Claim Area에서 짐 찾기

무사히 이민국을 통과하였다면 Baggage Claim Area에서 본인이 가져온 짐을 찾도록 한다. 그런데 이때 돌발 상황이 발생하기도 한다. 그게 뭐냐구?

> "핑크색 리본달린 내 가방은 왜 이렇게 안 나오는 거지?
> 헉! 그새 때가 타서 검은색 리본이 되어서 몰라봤구나…. 맙소사 내 가방!"

2단계 : 픽업 장소로 이동하기

Baggage Claim Area에서 본인의 짐을 찾았다면 이제는 픽업 장소로 이동한다.

> "붉은 악마 티셔츠 입은 사람을 찾으라고 미리 이야기해 놨으니, 금방 찾겠지. 역시 난 똑똑해♥"

THEME 03　시드니 공항에서 City 가기

시드니에 있는 공항은 시내까지 약 10km 정도 떨어져 있다. 따라서 픽업 신청을 하지 않았다면 택시를 타거나, 셔틀 버스, 에어포트 링크 등을 이용해서 시내까지 이동하도록 하자. 유학원에 픽업 신청을 한 사람들은 여기저기 보이는 피켓을 통해서 픽업자를 확인하면 된다.

Check

짐 찾을 때 주의하세요!

① 가방이 나오지 않을 경우 즉시 짐 Tag를 보여주며 수화물 조회 데스크에 분실 신고를 해야 합니다. 가방의 특징까지 더불어 이야기해 주면 좀 더 신속히 가방의 위치가 파악될 수 있습니다.

② 분실된 가방을 찾기까지 하루 이상이 걸린다면 머무를 숙소 주소를 알려주며 배송을 요청해도 좋고, 분실 증명서를 받아 둡니다.

③ 본인의 가방으로 오인을 하여 타인 가방을 가져가지 않도록 잘 확인하도록 합니다!

Check

픽업 장소로 이동 시 주의사항

① 비행기 연착, 취소 등의 변동 사항은 미리 픽업자에게 알리도록 합니다.

② 픽업 장소를 미리 파악하여 공항에서 헤매지 않도록 합니다.

③ 픽업자를 가장하여 짐을 달라고 하는 경우에 주의하세요.

④ 픽업자를 만나지 못할 경우, 전화해서 현재 위치를 알리고 동일한 장소에 계속 있는 것이 좋습니다.

01. 하수들의 이동 방법은?

수화물 규정을 가까스로 지켜서 가져온 커다란 이민 가방 1개(입으로 노트북 가방을 물고)와 머리 위까지 솟은 백팩을 메고, 대중교통을 타러 이동하는 해외여행 완전 초짜 중의 초짜!

02. 중수들의 이동 방법은?

공항에서 커다란 트렁크를 끌고 다니며 누가 봐도 픽업 신청을 안 한 것 같은 한국인들은 택시를 같이 타고 시내로 나간다. 택시비가 대략 $30 정도 나오기 때문에 세 명이 같이 타면 한 명당 버스 값도 안 되는 $10 정도만 내면 저렴하고 편하게 시내까지 갈 수 있다.

03. 고수들의 이동 방법은?

가까운 시내까지 가는데 대중교통비로 1~2만 원이 나간다는 것은 끔찍한 일이 아닐 수 없다면?

"카풀을 조심히 시도해 보는 건 어때?"

만약 주위에서 공항에 도착한 딸이나 아들을 데리러 온 할머니, 할아버지들을 본다면 조심스럽게 접근하여(음?) 다운타운에 가는지 알아 보고 살짝 동승해도 되는지를 물어 보는 거다! 단, 카풀은 돈을 안 쓰는 방법인 만큼 재미난 추억거리가 될 수 있지만 위험요소 또한 있을 수도 있기 때문에 항시 조심해야 한다는 사실을 기억하자.

상황이. 입국거부당해서 당황하셨어요?

(Immigration officer) What Is the purpose of your visit?
(이민국직원) 방문 목적이 뭡니까?

(student) I am here to study General English Course.
(학생) 왜 왔겄수, 영어 공부하러 왔지~!

(Immigration officer) I can not allow you into the country because I don't think that you are a genuine student.
(이민국직원) 입국허가를 해줄 수가 없군요. 당신은 순수하게 공부하러온 학생으로 생각되지 않아요.

(Student) I am definitely here to study General English course Is there anybody here who speak korean to help me out?
(학생) 뭔 소리여~ 전 여기 공부하러 왔당께요!! 아니 시방 여기 나 도와줄 사람 없다요?

상황02. 한국음식으로 태클 받아서 당황하셨어요?

(Immigration officer) What is this?
(이민국직원) 이건 뭡니까?

(student) It is red pepper powder and dried seaweed ,Dry fish, dry squid, red pepper paste, etc.
(학생) 이건 고춧가루랑 말린 미역, 말린 생선, 요건 마른오징어, 요거이 고추장인디유~! 한국 사람은 한국 걸 먹어야 사는겨~

Australia

PART 03

호주의 숙박 유형

호주 숙박 유형의 특징과 장단점을 잘 파악하여 본인의
어학연수 목적에 맞는 곳으로 선택하도록 하자.

이런사람이 선택한다!

👪 백배커스

단기로 머물러야 할 숙소가 필요한 여행자나 쉐어를 구하기전에 잠깐 머물 곳이 필요한 사람
- 장점: 하루 이상으로 짧게 머무를 수가 있다. 공용부엌, 공용라운지 등을 사용할 수 있다.
- 단점: 4인실 이상의 다인실을 사용하기 때문에 쾌적하지 않고, 종종 물품도난사건이 발생된다.

👥 쉐어

숙소의 위치, 숙소가격, 타입 등을 모두 다 본인스타일에 맞추고 싶고 장기간 머물 곳이 필요한 사람
- 장점: 보통 주인과 같이 살지 않기 때문에 타인으로부터의 간섭에서 벗어날 수 있으며 비슷한 또래의 친구들과 어울리면서 편하게 머무를 수 있다.
- 단점: 한국인들끼리 모여 살게 되면 어학연수를 그르칠 수도 있고, 식사준비를 직접 해서 번거로울 수 있다.

🏠 렌트

아파트를 통째로 빌려서 넓고 편하게 사용하고 싶거나, 렌트한 뒤 다시 타인에게 렌트하여 차액을 남기고 싶은 사람
- 장점: 렌트를 하여 타인에게 쉐어를 주었을 경우 조금씩 남는 금액으로 용돈을 쓸 수도 있으며, 아파트에 보통 딸려있는 2~3개의 방을 다른 사람에게 빌려주고, 본인은 거실 등을 쓰면서 숙박비 지출을 줄일 수도 있다.
- 단점: 렌트를 해서 타인에게 쉐어를 주지 못했을 경우 아파트 총 렌트비를 본인이 모두 부담해야 될 수도 있고, 아파트 파손 등 여러 가지의 문제가 야기될 수 있다.

🏡 홈스테이

숙박비용이 높더라도, 호주의 가정에서 현지 문화를 체험하며 생활하고 싶은 사람
- 장점: 쉐어나 렌트에 비해서 현지인과 거주하는 형태이므로 영어실력이 많이 향상될 수 있으며, 식사가 제공된다.
- 단점: 학원이 있는 시내에 위치해있는 홈스테이가 잘 없기 때문에 통학하는 시간이 길고 가격이 높다.

THEME 01　백팩커스(Backpackers)란?

백팩커스(Backpackers)는 일종의 여행자 숙소로, 우리나라에 있는 수많은 모텔이나 호텔처럼 다운타운 쪽으로 가면 어렵지 않게 찾을 수 있는 곳이다. 한꺼번에 묵을 기간 전부의 비용을 지불해도 되고, 하루씩 숙박비를 지불하며 있을 수도 있다. 비용은 백팩커스마다 조금씩 다르며, 1인~다인실(4인실이 무난한 다인실로, 최대는 16인실 이상도 있다.)까지 숙박 유형에 따라 금액 차이가 있다. 화장실, 샤워실, 주방, 세탁실, 휴게실 등은 모두 공용으로 이용하고 있기 때문에 항시 뒷정리를 깔끔히 하는 것이 좋다.

1 4인실 백팩커스! 이 날은 운이 좋아서 4인실을 혼자 사용! 야호
2 굉장히 좁은 4인실로 배정이 되는 날에는……. 윽! 각종 향기들이(?) 방안에 가득하다.
3 음침한 백팩커스 복도. 비성수기일 때는 백팩커스도 조용한 날이 있다.

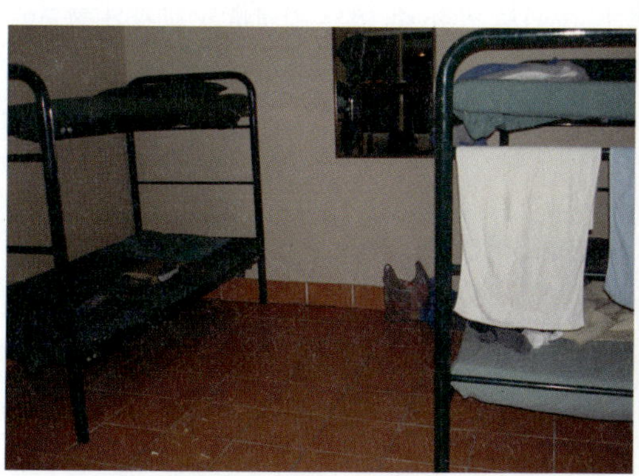

"Can I have a room for tonight?"
"24 dollars please."

생소한 호주 달러를 지불하고 내 방으로 지정된 곳으로 찾아가니 2층짜리 침대 2개가 놓여있었다. 내 공간으로 보이는 침대 하나를 제외하고는 도둑이 들기라도 한 것처럼 남자 옷, 여자 옷이 나머지 침대 위에 널브러져 있었다. 그때 커플로 보이는 남자와 여자가 들어오더니 내 앞에서 아무렇지도 않게 서로 옷을 갈아입고 한 침대에 누워서 이야기를 나누는 것이 아닌가?

"시… 시선을 어디다… 둬야 할지… 모르겠어!"
"뭐야! 그러면서 손가락 사이로 다 보는 건?"

어쨌든 벌써부터 문화 차이를 온몸으로 체험하며 혹여나 이야기를 나누고 있는(오히려 애정행각에 가까웠다!) 커플들 눈에 거슬릴까 조심스럽게 내 침대에서 간단히 짐 정리를 했다. 그리고 작은 가방 하나와 함께 그 자리를 빠져 나왔다. 하지만 그 후에 남는 자괴감과 그 허탈감이란…….

"나도 $24 냈는데 왜 내가 쫓겨나야 돼!"

THEME 03 백팩커스 환경은 어떨까?

방에서 나와 이곳저곳을 둘러보니 세탁기가 있는 작은 방이 하나있고 미국 시트콤 〈프렌즈〉에서 많이 보던 장면처럼 TV 앞에 모여앉아 떠들고 있는 외국 친구들이 보였다. 아마 이곳이 휴게소인 모양인데 그 이루 말할 수 없는 지저분한 환경이 한국에 있는 내 방보다 훨씬 더 했다. 그런데…….

"음! 맛있는 냄새~!"

스파게티 비슷한 냄새가 나는 곳으로 발길을 돌리니 공용 주방이 나왔다. 벽마다 각종 크기의 냄비들이 걸려있고 커다란 냉장고까지 있어서 재료만 가지고 온다면 웬만한 요리는 다 할 수 있을 것 같았다.

공용 주방에는 개개인의 식량들이 칸마다 가득 가득~ 간혹 쌀이 조금씩 없어지는 경우도 있으니, 알아서 관리 요망!

THEME 04 이탈리아 친구 마크

나는 비상용으로 가지고온 라면을 하나 가져와 적당한 냄비를 골라 끓이기 시작했다.

"Hmm. Smells good~~!"
"Haha, This is korean noodle, Very spicy."
"Are you korean?"
"Yes. I am from Korea."

호주에 도착한지 얼마 되지 않아 짧은 영어였지만 요리를 하면서 이야기를 하니 어색하지도 않았고 먼저 말을 걸어주니 왠지 모를 정도 느껴졌다. 우리는 식탁으로 와서 같이 음식을 나누어 먹으며 이야기를 더 했다.

"Not bad, have some."

순수 토종 한국인임을 자부하는 나는 음식 또한 피자보다는 된장찌개를 더 선호하기 때문에 맛을 음미하기보다는 면을 다 삼켜버리고, 라면 국물로 속을 달랬다.

"You can have this."
"?"
"씨익~!"
"Oooooops!"

마크에게 신라면을 조금 덜어 먹어보라고 권했더니, 먹는 순간 바로 주방으로 뛰어 들어가 물을 꺼내며 입에서 드래곤이 내뿜는다는 불을 토해내는 것이 아닌가?

"후후 ♥ 이것이 바로 한국의 맛이다!"

THEME 05 백팩커스의 여가 시간

우리는 조촐한 저녁을 마치고 휴게실로 들어가 TV를 봤다. 아까는 나만 빼고 다 친해보여서 소파 근처에도 가지 못했는데 마크와 몇 마디 말을 나눴다고 같이 온 일행인양 자연스럽게 이야기를 나누며 다른 친구들과도 친해질 수 있었다. 아마 꼭 마크가 아니었다 해도, 다른 외국인 친구들에게 먼저 다가가서 말을 걸었다면 다들 친절하게 대답했을 것이다.

이처럼 백팩커스에는 여러 국적의 여행자들이 오가기 때문에 먼저 용기를 내서 말을 건다면 많은 정보를 얻을 수도 있고 좋은 외국인 친구들도 사귈 수 있다.

THEME 06 백팩커스, 꼭 알아둘 점은?

백팩커스 사이트(www.backpackers.com.au)에 들어

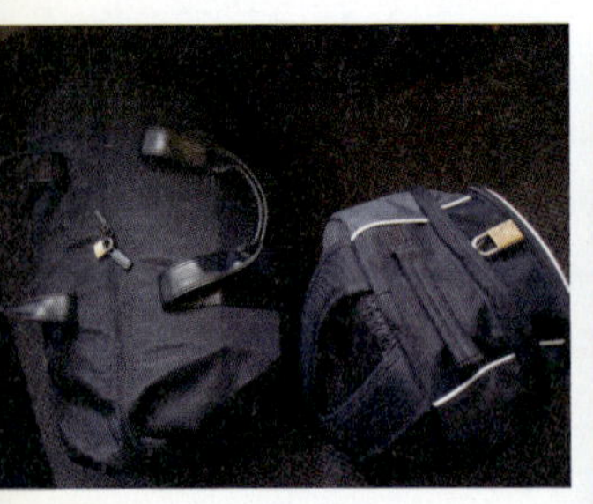

가면 백팩커스에 대해 보다 더 자세한 정보를 얻을 수 있
다. 또 백팩커스 게시판이나 휴게실 같은 공간을 살펴보면
중고 차량이나 룸메이트, 같은 방향의 동행인 등을 구한다
는 광고도 있으니 잘 활용하면 필요한 정보가 될 수 있다.
또 미리 전화 예약을 하면 무료 픽업을 해 주는 백팩커스도
많으니 비싼 교통비를 아낄 수 있다.

"아악! 몸이 가려워!"

이처럼 백팩커스에서 생활하다 보면 그 안에 살고 있는 보
이지 않는 벼룩으로 인해 잠을 자지 못할 정도로 지저분한
곳이 있는가하면, 깔끔한 실내 디자인에 안전한 보안은 옵
션으로 모두 갖춰진 곳이 있다. 특히나 한국 사람들은 시
설도 많이 따지는 편이기 때문에 잘 보고 예약을 해야 끔찍
한 하루를 피할 수 있다.

1	2
3	5
4	

1 버스 정류장, 기차역 등에서 종
종 볼 수 있는 백팩커스 광고들
2 자동차 구매와 판매부터 여행
동반자를 구하는 광고까지, 없는
광고가 없다. 잘 이용하면 보물
을 찾을지도~
3 백팩커스에서 만난 태국 친구
들과의 저녁 시간. 실비아는 간식
거리로 삼겹살을 준비했답니다
4 태국 친구들이 준비해 온 국인
데 배춧국은 아닌 듯하고 밍숭밍
숭한 것이 먹을 만했음
5 삼겹살하고 김치 보더니 좋다
고 입이 헤벌레~

1
2
3
4
5
6

1 이 자랑스러운 그릇들을 보라! 설거지 안하고 바로 건조대에 올려놔도 모를 정도

2 아무리 짧게 머물다 가는 곳이라고 해도, 분리수거는 철저히 하는 선진시민들. 나도 그 대열에 살짝~쿵!

3 스위스 친구 보내고 다시 사귄 네덜란드인들! 아버지와 아들이 배낭여행 오는 경우도 있네, 부럽다!!

4 3일간 정들었던 친구들하고 버스 터미널에서 빠이빠이~ 백팩커스에서의 굵고 짧은 인연들이여~ 언젠가는 또 만나리

5 태국 친구들하고 헤어지는 게 그리 아쉽다더니, 바로 친해진 스위스 친구들! 태국 친구들보다 더 좋애(훈남이다 ♥)

6 앞뒤로 커다랗게 맨 가방도 모자라 비닐봉지까지 두세 개를 들고 있는 태국 친구에 비해서 바닥에 있는 검은색 책가방이 내 3주간의 배낭여행 가방. 작은 가방의 비결은 옷을 안 갈아입으면서 다닌다는 것

01. The Greenhouse Backpackers

이곳은 멜버른 도시의 중앙이라고 하는 Swanston Street 의 안쪽에 위치하고 있으며 Flinders Street Station과도 매우 가까이 위치하고 있다. 일반 백팩커스와 다르게 깔끔한 시설과 좋은 위치로 잘 알려져 있으며 멜버른에 있는 YHA보다 더 좋은 평을 받고 있다.

02. Flinders Station Hotel Backpackers

멜버른 플린더스 스테이션 호텔 백팩커스는 3층부터 10층까지를 모두 백팩커스로 사용하고 있다. 그래서 많은 사람과 많은 방이 있는 큰 규모이다.

Memo

- 주소: Level 6, 228 Flinders Lane, Melbourne Victoria, 3000, Australia
- 전화번호: (03)9639 −6400
- 위치 검색 및 예약: http://www. greenhouseback-packer.com.au

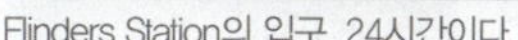
Flinders Station의 입구, 24시간이다.

- 주소: 35 Elizabeth Street Melbourne Victoria Australia VIC 3000
- 전화번호: (03)9620-5100
- 팩스: (03)9620-5101

- 위치 검색 및 예약: http://www.yha.com.au

아무래도 사람이 많다 보니 국가별로 사람들이 나눠져 노는 경우가 대부분이며 시설은 상중하로 나눈다면 중급 정도의 시설을 가지고 있다. 만약 외국 친구들과 어울리고 싶다면 추천하고 싶지 않다.

03. YHA 유스호스텔

호주 전역에 수십 개의 지점이 있으며 일반 백팩커스 가격보다는 조금 비싸지만 적정 수준의 서비스와 시설, 보안 등이 평균적으로 나쁘지 않다. 만약 머무를 만한 백팩커스를 찾지 못했고, 안전한 곳으로 가고 싶다면 여행 초기에 머무를 곳으로 YHA를 추천한다.

멜버른의 YHA 숙소

YHA Reception에서는 YHA 카드도 즉석에서 만들 수 있고 check in과 out을 도와주고 있다. 가끔 불편한 것이 있다면 요청하도록 하자.

- 위치 검색 및 예약: http://stayatbase.com/hostels/australia-hostels/base-sydney.aspx

04. X-Base Backpackers

호주 지역 몇몇 곳에(시드니, 브리즈번, 멜버른 등) 있는 백팩커스로서의 인지도는 YHA처럼 높지 않지만 장점이 많은 곳이다. 시설도 전반적으로 양호하고 방도 넓은 편이며, 부대시설

이 잘 되어있다. 무엇보다 중요한 것은 아시아인보다는 유러피안들이 많다.

05. Wake Up Backpackers

시드니 센트럴 역과 가까운 곳에 위치해 있으며, 1박에 4인실 기준 $40 정도인 이곳은 백팩커스 중에서는 매우 비싸다고 볼 수 있는 곳이다. 하지만 넓고 좋은 시설을 원한다면 만족도가 높은 Wake up 백팩커스를 추천한다.

06. Y Hotels Sydney

이곳은 백팩커스라기보다는 준 호텔급의 숙박업체이다. 위치도 시드니 하이드 파크와 가깝고 호텔에서 보는 경치가 좋은 편이다.

- 주소: 6-8 Orwell Street Kings Cross NSW 2011
- 전화번호: (02)9358 -2185
- 이메일: info@ evasbackpackers. com.au
- 위치 검색 및 예약: http://www. evasbackpackers. com.au

- 주소: 47 Brighton Rd Highatge Hill QLD 4101
- 전화번호: (07)3333-2963~4
- 이메일: Reception@ somewheretostay. com.au
- 위치 검색 및 예약: https://www. thebookingbutton. com.au

- 주소: 466 George Street Brisbane 4000, Australia
- 전화번호: (07)3238-5888
- 이메일: reservations@ tinbilly.com
- 위치 검색 및 예약: http://www.tinbilly. com

07. Eva's Backpackers

Eva's Backpackers는 시드니의 킹스 크로스 부근에 있는 단란한 분위기가 돋보이는 곳으로, 아침 식사도 제공된다. 만약 투숙자가 3일 이상 머무를 경우 숙박비 할인도 가능하며, 1박당 약 $32 정도이다.

08. Somewhere to Stay

브리즈번 시내에서 좀 떨어진 곳에 위치해 있어서, 시내에 볼일이 자주 있는 사람에게는 불편할 수 있지만 그만큼 조용하고 깨끗한 곳이다. 사방에 식물로 둘러싸여 있는 분위기의 Somewhere to Stay 백팩커스는 1박당 $20 이하의 방도 있을 만큼 저렴한 것이 장점이다.

09. Tinbilly Backpackers

Tinbilly 백팩커스는 브리즈번 시내에 위치해 있어서 조금 시끄러울 수 있지만 밤늦게까지 시내 관광을 할 수 있다는 장점이 있다. 이곳은 보안 장치가 잘 되어있고, 가격은 다른 곳보다는 조금 높은 편이다.

10. Cairns Girls Hostel

남녀 혼숙인 백팩커스가 불편하다면 여기처럼 여성전용으로 된 백팩커스, Cairns Girls Hostel를 이용해 보도록 하자. 이곳은 케언즈 시내 중심에 있어서 위치가 좋고, 시설과 서비스도 낮지 않은 편이다. 물론 여성전용이라서 그런지 엄청 활발한 분위기는 아니다.

11. Backpack Oz

애들레이드 Wakefield Street에 위치하고 있는 이곳은 건물이 모두 파란색으로 되어있으며, 유러피안들이 비교적 많아 활발한 분위기이다. 시설이나 서비스 등은 다른 곳과 큰 차이는 없다.

12. The Witch's Hat

모자 모양의 지붕이 이색적인 느낌인 이곳은 퍼스 역에서 10~20분 정도 소요된다. 평일에도 방이 잘 없을 정도로 인기가 높고 친절하다는 장점이 있다.

13. Melaleuca on Mitchell

다윈 트랜싯 센터 맞은편에 위치해 있는 Melaleuca on Mitchell은 시설이 깔끔하고, 수영장을 비롯하여 숙소 안에 Bar도 갖춰져 있다. 이 밖에도 개인 사물함이 설치되어 있어서 귀중품 분실의 위험이 적다.

14. Frogshollow Lodge & Backpackers

이곳은 3일 이상 숙박을 예약할 경우 무료 픽업 서비스가 제공되며, 다윈 트랜싯 센터와 약 10분 정도 떨어져 있다. 이곳에서는 아침 식사도 간단히 제공되지만, 에어컨이 없는 방도 있으니 여름에 투숙할 경우라면 이점을 염두에 두고 투숙하자.

> **THEME 08** 다양한 숙박 할인을 제공하는 숙박 멤버십 카드와 국제학생증

01. YHA 카드

시설이 천차만별인 백팩커스보다는 일정 수준 이상의 서비스와 청결, 보안이 유지되고 있는 유스호스텔을 선호하는 사람들은 YHA 카드를 하나 만들어 두는 것이 좋다. 호주 전역에 위치해 있는 YHA 유스호스텔뿐만 아니라, 기차,

버스 등을 이용할 때도 할인을 받을 수 있으며, 특히 YHA 숙박을 이용할 때 1박당 $1~3 정도의 할인을 받을 수 있다.

02. VIP 카드

호주에서 배낭여행을 하고, 저렴한 백팩커스에서 머물 예정이라면, 전 세계 천 개 이상의 가맹 백팩커스를 이용할 때마다 1박당 $1~2를 할인받을 수 있는 VIP 카드를 하나 만드는 것이 좋다. 대부분의 가맹 백팩커스는 다운타운에 위치해 있어서 이용하기 편리하지만, 시설이나 서비스 수준은 낮은 편이다.

03. 국제학생증 ISIC

국제학생증의 가장 대표적인 카드로, 유럽에서 많이 사용되고 있지만, 호주에서도 기차, 버스(그레이 하운드) 등을 이용할 때 할인받을 수 있다. 단, YHA나 기타 다른 카드로도 할인받을 수 있는 부분이 많기 때문에 타 카드가 있다면 중복해서 만들 필요는 없다. 국제학생증은 한국에서 인터넷이나 은행 등을 통해서 발급 비용, 여권 사진, 신분증, 학생증빙 등의 서류로 쉽게 발급을 받을 수 있으며, 호주 현지에서도 만들 수 있다.

THEME 01 쉐어(Share)란?

쉐어(Share)는 한국에서 미리 구해놓기가 쉽지 않기 때문에 호주에 지인이 없다면 우선 백팩커스에 머물면서 쉐어 하우스를 구하는 게 보통이다. 쉐어에 대한 정보는 한인 마켓, PC방, 학원 게시판, 백팩커스 게시판, 대학 게시판, 교민잡지 등에 많이 있으니 전화로 약속한 뒤 직접 집으로 가서 주인을 만나보고 결정하는 게 바람직하다. 비용은 지역과 집에 따라서 천차만별이지만 보통 주당 1인실 $170~250, 2인실 $120~150 정도이다.

THEME 02 쉐어 구하기

"여보세요! 2인실이 주당 $150이라는 광고 보고 전화했는데 집 좀 볼 수 있을까요?"
"네! 지금 바로 오세요."
"한국인 쉐어는 별로 좋지 않아! 그러니까 쉐어를 한다면 외국인 쉐어로 해!"

쉐어를 구한다고 말했더니 저렇게 충고하는 말을 많이 들었지만 현실은 쉽지 않았다.

"2C! 외국인 쉐어를 구하는 게 뭐 이렇게 어렵냥!"

또 백팩커스 생활을 2~3일 정도 하니 안정된 집이 절실하기도 했고…….

"안녕하세요! 이쪽으로 오세요. 2분만 걸어가면 됩니다."

집주인은 따로 살고 있어서 집근처 슈퍼마켓에서 만남이 이루어졌다.
어떤 쉐어는 집주인이 같이 사는 곳도 있다고 하는데 가능하면 집주인하고 함께 사는
것은 추천하고 싶지 않다.

"집주인과 살 거라면 차라리 홈스테이가 낫지 않아?"

빌딩 입구에서 '띠' 소리가 나게 카드를 살짝 부딪치니 문이 멋지게 열리고 깨끗하고
심플한 내부에 기분이 좋아졌다.

"(음… 럭셔리한데? 어라? 저건 뭐야?) 헉! 엘리베이터에도 보안기가 있네요!"

심지어 엘리베이터도 카드 없이는 운행이 되지 않아 좋은 곳으로 잘 찾아왔구나 싶었
다. 그리고 주인은 이곳저곳을 알려주며 구경시켜줬다.

"여기는 베란다고, 여기는 세탁실이에요!"

햇빛이 잘 들어오는 베란다에 물기하나 없이 깨끗한 화장실과 아늑한 침실이 참 마음
이 들었다.

"저… 근데 아직 학생이 나가지 않아서 2주 동안은 거실을 쓰셔야 할 것 같은
데……. 저기 저 소파가 침대도 되거든요? 대신 방세는 $100만 받을게요."
'뭐야! 나 쉐어 들어와 놓고 2주 동안 거실에서 자야 돼?'

거실을 쓴다는 사실이 참으로 불편한 일이 아닐 수 없지만 쉽게 포기하기에는 집이
너무나 마음에 들었다. 결국 눈물을 머금고 보증금과 방세를 지불하고 짐을 바로 거
실에 풀었다.

THEME 03 폭탄 쉐어메이트와의 만남

'찰칵~'
'음? 누규?'

갑자기 문이 열리는 소리와 함께 나와 비슷한 또래의 여자 2명이 들어왔다

"안녕하세요, 오늘부터 여기 살게 되었는데요! 하하"
"아……, 네."

'뭐니? 사람 무안하게…….'

쑥스러움을 무릅쓰고 인사를 건넸더니 나라는 사람하고는 말도 섞기 싫다는 듯이 내 옆을 횡하니 지나가는 것이 아닌가? 뒤이어 2명이 더 들어오고 그렇게 4명은 주방에서 저녁 식사 준비를 하기 시작했다.

"쿵쿵. 이거 고불(고추장 불고기) 같은데?"

냄새로 추측해 보니 고추장 불고기를 하는 듯했다. 의례적인 인사조차 한마디 하지 않고 4명은 가족이라도 되는 양 즐겁게 식사를 하였다. 내 방이라도 있었으면 상관없었을 텐데 거실이 내 방인 나는 투명 인간처럼 TV를 보며 속으로 4인조 텃새 여인들을 원망하면서 시간을 보냈다.

"쳇! 너네가 나를 왕따 시키는 게 아냐! 내가 너희를 따 시키는 거지!"
"여러분! 안녕하십니까? 오늘의 초대 손님은….."

식사를 마친 텃새 4인방은 어디서 구했는지 한국 예능 프로그램 비디오를 재생시키며 웃고 떠들기 시작했다. 우리나라에만 유일하게 존재하는 것 같은 여자들의 텃새 부리기 전통과 공기 중에 떠다니는 한국어로 인해…….

"저 쉐어 뺄게요……."

그렇게 가공할만한 텃새로 인해 나는 한 달 만에 바로 쉐어를 옮기게 되었다.

THEME 04 두 번째 쉐어

운이 좋게도 학원 친구인 일본인이 졸업을 하게 되어 본인이 살고 있는 집을 소개해 주었다. 2인실인데 주당 $85 밖에 안 되는 굉장히 저렴한 집인데다가 학원과의 거리가 도보로 5분 정도 거리였다.

"히로시, 정말 고마워."

그 전 집보다 럭셔리하고 깨끗한 건 없었지만 2층에 영국인 커플, 1층에 일본인 등 국적 비율도 마음에 들었다.

"안녕, 난 실비아라고 해! 한국의 수도, 서울에서 왔어!"

저녁 시간이 되면 다들 일찍 귀가하기 때문에 식사 준비를 하거나 TV를 보면서 자연스럽게 친해질 수 있었다. 그리고 드는 안도감.

"난 이렇게 사랑받고 관심 받는 존재였어! (보고 있나? 텃새 4인방!)"

THEME 05 즐거운 쉐어 생활

"호박전, 김치전인데 좀 먹어볼래?"

역시나 친해지기 가장 쉬운 방법은 그들에게 한국 음식을 소개하는 것이다. 일본인들은 김치전, 배추전, 떡볶이(일본인들은 웬만한 한국 음식은 다 좋아하는 듯했다.)에 열광했고 영국인들은 특이하게도 호박전에 열광했다.

"실비아, 저기 있잖아? 호박전 한 번만 더 해 주면 내가 바비큐 해 줄 게!"
"그럴까? 바비큐 무지 좋아하는데. 내가 좀 위대(胃大)해서 많이 해 줘야 돼!"

또 주말에는 영국인 커플들과 공원에 가서 무료 오페라 구경도 하고(지금 생각해 보면 커플들의 데이트에 낀 것 같아 마음이 불편해지기도…….) 해변에 가면서 부르주아 놀이도 했다!

"안녕하세요,"
"네……. 집세 부탁드려요."

집주인은 중국인 여자로, 일주일에 한 번씩 집세만 받으러 잠깐잠깐 다녀가는 것이 전부였다. 물론 집주인이 따로 살아야 편하지만 뭔가가 고장 났을 때는 전혀 신경을 써주지 않는다는 단점도 있으니 주의하시라!

1 장난꾸러기 쉐어메이트
2 한국인 쉐어의 전형적인 모습! 일주일에 7번도 모일 수 있다는 특징(?)이 있다.
3 같이 쉐어하는 한국인들끼리 공원에서 피자 먹는 중!
4 오렌지를 박스 채 놓고 먹고 있는 한국 여인들
5 생일 파티는 한국 노래방에서!
6 반은 일본인, 반은 한국인이라는 환상적인 국적 비율!?
7 같이 사는 쉐어메이트와 바비큐 파티 하다가 사진 찍자고 끌고(?) 왔다.

THEME 06 쉐어별 장단점 살펴보기

	장점	단점
한국인 쉐어	① 문화적 충돌이 없다. ② 여러 가지 생활면에서 도움을 받을 수 있다. ③ 외국인 쉐어보다 덜 외롭다. ④ 방을 구하기가 쉽다.	① 마음 맞는 룸메이트를 구하게 되면 학업에 소홀해지기 쉽다. ② 한국말을 많이 쓰게 된다.

	장점	단점
외국인 쉐어	① 다른 나라의 문화를 자연스럽게 습득할 수 있다. ② 영어 실력 향상에 도움이 된다. ③ 외국인 친구를 많이 만들 수 있다.	① 문화 차이로 인한 충돌이 있을 수 있다. ② 집이 깨끗하지 않다.(서양인들은 한국인에 비해서 청소를 자주 하지 않는다.) ③ 방을 구하기가 어렵다. ④ 파티를 즐기는 룸메이트를 만나면 집이 항상 시끄러울 수 있다.

Check

쉐어 주의사항

① 주인을 만나보고 이야기를 충분히 나눈 후 결정하는 것이 좋다.
② 집을 방문해서 꼼꼼히 살펴보도록 한다.
③ 광고가 오래 지속되고 있는 곳은 가급적 피하도록 한다.
④ 학원, 버스 정류장, 전철역까지의 거리 등을 고려해 본다.
⑤ 살고 있는 쉐어메이트를 만나서 몇 가지 질문을 해 보면 도움이 될 수 있다.

요렇게 리조트 같은 곳을 렌트할 수도 있는데, 이런 곳을 저렴하게 렌트할 수 있다면 당신은 능력자~!

THEME 01 렌트(Rent)란?

렌트(Rent)는 보통 남학생들이 많이 이용하는 숙박 유형으로, 좋은 값에 렌트하여 쉐어를 많이 주게 되면 이익을 남길 수 있어 2~3곳 이상을 렌트하여 용돈을 버는 경우도 있다.

**"하지만 큰 집을 렌트했는데 들어오는 학생이 없다면
비싼 렌트비를 본인이 전부 부담해야 돼!"**

보통 렌트비는 주당 $400~$800으로 집집마다 큰 차이가 있다.

THEME 02 렌트 광고하기

2인실 주당 $150, 전망 좋고, 수영장, 헬스장 있음.
전화번호 XXX–XXXX

위와 같이 렌트를 하고 바로 쉐어 광고 문구를 적었다. 이렇게 만든 광고지를 동네 식품점 등에 붙이고 최대한 많은 사람들에게 알리고 다녔음에도……

"뭐야! 어떻게 아무한테도 연락이 안 오는 거야!"

며칠 동안 연락이 오지 않아 결국 방 3개에 거실까지 있는 아파트에서 혼자 살면서 막대한(?) 비용을 지불해야 했다. 그러다가 한 명, 두 명 연락이 오기 시작하더니 결국 한 명이 최종 결정을 하고 이사를 왔다. 한국 사람이지만 처음 이사 온 사람이라 너무 반갑고 좋았다.

라면의 경우 우리나라와 비슷한 가격이지만 내게 있어 소중한 가치(?)를 지닌 라면을 2개씩이나 끓여서 대접을 하였다.

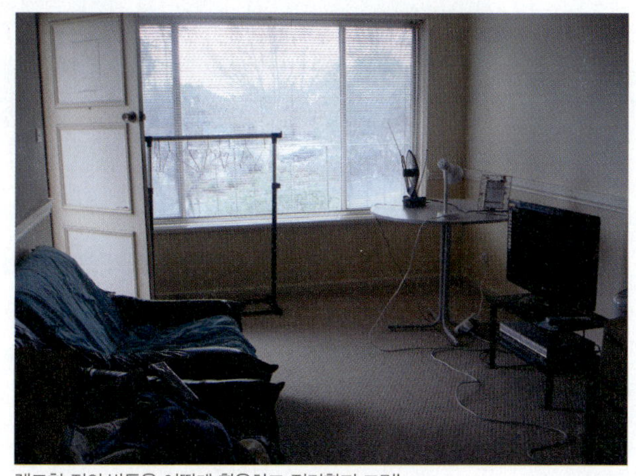

렌트한 집의 방들을 어떻게 활용하고 정리할지 고민!

THEME 03 렌트 생활

호주는 우리나라처럼 월 단위가 아닌 주 단위이기 때문에 매주 방값을 지불해야 한다.

이런 식으로 문의 전화도 자주 오고 방 보러 오는 사람도 많아서 생각보다 좀 번거로웠다. 그래도 방이 채워지지 않으면 손해를 볼 상황에 있었기 때문에 최대한 친절히 답변해 주었다. 그러다가 중국인, 일본인 등 1명씩 식구가 늘어나더니 3개의 방에 2명씩, 방이 꽉 차기 시작했다.

나는 거실에 있는 소파 겸 침대에서 잠을 자면서 6명과 같이 생활을 했다.

"뭐? 렌트 당사자가 소파에서 잠을 잔다고?"
"호주에서는 흔한 일이라구! 다른 사람들도 이익을 남기려고 거실이나 베란다 등에서 자기도 하는데 뭘."

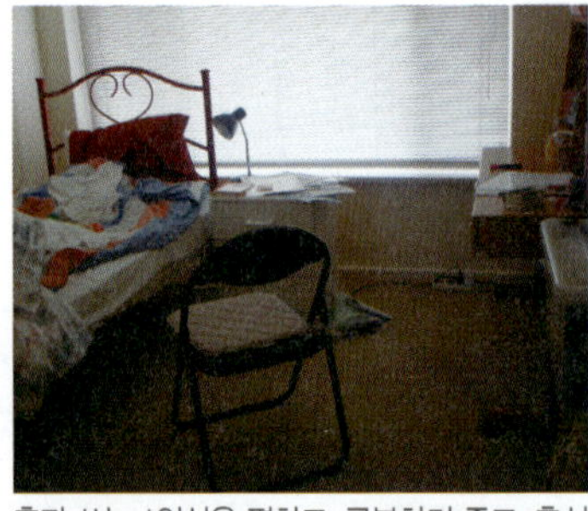

혼자 쓰는 1인실은 편하고, 공부하기 좋고, 휴식하기 좋은 게 장점! 좀 지저분한가요?

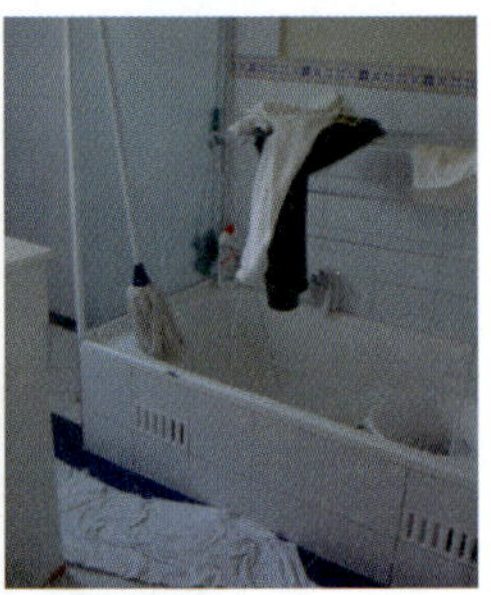

화장실은 어떤가요?

THEME 04 렌트에서 보내는 즐거운 주말

"이번 주말에 다 같이 모여서 맥주 한 잔 땡겨 봐?"

다행히 여러 국적이 모여살고 있어서 다른 곳에 갈 필요 없이 집에만 있어도 심심하지가 않았다. 나는 값도 싸고 맛도 좋고 요리도 간편한 배추전을 준비했고, 다른 사람들은 만두, 스파게티, 치킨, 바비큐, 케이크, 맥주 등을 준비했다. 우리나라는 이와 같은 Potluck dinner가 없다는 것이 아쉬운 것 같다.

"프라이팬 게임할까?"
"뭐? 프라이팬? 그게 뭔데?"

외국인들과 했을 때 가장 재미있는 놀이라고 해도 과언이 아닐 정도로 반응도 좋고 금세 친해질 수 있는 계기도 된다.

"(이름을 드글라스라고 발음하기에) 드글 3!"

"드글, 드글, 드글!"

이 게임은 이름이 두 음절이 돼야하기 때문에 외국 사람들의 이름을 줄이면서도 재미있는 시간을 보낼 수 있다. 그리고 벌칙에 걸리지 않기 위해 필사적으로 게임에 임하는 불타오르는 열정의 소유자… 세계의 친구들…….

"누구 나랑 같이 설거지 할 사람?"

게임이 파한 후 뒷정리 및 먹은 접시들을 치우려 할 때였다. 어찌된 일인지 게임을 할 때는 불타는 듯한 눈빛으로 뚫어져라 내 눈을 바라보던 시선들이 하나둘씩 나를 피하기 시작하는 것이 아닌가? 결국 내 눈을 피하던 시선은 끝내 이리저리 흩어져, 덩그러니 남겨진 나와 일본인 친구가 뒷정리를 담당해야 했다. 정리 그 후……. 피곤한 몸을 이끌고 이불 속으로 들어갔다.

홈스테이
(Homestay)

 홈스테이(Homestay)란?

쉐어나 렌트 등은 호주에 도착한 후 정보를 수집하고 일정 기간 발품을 팔아야 얻을
수 있는 숙박 유형이기 때문에, 호주에 도착하자마자 지정된 장소의 보금자리를 원하
는 학생들은 한국에서 홈스테이(Homestay)를 신청하는 것이 좋다. 홈스테이는 보
통 수속한 유학원이나 신청한 어학원에 알선을 의뢰할 수 있다. 단, 숙박 유형 가운데
서 가장 가격이 비싸고, 학원과 멀 수 있으며(약 40분~1시간 이상 정도의 거리) 까다
로운 주인을 만났을 경우 트러블이 생길 수 있다. 가격은 보통 주당 $250~$300 정
도이다.

 홈스테이의 첫인상

"Hello."

나는 처음 만나는 홈스테이 식구들이 굉장히 낯설게 느껴져 성격과 맞지 않게 수줍게
인사를 하고 안내해 준 내 방으로 가서 짐을 풀었다. 시설은 생각보다 나쁘지 않았지
만 청소를 한 달에 한 번씩만 하는지 집 곳곳에 쌓인 먼지들이 눈에 띄었다.

"저녁에 늦게 귀가하게 되면 미리 전화주시고, 집에서 가능한 한 요리는 하지 말아
주세요. 화장실은 저쪽에 있는 거 쓰시면 돼요. 많이 피곤할 텐데 일찍 주무시고 내
일 아침에 봐요."

호주 사람으로 배정해 달라고 강조를 많이 해서 그런지 내 바람대로 되기는 했는데 약간 지저분한 환경과 크게 친절하지 않은 주인이 조금 불편했다.

THEME 03   홈스테이 가족과의 첫 식사 시간

"Good morning."

경쾌하고 발랄(?)하게 아침 인사를 한 후 나는 아침 식사를 기다렸다. 낯선 환경 속에서 아침 일찍 일어나 방 정리를 한 후 홈스테이 식구들과 아침을 먹었다.

"저기……. 혹시 밥은 없나요?"

한국이든 필리핀이든 아침마다 항상 국과 밥 정도는 먹어왔기 때문에 건조해 보이는 빵과 생전 처음 보는 잼 종류에 선뜻 식욕이 일지 않았다.

"음……. 혹시 딸기잼은 없을까요? 하하."
"이거 베지마이트라고 일단 한 번 먹어봐요. 맛이 괜찮아요. 빵이 싫다면 크래커도 있는데."

생긴 것은 초코잼 같이 생긴 베지마이트를 일단 빵에 조금 발라서 맛을 보았다.

"으악! 악… 소리 나올 정도로… 맛이 괜…찮네요."

원래도 잼을 좋아하지 않았지만 지금까지 살면서 이렇게 짠맛만 입안에 가득 맴돌아 정신까지 아득하게 하는 잼은 정말이지 처음이었다.

"맛있게 잘 먹었습니다."

어쨌거나 홈스테이에서 제공한 음식이 지 않은가? 차마 남길 수 없어 손에 집은 빵만 입에 몽땅 넣어버리고 학원으로 출발할 수밖에 없었다.

월남쌈까지 만들어주시는…으…감동입니다! 한국인 Homestay의 최대 장점이지요!

 학원 점심시간

"어머, 홈스테이에서 도시락도 싸 줘?"

점심시간이 되면 학원 카페테리아에 다 같이 모여서 점심을 먹는데, 나는 당연히 점심은 사먹는 것인 줄 알고 컵라면 하나만 들고 왔던 것이다.

"뭐야? 점심 사 먹는 거 아니었어?"

홈스테이 사는 사람들은 크게 맛있어 보이지만 않았으나 샌드위치와 비슷하게 생긴 것을 싸왔다.

"와! 김치볶음밥이네!"

쉐어하는 학생들은 본인들이 아침 일찍 일어나 도시락을 만들어 왔는데 한국에서 먹는 도시락과 똑같았다.

"나는 도시락 준비해 주지도 않고 직접 싸가라는 말도 안 해 줘. 아예 관심 자체가 없던데, 완전 이상한 데 걸린 것 같아."
"원래 보통 홈스테이가 아침, 저녁만 제공돼! 도시락은 네가 하기 나름인데."

틀린 소리는 아니었지만 그 순간 컵라면을 먹고 있는 내 자신이 스스로가 작게 느껴지는 것이 아닌가?

THEME 05 **문화 충돌**

"만약에 오늘같이 늦게 들어오게 되면 미리 연락을 꼭 해요!!"

학원이 끝나고 클래스메이트와 비치에 잠깐 갔다 저녁을 먹고 들어왔는데 저녁식사 전에 연락을 주지 않은 것에 대해 주인아주머니가 좀 화가 난 것 같았다.

'내가 내 돈 주고 밥 사먹고 오면, 밥값 안 들어가고 좋은 거 아닌가? 치.'

잘 시간에 샤워를 해서 시끄럽다는 건가, 아니면 샤워를 오래 한다고 눈치를 주는 건가? 갖가지 생각이 꼬리에 꼬리를 물고 이어지다가 Host mom이 자꾸 화장실 앞에서 서성이는 것이 여간 신경 쓰이는 게 아니었다.

결국 한 달 후에 일본인 홈스테이로 거처를 옮겼는데 너무나 따뜻한 대접과 친절함은 물론, 집까지 깨끗해서 천국에 온 것 같았다.

할머니, 할아버지가 있는 홈스테이는 친절해서 좋았다.

젊은 부부가 있는 홈스테이는 활기 넘쳐서 좋아요!! 근데 부부 사이에 굳이 껴있는 실비아…눈치가 참…짱이죠?

THEME 06 홈스테이 생활의 차이

"이거 일본 과자인데 식탁에 둘 테니 먹고 싶을 때마다 먹어요!"
"흐흑… 네, 감사합니다."

옮긴 홈스테이에서는 음식에 쓰는 조미료 정리도 잘 되어있고 화장실까지도 깨끗해서 너무 행복한 하루하루였다.

"너 혹시 이스트우드(Eastwood)에서 홈스테이 하지 않았어? 주인아주머니 약간 뚱뚱하시고….""
"어! 맞아! 어떻게 알았어?"

학원 어드밴스 반에 있는 언니가 저번 주부터 내가 있었던 홈스테이에서 지내고 있다고 이야기해주었다.

"언니, 거기 별로 아니야?"
"난 너무 좋은데, 아주머니 음식도 잘하시고 어제는 일부러 김치도 사왔어, 나 때문에.""

분명히 내가 있던 홈스테이가 맞는 것 같은데 언니가 이야기하는 건 완전히 다른 곳이 아닌가?

"샤워도 오래 못하게 눈치주지 않아?"
"음… 글쎄? 특별히 그런 거 없는데, 내가 샤워를 길게
하지도 않지만…."

아예 카페테리아에 앉아서 30여 분을 그 홈스테이에 대해
더 이야기했는데 생각할 수 있는 결과는 단 하나였다.

"왜 나만 미워하는 거야!"
"아마 니가 무심코 했던 행동을 주인아주머니가 오해해
서 받아들이고 좀 차갑게 대했던 것일 수도 있어."

그렇다. 홈스테이는 홈스테이 희망자와 홈스테이 가정의
궁합이 중요한 것이다. 이처럼 본인과 맞는 곳으로 잘 배
정된다면 행복한 홈스테이 생활이 되겠지만 이건 어디까지
나 운이기 때문에(지인을 통해서 알아보지 않는 한) 어떤
홈스테이를 가던 본인이 얼마나 마음을 열고 긍정적으로
문화 차이를 극복할 수 있는지가 매우 중요한 것 같다.

THEME 07　홈스테이를 위한 용감한 조언!

01. 홈스테이 주인이 필리핀 사람이요? 백인이랑 살려고 홈스테이 하는 건데!

백인 홈스테이 가정에서 산다면 일단 다음과 같은 사항을
염두에 둬야 한다. 보통 영어권 사람들은 시내 중심인 다운
타운 쪽에 살지 않기 때문에 그들이 살고 있는 곳이 학원으
로부터 멀리 떨어져 있을 수 있다. 또 음식은 밥 위주가 아
니라, 빵이 주류기 때문에 입에 잘 맞지 않는 경우가 많으
며 청소 상태가 일반적으로 양호하지 않다.

또한 우리나라 사람처럼 약간만 더우면 에어컨을 틀고 약
간만 추우면 난방을 하는 경우가 없어서 참아야 될 부분이
많을 수 있다.

02. 세계에서 여섯 번째로 큰 나라? 흥! 그래도 도보 10분 내외의 홈스테이로 가고 싶다고!

학원과 가깝다고 하면 보통 도보로 10분 정도를 생각하는데 이렇게 가까운 곳을 원한다면 학원 근처에서 쉐어를 하는 것이 맞을 것이다. 작은 우리나라도 집에서 학교까지 버스로 30분 이상 걸리는 경우가 많은데 하물며 우리나라보다 훨씬 큰 땅덩어리의 호주는 거처할 집이 멀리 위치한다는 것은 어쩌면 당연할 수 있다.

다만 영어권 사람이 아닌 인도, 일본, 필리핀 등지에서 온 사람들의 홈스테이를 택한다면 보통 대중교통으로 30~40분 이내이므로, 백인 가정보다 편하게 다닐 수 있다.

03. 수영장은 기본! 영화에서 많이 보던 집이 나의 홈스테이 가정?

홈스테이를 하는 집은 타 국가와 문화 교류를 목적으로 또는 남는 방이 있어서 또는 할머니, 할아버지들이 적적해서 하는 경우도 있지만, 50% 이상의 가정이 형편이 어려워, 용돈벌이를 위해 홈스테이를 하는 경우가 많다. 따라서 영화에서 많이 본 멋진 전원주택을 상상한다면 당장 잊어버리는 것이 건강상 좋을 것이다. 혹시라도 다른 집과 비교했을 때 크게 떨어지지 않는 시설에 조그마한 정원 정도라도 있는 곳을 원한다면 학원과 좀 멀 수 있다는 사실!

04. 홈스테이 말고, 입양 가족을 찾습니다!?

홈스테이 클레임 글들을 인터넷 등에서 많이 볼 수 있기 때문에 친절한 홈스테이를 원하는 것도 무리는 아닐 수 있다. 우선 학생들의 희망 홈스테이 조건을 살펴보면 다음과 같다. 이렇다 보니 홈스테이를 찾는 것이 아니고 거의 입양할 가족을 찾는 수준으로 까다로운 조건들을 제시하는 학생들이 많은데, 운이 좋아 친절하기로 유명한 곳으로 배정되지 않는 한, 홈스테이 가족과의 관계는 상대방 문화를 이해하고 '나 자신이 우리나라의 얼굴이 될 수 있다.'라고 생각하면서 행동하는 것이 최선이 아닐까 한다.

05. 홈스테이 가족의 직업을 본인의 장래희망과 연결 짓는 경우

홈스테이 배정서에 호스트의 직업이 '청소' 등으로 적혀 있으면, 이상한 곳으로 배정이 되었다고 운이 나쁘다고 생각하는 경우가 있다. 하지만 호주 현지인의 교수, 변호사, 의사 등의 직업을 바라는 것은 무리가 있다. 실제로 선진국은 직업의 귀천이 없고, 오히려 청소를 하는 분들이 Part time으로 일하는 경우가 많아서 Free time 때 학생에게 더 신경을 써 줄 수도 있다. 덧붙이자면 직업의 선입견은 우리나라 학생들이 가장 높은 것 같다.

06. 강아지, 고양이 같이 동물들과 어떻게 같이 살아요?? 절대 싫어요!!

호주에서 거주하는 많은 사람들이 동물을 한 마리씩 키우고 있는데, 집에서 키우는 작은 강아지도 많지만, 마당이나 집안에서 키우는 큰 개도 많다. 그러므로 애완동물 없는 집을 고르게 되면 선택의 폭이 많이 좁아져서, 다른 조건이 좋은 가정을 놓칠 수도 있다.

사실 애완동물이 없는 가정은 보통 경제적으로 여유가 없거나, 까다로운 성격의 소유자들이 대부분이라, 본인이 애완동물을 싫어하는 까칠한(?) 성격인 만큼 애완동물을 키우지 않는 Host도 성격에 약간의 문제가 있을 수 있다. 우스갯소리로 '개를 싫어하는 사람들은 본인이 개일 확률이 높다.'라는 이야기도 있으니 참고하길 바란다.

07. 한식을 원하지만, 정 안 되면 스테이크라도 먹어야죠 뭐!

외국 홈스테이라고 하면 한식 제공이 힘들다는 것은 많이들 알고 있는 사실일 터. 한식 제공이 안 되면 스테이크나 고급 서양 음식을 생각하는 학생들이 많다!

하지만 우리가 한국 패밀리 레스토랑에서 먹는 음식만이 서양 음식이 아니기 때문에, 보통 아침에는 시리얼이나 간단히 토스트를 먹고 저녁에는 커리나 야채볶음, 닭고기 등의 한두 가지 음식만 해서 검소하게 먹는 경우가 대부분이다.

하지만 Host와 친해지면, 주말에 같이 장봐서 바비큐를 해 먹자고 하거나, 한국 음식을 해서 호주 음식과 쉐어를 하는 것도 좋은 방법이다.

08. 아기 있는 가정은 절대 사절?

아이를 좋아하는 한국 학생이 많지 않지만, 아이가 있으면 식사가 더 잘 나올 수도 있고, 아이를 돌봐야 하기 때문에 Host가 하루 종일 집에 머무를 확률이 높아서 영어를 쓰기 더 좋은 환경이 연출될 수 있다. 아이에 대한 이야깃거리가 많아질 수 있다는 것도 추가 보너스! 단, 아이가 울면 시끄러워서 학업에 방해될 수도 있으니, 장단점을 잘 생각해 보도록!

09. 명문대 다니는 자녀가 있는 곳을 원해요!

Host가 일을 다니거나 바쁘다면 집에 대화 상대가 없기 때문에, 연령대 비슷한 자녀가 있기를 바라는 학생들이 있다. 이는 아주 좋은 생각이지만, 가끔 자녀의 학벌을 보면서 홈스테이 가정을 고르는 학생들이 있다. 덧붙이자면 보통 명문대생의 자녀가 있는 홈스테이는 많지 않다.

10. 아무도 없는 홈스테이로 가게해 주세요! 사랑을 독차지(?)해야 해요.

홈스테이 가정은 보통 학생을 소개해 주는 알선업체들을 두어 곳 이상 연결해 놓는 것이 일반적이다. 따라서 홈스테이 배정서를 받았을 때는 타 국적의 학생이 없다고 했다가, 배정서를 받고 4주 뒤에 호주에 도착했더니, 한국 학생이 이미 살고 있는 경우도 있는 것이다.

만약 다른 국가의 학생이 아무도 없다면 가족과 더 조용하고 단란하게 사랑을 독차지(?)하면서 지낼 수도 있고, 다른 국가의 학생들이 있다면, 같은 처지(?)의 학생들과 외롭지 않게 지낼 수 있다는 장점들이 각각 있다.

Memo

홈스테이 주의사항

① 늦게 들어올 때는 미리 홈스테이 가족에게 연락을 주자!

② 샤워는 너무 길지 않게 하고 욕조 밖으로 물이 튀지 않게 한다.

③ 친구를 데려올 때는 미리 동의를 구해야 한다.

④ 도착 첫날에 Host와 충분히 이야기하여 지키고자 부탁했던 것들은 가능한 어기지 않도록 한다.

⑤ 본인방의 정리는 기본이다. 항상 깨끗하게 정리정돈을 하도록 하자.

⑥ 'Thank you', 'Sorry', 'Excuse me' 등을 입에 달고 살도록 한다. 우리나라 사람들은 감사하는 마음을 표현하는 법이 매우 부족하다.

⑦ 홈스테이에 아이들이 있다면 주말에 가끔 놀아주는 것도 좋다.

⑧ 홈스테이를 옮기거나 더 있을 경우, 항시 기간 종료 2~3주 전에 이야기해야 한다.

⑨ 가끔 집안일을 돕도록 한다.

⑩ 홈스테이 식구들은 본인들 가족과 일부분이 되기를 원한다.

Australia

PART 04

호주 지역별 특징과 추천 어학원

호주의 면적은 우리나라 대한민국의 78배 이상이므로 선택하는 지역에 따라 호주의 생활이 180도 달라질 수 있다! 따라서 본인 성향에 맞는 지역으로 장단점을 잘 살펴본 후에 연수 지역을 결정하도록 하자

STEP 01 명소가 숨어있는 대도시, 시드니
STEP 02 도시 같은 시골! 브리즈번과 골드 코스트
STEP 03 다윈 지역 살펴보기
STEP 04 스릴 만점! 케언즈
STEP 05 서호주의 매력, 퍼스
STEP 06 평온한 분위기의 애들레이드
STEP 07 유럽 분위기가 나는 멜버른

어학연수지 결정에 따른 장·단점

▶ 시드니(Sydney)

수도 캔버라보다 더 수도 같은 곳! 다양한 문화생활과 여러 친구들과 어울릴 수 있는 호주의 최고 간판 도시!

[장점]
1. 영어공부를 할 수 있는 어학원의 종류가 매우 다양하여, 저가학원! 퀄리티가 높은 학원! 규모가 큰 학원! 프로그램이 많은 학원! 인턴쉽 신청이 가능한 학원! 등으로 학원 선택의 폭이 넓다.
2. 주요도시가 모두 그렇듯이 강사진이 우수하다.
3. 대중교통이 발달되어있다.
4. 일자리가 비교적 많다.

[단점]
1. 유학생들이 지내기에 물가가 다소 높다.
2. 한국학생들이 많다.

▶ 캔버라(Canberra)

아직도 시드니가 호주의 수도라고 생각하는 사람은 없겠죠?

[장점]
1. 유학생들이 지내기에 치안이 특히 좋다.
2. 학업하기에 조용한 분위기이다.

[단점]
1. 선택할 수 있는 어학원의 종류가 거의 없다.
2. 생활반경이 작은 편이다.
3. 문화생활에 있어서 매우 제한적이다.

▶ 브리즈번(Brisbane)

따뜻하고 깨끗한 안락한 느낌의 작은 도시

[장점]
1. 대부분의 어학원들이 학생들의 만족도가 높다.
2. 날씨가 연중 따뜻해서 어학원 액티비티 활동이 자유롭다.
3. 도시가 적당히 조용하다.

[단점]
1. 어학원의 수가 적다.
2. 도시가 작다.
3. 시드니 못지않게 한국인 유학생 비율이 높다.

▶ 케언즈(Cairns)

한국에서 하는 래프팅이 시시하다면 케언즈로 갑시다!

[장점]
1. 어학원 학비가 대체적으로 저렴하다.
2. 해양스포츠가 발달되어있다.

[단점]
1. 날씨가 매우 덥다.
2. 한국인은 타 지역에 비해 낮은 편이지만, 아시아인 비율 자체는 매우 높은 편이다.
3. 어학원들의 규모가 크지 않아서 퀄리티가 주요 도시보다 낮은 편이다.

▶ 멜버른(Melbourne)

호주 안의 유럽 드라마. 〈미안하다 사랑한다〉를 왜 여기서 찍었는지 와 보면 알 수 있어요!

[장점]
1. 개성이 넘치는 지역이라서 호주 안에서도 독특한 문화를 경험할 수 있다.
2. 시드니 다음으로 발달된 도시이기 때문에 유명한 어학원이 많다.
3. 미사거리 등 걸을 수 있는 아름다운 길이 많다. (도시구획이 바둑판처럼 잘 짜여져 있다)
4. 세계적인 음식들을 모두 맛볼 수 있다.

[단점]
1. 물가가 높다.
2. 변덕스러운 날씨

▶ 퍼스(Perth)

친절하고 조용한 시골 같은 느낌의 부자 도시

[장점]
1. 물가가 저렴하다.
2. 유학생 한국인 비율이 낮다.

[단점]
1. 어학원 퀄리티가 낮은 편이다.
2. 선택할 수 있는 어학원 종류가 많지 않다.

▶ 다윈(Darwin)

40도를 웃도는 동남아시아 뺨치는 도시! 호주의 진짜 주인인 에버리진(aborigine)도 많이 볼 수 있어요.

[장점]
1. 한국인 비율이 매우 낮다 2. 에버리진의 문화를 체험할 수 있다.

[단점]
1. 너무 더워서 일상생활이 어렵다.
2. 도시 분위기가 다소 침체되어있다.

▶ 골드 코스트(Gold Coast)

서핑의 천국! 호주에서 짐승남이 가장 많은 곳은 어딜까요?

[장점]
1. 아름다운 해변에서 서핑을 즐길 수 있다.
2. 한국인 유학생 비율이 낮다.

[단점]
1. 선택할 수 있는 어학원이 많지 않다.
2. 한정적인 문화생활

▶ 애들레이드(Adelaide)

호주 안의 뉴질랜드인가요? 저녁 8시가 되기 전에 상점들이 문을 닫고 집으로 고고싱

[장점]
1. 한국인 유학생 비율이 낮다.
2. 복지가 잘 되어있다.

[단점]
1. 선택할 수 있는 어학원이 많지 않다.
2. 아시아인 비율이 높다.
3. 타 지역에 비해서 전체적인 도시 분위기가 아름답지는 않다.

명소가 숨어있는 대도시, 시드니 (Sydney)

THEME 01 시드니의 날씨

"호주는 연중 온화한 곳으로서……."

어떤 호주 책을 보아도 호주 날씨는 온화하고 따뜻한 편이라는 정보를 소개하고 있어 의류는 대체로 반팔과 하늘하늘한 카디건만을 챙겨왔다. 막상 현지에 도착하고 보니 따뜻하다는 호주 날씨에 대한 정보와는 너무나 다른 참담한 그 현실에 무릎을 꿇을 수밖에 없었다.

"이런 된장! 이게 뭐야! 따뜻하긴 개뿔! 지금 입고 있는 옷도 안에는 반팔이라구우!"

결국 추운 날씨에 이빨을 딱딱 부딪치며 장엄한 오페라 하우스를 감상했다. 극심한 추위에 딱딱대는 소리는 무슨 MP3의 옵션처럼 들려와 지나가는 사람들이 한 번씩 쳐다봤을 정도니…….

'사진에서 봤을 때랑 좀 다른 부분이 있구먼……. 음, 낡기는 했지만, 그래도 예술이야.'

오페라 하우스의 모든 곳을 하나씩 하나씩 눈에 담고 있는 사람처럼, 이쪽저쪽을 살피고 있는데 손이 시려워서 사진 찍기가 힘들었다.

"도저히 안 되겠다! 이가 없으면 잇몸이라고! 반팔 티
꺼내!"

추운데 반팔 티는 왜 꺼내냐고? 바로 목도리로 사용하기
위해서였다. 그렇게 매서운 추위를 견디지 못하고 가방
에 있던 한여름용 반팔 티를 꺼내서 목도리처럼 칭칭 두른
후, 반바지는 허리에 꽉 졸라맸다.

본의 아니게 60년대 청춘의 캠퍼스 룩(?)을 입고 덜덜 떨
면서도 한국인 특유의 불굴의 의지로 멋있는 하버 브리지
도 마저 구경하였다. 아니나 다를까 안 그래도 추운데 갑
자기 하늘에서 물이 쏟아지는 것이 아닌가?

"으악!! 소나기다!!"

목이며 허리며 둘둘 말아놓은 옷들이 순식간에 젖기 시작
했다. 날이 흐리지도 않았고 비 소식도 없었는데, 이 무
슨… 진상스러운 날씨란 말인가.

"마른하늘에 날벼락… 오늘 제대로 경험했다는…….
절대로 잊지 않겠다! 호주 마른하늘의 날벼락."

뭐 어쨌든 비 오는 것보다는 추운 것이 낫다며 바로 앞에
있는 커피숍으로 당장 몸을 피했다. 카페로 들어서자 향긋
한 커피를 하나 시키려고 봤더니…….

의외로 가격이 만만치 않았다. $4 정도면 우리나라보다는
저렴했지만 그래도 이 정도면 한 끼를 해결할 수 있는 스시
하나 가격이기 때문에, 은근슬쩍 커피도 시키지 않은 채 자
리를 하나 차지해 버렸다. 더 놀라운 것은 그 다음이었다.
카페 안에 있던 이들은 타인에게 전혀 신경도 쓰지 않았고
혼자 커피를 시킬지 말지 고민하던 그 짧은 사이에 갑자기
비가 그쳐 버린 것이다.

"분명히 방금 전까지 비가 엄청 와서 다 젖었다고! 이제 내가 헛것이 보이는 건가?"

결국 $4의 가격에 커피 주문을 망설이던 나는 주문하지 않은 스스로의 현명한 선택을 자화자찬하며 다시 관광을 시작할 수 있었다.

"근데 아무리 생각해도 호주는 너무 날씨 변화가 너무 심해!"

THEME 02 시드니의 체감 국적 비율

'한국이야, 호주야?' 시드니에 한국인이 많다는 것은 익히 들어서 잘 알고 있었지만 횡단보도에 주르륵 서 있는 사람의 40%가 한국인이라는 것이 신기했다.

"저기……. 죄송한데 타운홀 Station이 어디인가요?"
"요~기 앞인데요. 저~기요 저~기!!"
"아! 바로 앞이었네요. 하하"

참으로 신기하지 않은가? 한국을 벗어난 이국땅에서 한국인에게 호주 지리를 물어보는 현상이라니……. 뭐, 어쨌든 어디가 어딘지 정신은 없었지만, 호주 현지 땅에서 한국어로 길을 물어볼 수 있다는 것이 굉장히 색다른 경험이면서도 편리(?)했다. 타운홀 Station으로 가서 표를 구매하고 본다이 정션(Bondi Junction)으로 향했다.

"뭐야! 여기 왜 이래?"

선진국이라 특별히 시설이 좋거나 깨끗할 것이라는 나의 예상을 무참히 깨버린 그곳. 하지만 2층짜리 전철이 들어오고 있었다! 이런 게 있는 줄은 꿈에도 모르다가 막상 실제로 이렇게 눈앞에서 보니, 너무 신기했다. 전철 문이 열리자마자 2층으로 가야할지 1층에 앉아야 할지 고민하고 있는데……. 와우! 반 지하(?)에도 좌석이 있었다. 본다이 정션에 내려서 관광책자에 나와 있던 '본다이 비치'를 향해 걸어가는 도중, 한국인인지, 일본인인지 모를 아시아인이 City 못지않게 눈에 띄었다.

"죄송한데, 본다이 비치로 가려면 이쪽으로 가는 게 맞나요?"
"네. 맞아요. 길 따라 계속 직진하면 나올 거예요."

일본인일 수도 있다는 생각은 저 멀리 던져버리고 역시나 당당하게 한국말로 물었더니 대답 역시 한국말. 아무래도 한국말로 길을 물어보는 것이 참 편리(?)한 것 같다.

THEME 03   시드니의 지역 분위기

"서울도 시드니처럼 걸어가서도 바다를 볼 수 있으면 얼마나 좋을까?"

시드니는 호주의 수도는 아니지만 오히려 수도보다 더 수도 같은 도시이다.

"뭐? 호주 수도가 시드니인 줄 알았다고?"
"사실 시드니가 수도가 아니라는 사실을 안 것이 불과 며칠 전이야."

청정 지역이라고 알려진 호주의 대도시, 시드니 시내는 여행객들이 많이 다녀가서 생각보다 낙후된(?) 곳도 있고 심지어 쓰레기도 꽤 있었다.

"으악, 내 가방! 누가 좀 도와주세요!"

차이나타운 쪽에서 맛있는 음식점을 찾고 있다가 화들짝 놀라서 소리 나는 쪽을 바라보니 주차장처럼 꽉 막힌 도로에서 한국 여자가 날치기범을 향해서 소리를 지르고 있었다. 알고 보니 날치기범이 차가 막혀있는 틈을 타, 전광석화처럼 문을 열고 택시 뒷좌석에 타고 있던 한국 여자의 가방을 낚아채 간 것이었다.

"아…… . 이를 어째."

피해자가 한국인이었던 탓에 내가 당한 일이 아니었음에도 너무 안타까웠다. 그·때·였·다!!! 한 동양인 남자가 칼 루이스보다 더 빠르게 뛰어가서 날치기범을 향해 점프를 하는 것이 아닌가?

"Oh! 짝짝짝."

원래도 사람이 많은 동네였지만 남자의 곡예와도 같은 행동에 그새 3~4배는 더 불어난 인원이 박수를 쳤다.

여기저기서 멋있는 청년이라고 입을 모아 칭찬을 하던 중… 맙소사! 그 멋진 동양인 남자는 다름이 아닌 한국인이었던 것이다!! 가방을 되찾은 여자는 연신 고개를 숙이며 'Thank you'를 남발하였고… 그 여자는 남자에게 감사의 Kiss를 날리며 마침내 연인이 되었던 것이었다!는 아니었고, 그 남자는 쑥스러운지…….

하고는 자취를 감춰버리는 게 아닌가? 정말 나라도 뛰어가서 연락처를 받고 싶은 심정이었다.

THEME 04 시드니에도 농장이?

시드니는 딱 우리나라 서울과 같이 번화한 도시의 모습을 가지고 있으면서도 명소가 곳곳에 숨어있는 매력적인 곳인 듯하다. 그래도 도시 스타일을 꺼려하는 사람들은 시드니 말고 다른 지역으로 가는 게 좋다. 한 번은 대도시, 시드니에 숨겨진 다른 모습을 우연찮게 볼 수 있었다. 한가했던 어느 날, 시드니의 페리를 타 봐야겠다고 마음먹은 후 그 즉시 외출 준비를 시작했다.

그냥 간단히 표를 구매해서 승선하면 끝인 줄 알았건만 페리가 가는 곳이 생각보다 많았다. 결국 즉석에서 맨리(Manly) 쪽으로 목적지를 정하고 표를 구입한 후 페리에 몸을 실었는데 와우! 우리나라에서 유람선 타는 것과는 차원이 달랐다. 일단 시야에 들어오는 전경 자체가 달랐고 페리도 왠지 멋들어져 보이는 게 아닌가?

원했던 목적지에 도착한 것 같아 부리나케 내렸는데, 어라? 공기의 기류가 '여긴 뭔가 이상하다.'고 외치는 듯했다.

	2	1
4	3	

1 멋져부러♥ 저렇게 멋진 건축물이 가까이에서 보면 외벽이 누렇다며? 어디 한 번 확인하러 가볼까?
2 처음이자 마지막으로 오페라 하우스 레스토랑에서 분위기 연출~로맨틱 실비아!
3 주문도 안하고 계속 사진만 찍고 있는 폼이 혼자서 처음 온 거 티 다 내고 있다는…….
4 하버 브리지와 오페라 하우스는 한 세트

잘 도착한 것 같지는 않았지만 시드니에 이렇게 고즈넉한 분위기의 시골 같은 곳이 있는지 몰랐다. 물론 버스를 타고 좀 더 가면 농장도 있지만, 다운타운에서 이렇게 가까운 곳에 내가 상상하는 시드니와 완전히 반대되는 곳도 있는 줄은 꿈에도 알지 못했다.

THEME 05 시드니에서 가볼 만한 곳

매년 12월 31일이 되면 전 세계적으로 유명한 불꽃놀이 축제가 벌어진다.

01. 오페라 하우스(The Sydney Opera House)

'시드니'하면 가장 먼저 떠오르는 곳은 뭐니 뭐니 해도 오페라 하우스(Opera House)가 아닐까 생각한다. 앞에서, 뒤에서, 옆에서, 공중에서, 어느 각도에서 찍어도 사진이 제대로! 기가 막히게! 잘 받는 오페라 하우스!

"이런 제길슨! 내 사진 하나 제대로 찍으려면 화장에! 조명에! 얼짱 각도까지! 총 동원해서 백 장은 찍어야

어떻게 연출을 하냐에 따라서 백만 가지 색깔을 가지고 있는 시드니의 꽃, 오페라 하우스와 하버 브리지

딱 한 장 건지는데, 오페라 하우스는 그저 찍기만 해도 화보가 나온다니! 이것 참 억울하군!"

02. 하버 브리지(Sydney Harbour Bridge)

오페라 하우스와 세트라고 할 수 있을 만큼 하버 브리지(Harbour Bridge)에서 보는 오페라 하우스의 장엄한 분위기는 보지 않은 사람은 상상도 못할 만큼 숨 막히는 장관을 자랑한다. 가끔 내 미래에 대한 걱정과 고민 같은 것 말고…….

저녁 메뉴로 뭘 정해야 할지 생각이 많을 때(?) 정리도 할 겸 하버 브리지를 걸어가면, 웬만한 산책로 2~3배 이상의 효과를 볼 수 있다.

하버 브리지 꼭대기로 걸어 올라가는 브리지 클라이밍(Brige Climbing)도 있는데 가격은 약 $200 정도. 브리지 클라이밍(Brige Climbing)은 둥그런 모양의 아치형 하버 브리지를 약 2시간 정도 올라갔다가 내려오는 투어이다. 다리 아래에서 그냥 걸을 때도 바람이 센 편이지만 클라이밍을 할 때는…….

"어? 뭐야 저거? 저 사람 왜 다리 위에서 개다리 춤을 추는 거야?"
"아아악! 환불 필요 없으니 땅만 밟게 해 줘요!"

이처럼 클라이밍을 할 때는 거센 바람으로 인해 사정없이 후들거리는 다리를 주체하지 못하는 경우도 있다고 한다.

03. 포트 스테판(Port Stephens)의 다양한 투어

"우리 이번 주말에 포트 스테판 갈래?"
"거기가 뭐하는 데야?"

관광지로 유명한 포트 스테판은 시드니에서 연수하는 학생들이 주말에 당일치기 여행으로 가볼 만한 곳이다. 물론 왕복 5시간 정도 소요가 되지만 오가면서 보는 경치도 좋고 약간 먼 주말여행으로 그만이다.

"경치 너무 좋다! 역시 주말에는 여행이 짱이야!"

시드니는 City만 번화할 뿐, 버스 타고 조금만 외곽으로 나오면 시골보다 더 멋진 경치가 펼쳐지는 듯하다.

"와이너리(Winery) 한 번 보고 가겠습니다."

내가 다녀왔던 것은 와이너리 견학, 돌고래 구경, 모래썰매 타기가 모두 포함되어 있는 1Day 투어였다. 규모가 작은 와이너리에서 크게 볼 것은 없었지만 간단한 와인시음과 기념품 같은 것을 구매할 수 있는 공간이 있었다.

"험……. 기왕 하는 시음, 500cc 맥주잔에 할 수는 없는 건가???"
"그만해, 이 말술!"

잠시 들렸다 가는 것이라 버스는 바로 출발했고 곧이어 우리 목적지인 포트 스테판에 도착했다.

"돌고래 보러 가자!"

하루 일정으로 빠듯한 여행이기 때문에 우리는 바로바로 움직였고 배에는 사람들이 가득했다.

"헛! 왼쪽에 돌고래다!"
"뭐?"

배 왼편에 돌고래가 나타나면 왼쪽으로 우르르. 누가 또 다시 오른편에 돌고래가 나타났다고 하면 오른쪽으로 우르르. 사정없이 이곳저곳을 돌고래를 보기 위해 우르르 몰려가기 바빴다. 돌고래 투어라 해서 돌고래를 많이 볼 수 있을 거라 생각하지만… 현실적으로 한 마리만 봐도 완전 횡재 수준이다.

갑자기 저렇게 섭외요청(?) 목소리가 들려왔다. 뭔가 하고 접근해 보니……. 배의 겉부분의 반 정도를 바다에 잠기도록 해서 그물 침대 같은 것을 설치해 놓고, 거기에 탈 사람을 공개 섭외(?)하고 있었다. 배의 스피드를 바다와 함께 몸소 느낄 수 있는 그물이라 보기만 해도 아찔하면서 재밌어 보였다.

내 옆에 멀뚱히 있던 친구가 갑자기 미쳐서 손을 들었다! 물도 싫어하고 수영도 못하는 친구가 누가 뒤에서 총구라도 겨누고 있는 건지 갑자기 왜 이러나 싶었지만 분위기가 사람을 만든다고 1분 뒤에 나도 그물에 앉아 있었다. 시원한 물살이 기분 좋게 나를 때리면서 유쾌하고 호탕한 웃음이 나왔다. 배 위에서는 우리를 구경한다고 머리를 내밀면서 보는 것만으로도 대리만족이 되는 건지, 다들 우리처럼 즐거워했다. 우리나라도 Activity의 일종으로 이런 다양한 즐길 거리를 만들면 너무 좋을 것 같다.

배가 육지에 도착하고 우리는 모래썰매를 타러 이동했다. SUV 차량이 몇 대 대기해 있었고, 차에 순차적으로 탑승하자마자, 어디론가 이동을 시작했다.
모래언덕인지 사막인지 구분이 가지 않는 언덕에 도착한 우리는 비장한(?) 마음으로 모래썰매를 탈 준비를 했다. 소감이 어땠냐고? 눈썰매 타는 것과 완전히 똑같으면서도 굉장히 달랐다.

원피스 입고 모래 썰매 타는 용 감무쌍(?)한 실비아. 지못미.

신나게 소리 지르면서 내려왔는데, 막상 다시 타려고 보니까 100% 수동으로 그냥 걸어 올라가야만 하는 것이 아닌가?

결국 본전을 뽑는다는 생각으로 3~4번 가량을 열심히 타고 오르내리기를 반복하다가 끝내 기진맥진해져 포기했다.

일요일 이른 아침부터 저녁 늦게까지 알차게 보내고 시드니로 돌아왔는데 코, 귀, 입, 바지 등 모래가 안 들어간 곳이 없었다. 도대체 썰매를 어떻게 탔기에 신발이고 속옷이고 난리가 난건지, 누가 날 들어서 탁탁 털면 모래인간이 아닌가 싶을 정도로 모래 한 바가지가 너끈히 나올 정도였다.

04. 본다이 비치(Bondi Beach)

내가 언제 눈이 뒤집혀서 모래 썰매를 탔냐는 듯이 비치에서는 CF처럼 사뿐사뿐

본다이 정션 역에서 걸어서 30분, 버스로는 10분 정도 걸리는 이곳은 본다이에 거주하는 사람들이 가장 많이 가는 해변이다. 본다이 비치(Bondi Beach)는 만만하게 가는 동네 해변치고는 너무도 아름다운 곳이다. 본다이 비치 옆에 나인홀 골프장도 있는데, 본다이 비치를 보면서 골프를 즐길 수 있고, 매우 저렴하다.

05. 시드니 아쿠아리움(Sydney Aquarium)

달링 하버에 위치해 있는 이곳은 호주 최대 규모의 수족관이기 때문에 한 번쯤 가볼 만한 곳이다. 특히 상어를 아주 가까이에서 볼 수 있는 수중 터널이 관전 포인트다!

"내 치아 수가 많을지 상어 치아 수가 많을지 확인해 보는데……. 내 치아 수가 더 많네?? 너는 누구냐?"

시드니 타워와 연계된 할인 패키지 등도 있으니, 가까운 한국 여행사를 방문해 보도록 하자.

바이런 베이 뺨치게 멋진 우리 동네 본다이 비치

비치에 가만히 누워만 있어도 행복감이 솔솔~

수중 터널이 인기가 가장 많아서 사람들이 바글바글

수족관 입구에서 찰칵

06. 시드니 타워(Sydney Tower)

시드니 다운타운 한가운데에 있는 시드니 타워(Sydney Tower)는 굳이 찾아가지 않고도, 어디에 있는지 바로 알 수 있을 만큼 도심 한가운데에 위치해 있다.

높이 약 300m에 다다르는 이곳은 시드니의 야경을 보기에 그만이다. 특히 시드니 타워 전망대 밖으로 나와 위로 조금 더 올라간 다음에 유리로 된 바닥을 걷는 스카이 워크를 해 보는 것도 이색적이다.

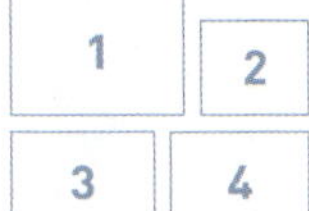

2 시드니 타워에서 우아하게 한 장! 한 장 건진 건가?
3 시드니 타워에서 바라본 시드니 야경, 사진으로 담을 수 없었던 아쉬움
4 시드니 타워에서 바라본 시드니 전경

"이런 곳에서 시드니 시내를 내려다봐야 제대로 잘 봤다고 말할 수 있다는 사실!"

07. 패디스 마켓(Paddy's Market)

차이나타운 쪽에 있는 패디스 마켓(Paddy's Market)은 'Hay Market'이라고도 하며, 우리나라로 치면 저렴한 재래시장 정도라고 생각하면 된다. 여러 기념품 종류부터, 가방, 액세서리, 식품, 의류 등 없는 것이 없고, 중국인들이 많이 운영하고 있다.

"중국 분들! 저렴하게 물품을 판매해 주시는 것까지는 너무 좋은데……. 질 높은 좋은 상품으로 판매해 주실 거죠? 큭"

08. 맨리 비치(Manly Beach)

서큘러키에서 페리를 타고 멀지 않은 곳에 있는 맨리 비치

(Manly Beach)는 파도가 다소 높아서 서퍼들이 많이 찾는 곳이기도 하다. Corso Street에서 걸어서 5분 정도만 가면 비치를 볼 수 있고, 과감한 상의실종 여성들도 간혹 눈에 띄는 착한 비치(?)이다.

09. 블루마운틴(Blue Mountain)

이름만 들어도 궁금증이 일어나서 어떤 의미에서 블루마운틴(Blue Mountain)인지 직접 확인해 보고 싶었다. 그래서! 이름 그대로 파란빛의 산을 기대하며 투어 버스를 타고 블루마운틴으로 향했다. 블루마운틴에 도착하기 전 작은 쇼핑센터에 들러서(우리나라만 그런 줄 알았더니, 호주까지! Day 투어의 꽃은 쇼핑?) 1~2시간 윈도우 쇼핑을 하고 드디어 블루마운틴에 도착했다. 새파란 산을 기대했는데……. 이건 웬걸?

"아니 산 색깔이 왜 파랗지 않죠? 산의 일부분만 파란건가요? 그럼 그 부분이 어디죠?"

그냥 설악산에 도착한 것 같은 느낌이 전부가 아닌가? 정말 순도 100% 스머프 색깔을 기대했는데 적잖이 실망스러웠다. 우리나라 산하고 크게 다르지 않는 첫 느낌에 건성건성 걸어 다니며 셔터를 기계적으로 눌러댔다.

"그래도 오긴 왔으니 사진을 찍기는 찍어야겠고……. 헉! 우와!"

사진을 대충 찍다가 에코 포인트를 보고 나서는 눈이 휘둥그레졌다. 끝이 보이지 않는 원시림과 산맥들이 구름과 조화를 이루며 보는 나를 감동시키고 있다. 시드니와

멋진 블루마운틴

이렇게 가까운 곳에 이런 산이 있다니! 대단했다.

"산이 파래서 블루마운틴이 아니라 아름답고 푸르기 때문에 블루라는 이름이 붙은
건가요?"
"하하, 아니에요. 그냥 이렇게 보면 모르기는 하는데 멀리서 이 산을 보면 일반산보
다 훨씬 푸르게 보여서 블루마운틴이라고 하는 거예요. 유칼립투스에서 나오는 알
코올성분이 공기와 맞닿아서 푸르게 보이는 것이죠."
"아~ 그럼 진짜 파랗게 보여서 블루마운틴이라고 이름이 붙은 거네요?"

그리고 블루마운틴에 대한 궁금증을 해소한 후 우리는 부시 워킹(bush walking-
관목, 잡목림, 가시덤불 등이 있는 지역의 산길을 걷는 것을 말한다.)을 하기 위해 시
닉월드에 가서 트롤리와 비슷한 것을 탔다. 이것은 실제 탄광을 드나들던 것을 관광
열차로 개조한 것이다.

"똬핫! 그냥 경치 보면서 타는 게 아니라 경사진 곳에서 스릴 있게 탈 수 있다니?"
"딱 내 스타일이야!"

좀 더 코스가 길고 어드벤처를 즐길 수 있었다면 더 좋았을 텐데……

"가파른 경사를 내려갈 때만 살짝 재밌고 금방 끝났어."

아쉬움에 입맛을 다시며 내렸는데 원시림에 들어온 것 같아 부시 워킹하기에 안성맞
춤이었다. 한 시간 정도 짧게 즐기고 난 뒤 스카이웨이를 타고 시닉월드로 돌아왔다.
이어서 기념품관을 빠르게 둘러보고 시드니로 가기 위해 버스에 탑승했다.

엄청난 경사를 내려가는~ 잔재미가 있는 탈거리

"저기 세자매봉 보이지요?"
"네? 어디요?"

세자매봉은 블루마운틴에서 가장 유명한 바위이다. 세자매봉에 얽힌 이야기는 이렇다. 너무 아름다웠던 세 자매를 질투한 마법사가 세 자매를 돌로 만들어버렸다.
또 다른 이야기는 원수지간이던 부족의 세 형제가 세 자매를 사랑하여 무모한 전쟁을 일으켰다. 결국 세 자매 측의 부족 마법사는 세 형제에게 세 자매를 뺏기지 않으려고 잠시만 바위로 만들었지만 전쟁 중에 마법사가 죽어버려 바위가 된 세 자매는 영영 사람으로 돌아오지 못했다는 이야기이다.
버스로 지나가면서 세자매봉을 보여주려고 했었는데 우리의 관심이 높아 보이자 버스를 잠시 정차해 주었다. 역시 무엇이든 사연과 스토리가 들어가면 의미가 생기는 것 같다.

블루마운틴에서 유명세를 자랑하는 세자매봉에서!!

블루마운틴에서 가장 유명한 세자매봉

10. 하이드 파크(Hyde Park)

QVB와 가까운 시드니 시내 한복판에 있는 하이드 파크(Hyde Park)는 우리나라 청계천처럼(비교가 심했다고요? 왜왜? 청계천이 어때서! 하이드 파크보다 청계천이 더 좋아!) 도심을 숨 쉬게 하는 곳이 아닐까 생각한다.

"흐흑. 투어만 다녔더니 너무 힘들어……."
"뭐? 그럼 잠깐 녹색을 보면서 쉬러 갈까?"

고풍스러운 느낌의 한적한 공원~ 시내 중심에 있어서 위치도 너무 좋아요!

운이 좋으면 주말에 웨딩 촬영도 볼 수 있어요. 호주 웨딩 문화를 엿볼 수 있는 재미있고 소중한 시간!

아름다운 호주의 웨딩 문화!
신부가 너무 아름다워요!

가끔 운이 좋으면 웨딩 촬영도 볼 수 있다.

"난 벌써 세 번이나 봤다는!"

분수대에 잠시 앉아서 조용히 눈을 감아보면……

"졸지마! 빨리 잠 깨라고!"

11. 시드니 올림픽 공원(Sydney Olympic Park)

2000년 시드니 올림픽이 열린 이곳, 시드니 올림픽 공원(Sydney Olympic Park)
은 공원 규모가 넓고 종종 페스티벌도 하기 때문에 일반인들에게 피크닉 장소로 인기
가 높다.

"올림픽 선수처럼 사이클링, 수영, 테니스도 한 번 해 볼까나?"

타롱가 주(Taronga Zoo)는 서큘러키에서 페리를 타고 갈 수 있으며 오랜 역사를 자랑하는 동물원 중 한 곳이다. 다른 동물원들과 크게 다르지 않지만, Bird Show가 특히 기억에 남는다. 시드니에 살고 있는 사람들은 한 번쯤 꼭 와 보는 곳이라 관광객도 매우 많다.

킹콩과 귀요미 실비아 (우웩)

타롱가 주에서 본 경치! 캬아!

동물보다 경치가 더 멋진 동물원~

동전과 지폐를 흔들며 새를 불렀더니, 잽싸게 5달러짜리를 낚아채가고 동전은 무시하는 모습이 참 재미났다. 너무 멋졌던 Bird Show!

13. 차이나타운(Chinatown)

시드니 TownHall Station과 Central Station 중간 지점에 있는 차이나타운(Chinatown)은 달링 하버와도 가깝다. 아시아인들이 눈에 많이 띄며 맛있는 레스토랑(생각보다 저렴하지는 않다.)과 중국인들이 운영하는 의류 샵, 베이커리 등이 많다. 실비아는 중국인들을 깊이 신뢰(?)하여 사거나 먹지는 않고 구경만 하고 있었다는······.

14. 피시 마켓(Fish Market)

시드니 다운타운과 멀지않지만 걸어가기에는 살짝 먼 애매
모호한 위치인 피시 마켓(Fish Market)을 가기 위해 시내
에서 택시를 탔더니 기본요금보다 조금 더 나왔다.

**"2만 원 가까이 되는 택시비용. 크흑. 택시 타지 말고
그냥 걸어가거나 QVB 앞에서 버스를 타세요!"**

시드니는 가장 많고 가까운 것이 바다지만 회를 먹기는 만
만치 않은 곳이다. 따라서 가끔씩 회가 먹고 싶을 때면 피시
마켓에 들러서 다양한 회를 사 먹곤 했다.

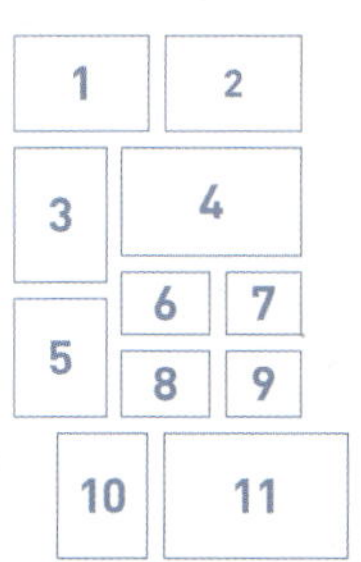

<table>
<tr><td>1</td><td>2</td></tr>
<tr><td>3</td><td>4</td></tr>
<tr><td></td><td>6</td><td>7</td></tr>
<tr><td>5</td><td>8</td><td>9</td></tr>
<tr><td>10</td><td>11</td></tr>
</table>

1 주말에 가면 계산하는 사람들이 제법 많다.　　**2** 지지고 볶고, 튀긴 거 완전 좋아하는데~! 내 스타일이얏!
3 뒤에 비둘기 날아오는 것도 모르고, 신났다고 사진 찍고 있는 바보.
4 와인과 맥주는 필수 구매지요. 맥주랑 같이 안 먹으면 체할지도 몰라요.
5 커플을 위한, 모둠 세트도 판답니다. 저도 이걸로 먹었는데, 한 접시 푸짐하게 나와요!
6 우리나라 노량진 수산 시장에 온 것 같아요. 히히
7 이게 바로 두 명이서 애피타이저로 먹을 수 있는 모둠 세트! 완전 다이어트 식단(?)
8 친구 월급날에 간 거라, 평소에 못 먹는 연어도 구매!　**9** 유후♥ 맛있겠죠?
10 외국인들도 회를 얼마나 좋아하는지 우리 못지않아요.　**11** 자, 이제 먹어볼까?

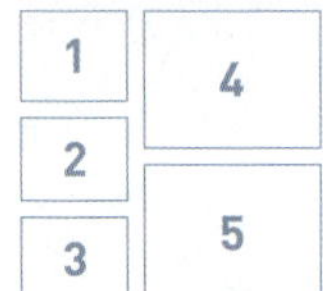

1	4
2	
3	5

1, 2, 3 맛있는 굴!
4 보이죠? 비둘기들의 공격… 사람이 먹고 있을 때도 새우 하나씩 집어가고… 사람들이 자리를 떠나면, 남은 음식을 무차별 공격한답니다.
5 피시 마켓 앞에서

"우리나라 노량진 수산 시장으로 상상하면 되지만 음식 판매가 조금 달라!"

예를 들어 우리나라에서는 회를 뜨고 대게 등을 잔뜩 사서!

"회 이만큼~ 대게 저~만큼 한두 종류 쌓아놓고 소주와 함께 먹는 것이 정석인데……. 여기는 커다란 접시에 다양한 튀김류를 담아서 판다구?"
"음. 감자튀김, 새우튀김 등 마치 백화점 지하에서 먹음직스럽게 진열해 놓은 것 같은 느낌이야!"

그래서 우리나라처럼 저녁에 와서 소주 한 잔 기울이기 좋은 분위기라기보다 구경삼아 점심때쯤 푸드 코트에 온 것 같이 식사하기 좋다.

"다만, 비둘기가 새우튀김을 물어가서 충격에 휩싸였던 일도 있었다는……. 외부에서 음식을 먹게 되면 무조건 비둘기 조심! 내 음식은 내가 지킨다!"

15. QVB(Queen Victoria Building)

Townhall station과 Woolworth 앞에 있는 QVB (Queen Victoria Building)는 워낙 중심가에 있어서 유명세를 모르고 City를 돌아다녀도 멋진 외관 때문에 한 번쯤 발길이 가는 곳이다.

매 시간마다 인형이 나오는 대형 벽시계가 명물이며 고가의 명품 등이 많이 판매되고 있어 어학연수생들이 쉽게 물건을 구매할 수는 없고 구경삼아 관광으로만 종종 방문을 한다.

"짠순이 실비아에게 QVB는 사치! QVB에서는 구경만 하고 물품 구매는 패디스 마켓에서 구입한다!"

외관만 멋진 게 아니라, 내부도 멋진 QVB♥

명물 벽시계

16. 시드니 천문대(Sydney Observatory)

천문대, 미술관, 박물관… 등등. 한국에서는 입장료를 준다고 해도 가지 않는 곳들이지만, 외국만 나오면 이상하게도 스스로 찾아가게 된다.

시드니 천문대(Sydncy Observatory)는 특히나 호주에서 가장 오래된 천문대이고 언덕에 위치하고 있어서 하버 브리지를 포함한 풍경이 그림엽서처럼 아름답다. 거기에다가 천문대에는 세종대왕의 해시계도 전시되어 있어 한국인의 자부심을 느낄 수 있다.

17. 록스(The Rocks)

록스(The Rocks)에서 매주 주말마다 열리는 주말 시장에는 꼭 구매를 하지 않더라도 볼거리가 풍성하다. 특이한 디자인의 수공예품부터 생활용품까지 없는 것이 없을 정도다. 우리나라 장터와는 또 다른 느낌이기 때문에 주말에 시간을 한번 내서 꼭 방문해 보도록 하자!

18. 달링 하버(Darling Harbour)

시드니 아쿠아리움 바로 앞에 있는 달링 하버(Darling Harbour)는 주말이면 가족, 연인들이 이곳에서 한가롭게 식사를 많이 하는 곳이기도 하다.

아쿠아리움에서 곧게 뻗어있는 카페거리에는 분위기 좋은 카페와 레스토랑들이 많아서 근처 아이맥스에서 영화를 보거나 아쿠아리움을 들렸다가 맛있는 식사를 즐기기에 좋다.

오페라 하우스만 너무 자주 가지 말고, 가끔 달링 하버에도 놀러 오면 색다른 매력이 있답니다!

19. 루나 파크(Luna Park)

시드니 서큘러키에서 페리를 타거나 시드니 명물인 노란색 수상 Taxi를 타고 조금만 가면 (택시비 약 $18) 작은 놀이동산이 나온다. 바로 이 놀이동산이 루나 파크(Luna Park)다. 이곳은 하버 브리지에서 보면 수중에 떠 있는 놀이동산으로 보여서 규모가 작은데도 '한 번은 꼭 가야지'라고 다짐하게 된다.

> "그런데 꼭 가야 돼?"
> "탈만한 놀이기구가 몇 개 되지는 않지만 스릴 있고 재밌기 때문에 두어 번 가는 것도 나쁘지 않다구."

20. 로열 보타닉 가든(Royal Botanic Gardens)

시드니에는 워낙 휴식을 취할 수 있는 녹색 공원이 많기 때문에 이곳, 로열 보타닉 가든(Royal Botanic Gardens)을 찾아온 것은 거의 어학연수가 끝날 무렵이었다.

다른 공원과 비슷하겠지 라는 생각으로 굳이 오지 않았던 것인데 규모부터가 차원이 달랐다. 일산 호수공원에서 꽃박람회를 개최할 때보다 더 많은 꽃들을 구경할 수 있고, 보타닉 가든 곳곳을 다니는 기차도 편리했다. 가끔 기차에 같이 타고 있는 노부부를 볼 때면 아름다운 이곳과 환상적인 조화를 이루는 그림 같아서 몰래 셔터에 그 장면을 담곤 했다.

평화로운 호주의 수도 캔버라!

다소 심심하기도 하지만, 여유로운 생활을 할 수 있는 호주의 수도

THEME 06　호주의 수도 캔버라(Canberra)

호주의 수도라고 하기에는 뭔가 와 닿지 않는 도시이기는 하지만 캔버라(Canberra)는 위풍당당 호주의 수도이다. 1901년 호주 수도 선정을 놓고 시드니와 멜버른 간의 공방전 이후 두 도시 사이에 위치해 있는 캔버라가 수도로 결정이 되었다. 그 이후 캔버라는 지금의 위풍당당한 모습으로 성장하기 시작했으며 NSW에서 독립하여 Australia Capital Territory가 되었다.

캔버라는 뚜렷한 사계절과 온화한 기후를 가지고 있는 곳이고 봄에는 꽃이 만발하여 매년 꽃 축제를 벌이고 있다. 사실 캔버라는 특별한 관광지가 없어서 당일치기 여행이 대부분이고 꽃 축제가 있을 때 다녀오는 것이 좋다. 또한 공부할 학교가 많이 없기 때문에 오히려 타 지역보다 한 학원에 있는 한국 학생 비율이 더 높을 때가 많다.

THEME 07　추천 어학원

- 주소: Wynyard Green, Level 1, 11 York Street, Sydney NSW 2000 Australia
- 연락처: 61-2-8246-6800 / 팩스: 61-2-8246-6880
- 홈페이지: http://www.navitasenglish.com
- 규모: 약 450명
- 프로그램: ESL, Cambridge 시험 대비반, IELTS 시험 대비반, Tesol 과정, Job 프로그램, 비즈니스 프로그램, EAP 과정 등
- 학원비: $1,580 / 월
- 기타: 구 ACE

01. Navitas English

호주에서 가장 오래된 유명한 학원이고, 시드니뿐만 아니라 멜버른, 케언즈, 다윈, 퍼스, 브리즈번 등에도 센터가 있으며, 테솔 과정 등의 다양한 프로그램을 제공하고 있다. 이곳과 연계된 호주의 대학교들이 많아서, 호주에서 대학 진학을 희망하는 학생들에게도 적합한 학원일 수 있다. 호주 센터 중에서 본다이 정션 센터가 현재는 만족도가 가장 높은 편이다.

본다이 정션 캠퍼스

시드니 City

시드니 City 강의실

시드니 City 컴퓨터실

시드니 City

시드니 City 리셉션

02. SELC English Language Centre(SELC)

시드니 본다이 정션에 위치해 있는 곳으로, 가장 번화한 다운타운에서 대중교통으로 약 20분 정도로 가깝다. 또 주말에는 다운타운으로 다녀오기도 편한 것은 물론, 조용하고 깨끗한 동네라서 살기에도 적합하다. 이곳 본다이 정션에서 학생들 사이에서 유명하고, 피드백이 좋은 학원은 SELC이다.

학원 건물 외관

수업 도중에

클래스룸

바리스타 과정

컴퓨터 랩실

- 주소: Level 1, 17 O'Connell Street, Sydney NSW 2000 Australia
- 연락처: 61-2-9283 -1088 / 팩스 : 61- 2-9283-1760
- 홈페이지: http:// www.uec.edu.au
- 규모: 약 400명
- 프로그램: ESL, Cambridge 시험 대비반, IELTS 시험 대비반, 고등학교 대비 과정, 비즈니스 프로그램, EAP 과정 등
- 학원비: $1,480 / 월
- 기타: 구 GV

03. ELS Universal English College

미국에서 60개 이상의 멀티 센터를 가지고 있는 대학 진학 쪽으로 유명한 어학원으로서 호주, 캐나다에도 캠퍼스가 있지만 호주에서는 크게 인지도가 높은 편은 아니다.

클래스룸

자습할 수 있는 도서관

- 주소: Level 1, 63 Oxford Street, Sydney New South Wales 2010, Australia
- 연락처: 61-2-9291 -9300 / 팩스: 61- 2-9283-3302
- 홈페이지: http:// www.embassyces. com/index.aspx
- 규모 : 약 400명
- 프로그램: ESL, Cambridge 시험 대비반, IELTS 시험 대비반,
- EAP 과정, 1:1 과정, 비즈니스 프로그램 등
- 학원비: $1,736 / 월
- 기타: 기숙사 신청도 가능

04. Embassy CES

전 세계적으로 멀티 센터가 있는 이곳은 큰 규모를 자랑하며, 인지도가 매우 높은 편이다. 명문사설이기 때문에 한국인 비율이 높고, 우수한 강사진을 보유하고 있다.

학원 건물 외관

학원 입구

학원 주변 거리

학원 복도

Student Services

05. University of Canberra (UCELI)

캔버라 대학교는 호주 신생대학교 중의 하나로, 호주 수도인 캔버라에 위치해 있으며, 전문 직업에 필요한 내용을 중심으로 실시되는 응용 연구와 교육 프로그램으로 명성을 쌓아가고 있다. 총 학생 수는 대략 10,000명으로 전일제, 시간제, 학부와 대학원, 성인 학생과 유학생, 원거리 교육 학생으로 구성되어 있다. 수도에 위치함에도 시드니 대학보다 인지도가 낮지만 캔버라 대학교의 교육 과정에는 건축학과 설계, 비즈니스와 금융, IT 및 공학, 환경 과학, 사범 교육 및 커뮤니티 교육/상담, 광고, 마케팅 홍보, 저널리즘과 미디어, 보건 및 스포츠 과학, 법학, 호텔 및 관광경영 그리고 경영 및 정책 등이 개설되어 있다.

Memo

- 주소: University of Canberra English Language Institute, Building 20, UNIVERSITY OF CANBERRA ACT 2601 Australia
- 연락처: 61-2-6201-2982 / 팩스 : 61-2-6201-5089
- 홈페이지 : http://www.canberra.edu.au/uceli
- 규모: 약 200명

도서관

학원 건물 외관

THEME 01　브리즈번의 날씨

"여기 사는 사람들은 매일 매일 피크닉 가겠는데?"

덥지도 춥지도 않은 따뜻한 날씨에 지금이라도 아무 데나 드러누워서 이런 날씨를 즐기고 싶었다. 입고 있던 카디건을 벗어서 가방에 매고, 다운타운을 목적 없이 거닐기 시작했다.

"여기 우러스가 어디에 있나요?"
"어디요? 우러스가 뭐지?"

호주에서 가장 유명한 마트를 모를 수 있다니 한순간 말문이 막혔다.

"저기… 호주 사람 맞아요? 우러스를 왜 몰라요?"
"우…러…스??"

몇 번 대화를 주고 받다보니 발음을 못 알아듣는 것 같았다.

"내 발음을 못 알아듣는 것 같아요! 다시 들어보세요. 음! 음! 우~루어스! 울~어스! 우뤄쓰! 울월스!"
"아~! 울월스~ 바로 저기에요!"

날씨가 좋았다. 하지만 마트 하나 찾아가는 데 있는 힘을 전부 소모한 나머지 온 몸에서 탈 듯한 열기를 느꼈다. 몸을 식혀줄 차가운 음료수를 사고 다시 투어를 시작했다.

THEME 02 | 브리즈번의 체감 국적 비율

'역시 한국인은 뭐니 뭐니 해도 시드니에 제일 많은 것 같군.'

횡단보도 앞에서 신호를 기다리면서 주변을 둘러보니, 아시아인들이 대부분이었지만 다들 일본인이나 중국인들로 보였다.

"우리 박스 와인 말고 간만에 맥주로 먹을까?"
"야~! 김 양? 돈 많나보네~ 그래도 정신 줄부터 좀 챙기지? 배부른 소리는 거기까지 하라고!"
"이봐, 박 양! 맥주 한 번 마실 때 되지 않았나? 너 어제 팁 많이 받았잖아!"
"이 지지배가 정신 줄을 놓다 못해 아주 안드로메다 관광을 하고 있구나?"

'뭐야? 쟤네 전부 한국인?'

무슨 소리인지는 모를 대화였지만, 횡단보도에 주르륵 서 있는 동양인들이 일본인이나 중국인등의 아시아인들일 거라 생각했는데 전부 다 한국인이었던 것이다. 분명 모두 호주에서 만난 친구들일 텐데, 얼마나 친해 보이고 대화를 재밌게 하던지 남의 대화에 빵빵 터지는 나를 원망하며 예상보다 눈에 많이 띄는 한국인들에 놀랐다.

 브리즈번의 지역 분위기

"아~! 날씨 좋다."

딱 좋은 따뜻한 날씨를 좀 더 여유롭게 즐기기 위해서 제일 가까운 수영장을 방문하였다. 브리즈번은 시드니, 멜버른에 이은 제3의 도시라 그런지, 마치 시드니를 축소시켜 놓은 것처럼 전반적으로 도시의 느낌이 나면서도, 중소도시의 한적한 느낌이 공존하고 있었다.

'그래서, 여학생들이 유독 좋아하는 도시구먼.'

다운타운은 도보로 하루 종일 걸어 다니면 충분히 다 보고도 남을 만큼 규모가 작았고, 브리즈번에서 남쪽에 있는 골드 코스트, 북쪽으로 누사, 선샤인 코스트, 동쪽으로 모톤 베이 등의 유명 관광지가 근거리에 있다는 것도 도시의 큰 장점인 것 같았다.

'볼거리가 많은 곳에서는 부지런히 투어를 해야 하는데, 어디를 가보지?'

영어도 연습할 겸 항상 외국인 여행사에 방문을 해서 여행 상품 상담을 받았었는데 브리즈번은 왠지 한국인 여행사에도 한 번 가봐야 할 것 같았다.

"여기 골드 코스트 무비월드 입장료 얼마나 해요?"
"정가보다 20달러 더 할인해 드릴 수 있어요."
"와우~! 정말이요?"

입장료는 할인가가 없을 거라 생각하면서도 혹시 몰라 방문했는데 월척이었다. 현지 외국인 여행사를 포함한 중국인, 일본인 여행사에서도 할인은 없었는데 (2달러 할인해 주겠다는 중국인 여행사는 있었다.) 한국인은 어떻게 비즈니스를 하는 건지 참 대단했다.

"역시 의지의 한국인, 불가능은 없군."

이미 월척이었지만, 혹시나 하는 마음에……. 창피함을 무릅쓰고 한 번 더 추가질문을 해 보았다.

"혹시 5달러만 더 할인해 주시면 안 될까요? 제가 참 없이 사는 사람이라서요."

"죄송해요! 더는 안 되고, 대신 다른 거 하나 더 신청하시면 할인해 드릴 수 있어요."
"그럼 시월드 입장권까지 살게요!"

어차피 많이 해 보고 많이 가보자 주의였기 때문에 아쉬울 게 없을 거라 생각하고 충동구매를 한 후 나왔다.
브리즈번 시내를 거의 다 돌아보고, 백팩커스로 돌아와서 샤워를 하고 주방에서 저녁거리를 만들었다. 저렴한 백팩커스에서 머무르기 위해 브리즈번 다운타운에서 외곽으로 좀 들어왔더니 하루에 3만 원도 안 되는 깨끗한 2인실 방이 있는 것이 아닌가?
주변에 나무도 많고, 손님도 많이 없어서 며칠 동안 편안하고 조용하게 머무르다 갈 수 있을 것 같았다. 대도시를 싫어하는데 시골을 더 싫어한다면?

"물론 도시 같은 시골 브리즈번이 적격이지!"

THEME 04 브리즈번의 동네 친구, 골드 코스트

"우리 브리즈번에서 연수하다가 실력 좀 늘면 골드 코스트로 이동할까?"

브리즈번을 갔다고 하는 사람은 물어보지 않아도 골드 코스트에 가봤다고 추측을 해 볼 수 있을 정도다. 골드 코스트하면 제일 먼저 떠오르는 것이 서핑을 즐기는 근육질의 멋진 남성(?)들인데, 정말로 골드 코스트의 금빛 해변에 가보았더니, 그 님들이 무리(?)를 지어서 하하 호호 웃고 있는 것이 아닌가?

'이럴 줄 알았으면 진즉 서핑을 배워오는 건데……'

● 서핑 강습은 약 2시간에 $60정도
한국에 있는 절친들에게 보여주고 싶을 정도로, 멋진 남성들이 줄을 이어 보이고 있었다.

"꺄악! 저기 안토니오 반만데라스가 지나가!"
"뜨헉…! 저기는 톱 크루즈가!"

브리즈번에서는 편안하게 비키니를 입고 수영을 즐겼는데, 이상하게도 여기서는 수영복으로 갈아입기가 심히 창피하였다.

골드 코스트는 브리즈번과 가깝게 위치하고 세트 여행지로서 손색이 없어 한 동네 같은 느낌을 준다.

훈남들과 같이 있는 늘씬한 여자들 때문인지, 나의 작은 키와 들어갈 때 나오고 나와야 할 때 들어가 있는 미안한 몸매가 서양 여자들과 너무 비교되었다.

"그래, 수영복을 안 입어도 되는 아쿠아덕(Aquaduck)이나 타보자!"

아쿠아덕은 현재 퀸즐랜드(Queensland)에서만 즐길 수 있는 버스와 배를 합쳐놓은 수륙양용 탈거리이며, 서퍼스파라다이스 Orchid Ave에서 출발한다.

"아쿠아덕 얼마예요?"
"성인은 $35입니다."

1시간도 안 되게 이용하고 4만 원 이상을 내야하는 게 참으로 부담스러운 일이 아닐 수 없었다. 하지만 생전 처음 타보는 수륙양용 탈거리라서 크게 고민은 하지 않고 티켓을 구매했다. 기존 버스보다 훨씬 높은 차체 때문에 어제 걸어 다니면서 보았던 중심가를 조금 더 색다른 시각으로 볼 수 있었다.

"자, 이제 다섯을 세면 바다로 들어갑니다. 긴장하세요!"

자동차와 배를 합체, 아쿠아덕!

“하나…… 둘…… 셋……넷……다섯…… 어머! 어머! 웬일이야~!”

도로를 달리던 것이 분명히 자동차였는데, 누가 보면 사고라도 난 것처럼, 바다로 풍덩! 거침없이 들어갔다. 차 점검은 잘 하고 왔는지, 안전장비는 어디에 있는지 안전 과민증이 재발하려 할 때쯤 바다에 안착하였다. 두둥~! 편안한 배에서 구경하는 골드 코스트는 어찌나 평화로워 보이던지, 이런 곳에 부모님과 함께 오지 못한 것이 가슴 아팠다.

THEME 05   가볼 만한 곳

01.Wet & Wild

“시월드(Sea World)랑 무슨 차이가 있지?”

원래는 시월드를 가기 위해서 서퍼스 파라다이스에서 버스를 탔는데, 도착하고 보니

워터파크를 배경으로 늘씬한 호주 여성들 사진 촬영! 정말 부럽다~

여기였다. 에라 모르겠다! 표를 구매해서 다짜고짜 들어가 보니, 우리나라 캐리비안 베이보다 규모가 작아보였다.

캐리비안 베이는 시설이 깔끔한 것은 물론, 무시무시한 미끄럼틀도 있는데 여기 Wet & Wild는 나름 큰 동네 워터파크에 온 것 같은 느낌이었다.

우리나라는 아무리 놀이시설이 훌륭해도 줄서다 볼일 다 보는데 여기는 호주라서 그런지 줄이 길지 않았다.

그리도 허술하게 보였던 것이 막상 타보니 스릴 만점이었다.

튜브나 어떤 기구를 이용해서 미끄럼을 즐기는 경우가 많아서 동심으로 돌아가 어린아이가 된 느낌이었다. 다 큰 성인이 튜브를 가지고 방방 뛰어 다니며 시간가는 줄 모르며 신나게 즐기다 보니 여기에서 나가고 싶지 않았다. 워낙 물을 좋아하는데다가 스릴 있는 놀이기구가 캐리비안 베이보다 3~4배는 더 많아서 천국과 다름없었다. 먹거리나 쉼터보다는 놀이기구가 많은 실속 있는 워터파크를 좋아한다면 여기가 딱이다!

02. 드림 월드(Dearm World)

우리나라는 이것저것 할인받아서 놀이동산 자유이용권을 구매하면 1~2만 원에도 제대로 즐길 수 있는데 호주의 놀

콩구레츄레이션 드림 월드에 혼자 오다.

이동산은 입장권이 왜 이리 비싼지 한화로 거의 10만 원은 되는 것 같다.

놀이기구가 호주나 한국이나 비슷할 것 같아서 가야할지 말아야 할지 10분이나 고민한 끝에 결국에는 중국 여행사에서 입장권을 구매했다. 한국 여행사를 이용하면 가장 저렴하게 입장권을 구입할 수 있으며, 이런 테마 파크 입장권을 2개 이상 묶음 판매하는 경우도 있다.

우리나라 자이로스윙보다 한 차원 업그레이드

"혼자서 이런데 와 보기는 처음이군. 재밌게 한 번 놀아보드라고!"

같이 갈 사람을 못 찾아서 뼛속부터 아웃사이더인 내가 이제는 하다하다 놀이동산까지 혼자 오게 되었다. 헌데 이게 웬일? 한국에서 익숙하고 보고 탔었던 자이로스윙이 여기에도 있는 것이 아닌가? 한국에서 즐겨 타던 것과 동일한 탈 것이 보여서 괜히 반가웠다.

한국과 똑같은 기구에 높이만 조금 더 올라가는 정도였는데 비싼 입장료를 내고 온 이상 드림 월드에 있는 놀이기구 모두를 타 보는 게 좋을 것 같고 줄도 없어서 핸드폰으로 문자질을 하며 안전바를 내렸다.

"슈웅~ 켁! 켁!"

바이킹처럼 높이 올라갔다가 내려올 때 스피드가 너무 지나쳐서 숨을 쉴 수가 없었다. 무서운 것은 둘째 치고 숨이 멎을 것 같아서 빨리 끝나기를 바랐다. 누구랑 같이 탔으면 손이라도 붙잡을 텐데 하마터면 옆에 있던 커플의 남자 손을 무심코 잡을 뻔 하다가 깜짝 놀라서 소스라쳤다.

어쨌든 숨을 못 쉬어서 단명할 뻔했던 자이로스윙으로 화려한 첫 스타트를 끊고 혼자(?) 신나게 놀이공원을 활보하였다.

"나는 무적의 솔로부대 대대장~♥"

생각보다 스릴 넘치는 놀이 시설이 없어서 그냥 구경만 하다가 드디어 만족스러운 무언가를 찾아내었다.

　"내가 왜! (혼자서) 드림 월드에 왔는데!"

참고로 우리나라에서 자이로드롭을 처음 탔을 때 긴장감을 가지고 기대에 부풀어 탔건만 위로 잘 올라가다 멈추기에 기계가 고장 난 줄 알았으나……. 그것은 착각이었다는……. 그대로 아래로 떨어지는 것이다.

　"뭐야? 그게 다 올라왔던 거였어?"

기구를 탄 재미는 있었지만, 다소 실망스러운 마음을 감출 수가 없었다. 하지만! 나는 여기 드림 월드에 있다!! 자이로드롭의 업그레이드 버전 '자이언트드롭'!

높이 120m! 자이로드롭계에서 세계 최고의 높이다. 이미 자이언트드롭 앞에 있는 전광판에서는 세계인이 놀라고 간 영상과 함께 세계 최고의 높이를 빵빵하게 광고하고 있는 중이였다.

　'두근…두근…….'

내가 이걸 타기 위해 호주로 배낭여행을 온 것인가……. 눈물을 닦으며 줄을 섰다. 다른 놀이기구에도 특별히 사람이 많지는 않았지만, 여기는 내 앞에 딸랑 고등학생들 4명이 전부였다. 아무리 그래도 세계 최고 높이라는데……. 조금은 마음의 여유를 두고 타고 싶었지만 8명 정원에, 나랑 고등학생들 다 포함해도 5명이라 바로 타기에 부족함이 없었다.

　'하하… 이렇게 기쁠 때가……?'

기대에 부푼 자이언트드롭에 엉덩이를 붙이고, 안전바가 내려오니 갑자기 자신 있게 소리치고 싶었다.

　"미안해요! 내려주세요!! 잘못했어요!!"

한국 자이로드롭은 많은 사람들이 묵직한 기계에 앉아서 같이 올라가기 때문에 기계로 봤을 때나 사람 수로 봤을 때나 뭔가의 안전감 같은 것이 있어서 하나도 무섭지 않았다. 하지만……. 이건 달라도 너무 달랐다.

딸랑 8명 정원인데, 그나마 올라간 건 어린 고등학생 4명과 충만했던 자신감을 1초만에 버리고 후회하고 있는 내가 다였다. 120m를 이렇게 한참 올라가는지 처음 알았고호주의 아름다운 광경이 우리 다섯 명에게만 펼쳐졌다. 드림월드 밖으로 드넓은 땅이 광활하게 펼쳐져 있었는데 실로 엄청난 광경이었다.

얼마나 무서웠던지, 지금 다시 타 봐도 또 무서울 것 같다!!

> "으악… 이제 떨어지~겠다~~엄마야!!"
> "No… no! Wait!!"
> "18초 기다리세요. One, Two…"

그랬다. 이 고등학생들은 자이로드롭 마니아였던 것이다. 어쩐지 이 고등학생들 말고는 파리 한 마리 보이지 않았던 이유는 따로 있었다.

> "크흑. 소수의 마니아층 말고는 아예 타려고 했던 사람
> 은 없었던 거……"
> "18초? 아니 학생, 왜 18초이지? 18초 있다 떨어진
> 다는 건가? 왜 이렇게 오래 있다 떨어지는 거지? 응?
> 왜? 도대체 이유가 뭐야?"

혹시 내가 숨을 너무 강하게 쉬거나 살짝 움직이는 그 짧은 순간, 기계가 떨어질까봐 고개도 옆으로 돌리지 않고 앞만 보고 말했다.

> "원래 위에서 풍경 구경하라고 시간을 좀 주는 거예요!
> 곧 떨어져요!"
> "아……. 학생, 많이 무섭나? 내 말은 떨어질 때 말이
> 야~ 견딜만한가? 여기 높아도 너무 높아"
> '슈우욱~~!!! 쾅!!!'

독특했던 호랑이쇼!!

땅으로 쾅 하고 떨어지고 나서 한껏 넋 나간 박장대소를 흘렸다. 결론은 무서워도 너무 무서웠다는 사실!
떨어지는 느낌도 느낌이거니와 너무 지나치게 높게 올라가는 게 문제다. 하지만, 이걸 타고 다른 놀이기구들을 배회하니 도저히 수준에 맞는 게 없었다.

결국 나는 다시 자이언트드롭으로 왔고, 두 번째 탑승을 했다.

"아아악! 내가 잠깐 미친 거였어요! 내려줘요!"

피를 토하는 듯 한 나의 울부짖음에도 자이로드롭은 사정없이 꼭대기로 올라갔고……. 이제는 좀 더 풍경 감상을 해 볼까 했지만……. 역시 나의 오만이었던 듯하다. 두 번째도 역시 달라질 것 없이 무서웠다는 사실!
이렇게 두 번이나 자이로드롭을 타고, (타워 오브 테러도 타고 싶었지만 운행이 잠시 중단되었었다. 이런 된장!) 놀란 가슴을 진정시킬 겸 사랑스러운 동물을 많이 볼 수 있는 와일드 라이프 익스피리언스로 찾아갔다.

운이 좋게도 시간대가 딱 맞아서 조련사와 호랑이가 함께 하는 쇼를 관람하였다. 호랑이가 점프하는 모습, 먹이를 낚아채서 먹는 모습 등 호랑이 쇼는 처음 보기 때문에 신선하고 재미있었다. 드림 월드는 생각 이상으로 많은 놀이기구가 있거나, 즐길 거리, 먹거리 등이 충분치는 않았지만 한 번 정도 찾아오기에 좋은 곳인 것 같다.

03. 바이런 베이(Byron Bay)

비치도 비치였지만 '하얀 등대'로 더 유명한 바이런 베이(Byron Bay)는 며칠을 묵어가기도 하지만 보통 호주 동부 여행을 할 때 당일치기나 1박 정도만 하고 떠나는 곳이다. 실비아도 목적지인 골드 코스트로 가기 전에 바이런 베이의 유명세로 몇 시간만 들렀다가 떠난 곳이었다.

Main Beach에서 부드러운 바람을 즐기다가 하얀 등대를 보기 위해 천천히 등대가 있는 언덕 쪽으로 걸어갔는데 이건 웬걸? 길이 맞나 싶을 정도로 꽤 걸렸다.
평지가 아니라 더 힘이 들어서 그랬는지 20분 걷고 K.O가 되어서 히치하이킹까지 해서 올라갔다. 등대가 있는 언

등대에서 바라본 바이런 베이의 절경

등대까지 올라가는 험난한 여정

덕꼭대기까지 많은 차들이 올라가기 때문에 사실상 히치하이킹을 한 번도 안 해 본 사람이라도 시도를 해 보게 될지도 모른다. 히치하이킹을 부르는 언덕!

고생해서 올라간 곳이라 약간 짜증이 묻어났음에도 불구하고 등대를 보는 순간 얼굴이 환하게 펴졌다. 순백색의 등대와 아래에서 보는 것과는 차원이 다른 Beach의 절경에 할 말이 없었다. 반나절 동안 비치와 등대만 보고 떠났는데도 그 풍경이 아직도 눈에 선할 정도로 다시 보고 싶은 풍경 중 하나다.

04. 코프스 하버(Coffs Harbour)

코프스 하버(Coffs Harbour)는 다른 곳에 비해 지명도가 덜하기 때문에 배낭여행 일정이 빠듯할 때에는 종종 목적지에서 빠지는 곳이기도 하다. 실비아도 코프스 하버에는 아침에 도착해서 저녁에 떠나기로 계획을 세우고 어둑어둑한 이른 아침에 도착했다. 워낙에 생소한 지역이라 경찰서에 가서(한국에서도 길 못 찾을 때면 경찰서에 가곤 했는데, 하하.) 길을 대략 물어보고 우선 다짜고짜 비치로 발걸음을 향했다. 도시가 어찌나 조용한지 사람 한 명 지나가질 않았고 예쁘고 아기자기한 주택에 신발을 벗고 다녀도 될 만큼 거리가 깨끗했다.

"뭐야? 사람이 한 명도 안 보여?"

놀라운 것은 그레이 하운드 버스가 내려준 곳에서 비치까지 약 30분 이상을 걸어온 것 같은데도 사람 한 명을 보지 못했다는 것이다. 물론 아침 7시밖에 안 되긴 했었다만……. 드디어 당도한 비치는 생각보다 평범해서 멀리 온 것 치고는 좀 실망스러웠다. 아무도 없는 비치를 하릴없이 걸어도 보고 물장구도 쳐보고 바위에 올라가도 보았는데 역시 유명 관광지가 아니었던 탓인지 괜히 적적했다.

"요양하러 오기에는 괜찮은데 여행은 아닌 것 같아."

지역마다 다양한 볼거리에 눈이 호강을 해서 비교적 한산한 코프스 하버는 딱 구미를 당기는 볼거리가 없었다. 다만 바나나 생산지로 유명한 곳이었기 때문에 Big Banana에 들러서 바나나 농장을 구경하고 다음 목적지로 출발할 수 있었다.

05. 누사(Noosa)

브리즈번에서 차량으로 3시간이 안 되게 걸리는 누사(Noosa)는 유명 관광지는 아니지만 조용한 휴양지로 점점 지명도가 높아지고 있다.

이곳은 시내로 나가면 교통편도 좋고 여행객들도 많아서
며칠 묵기에도 좋다. 누사 Main Beach 앞에 있는 여행사
에 가서 프레저 아일랜드 투어를 신청하고 한산한 시간을
보내다가 백팩커스로 가는 길을 못 찾아서 순간 당황하기
도 한 곳이라 더욱 기억에 남는다.

06. 프레저 아일랜드(Fraser island)

말이 필요 없는 곳이자 반드시 가봐야 하는 섬! 호주 배낭
여행 중 1등으로 추천할 수 있는 섬이 바로 여기, 프레저
아일랜드(Fraser island)이다! 배낭여행 계획을 세울 때
가본 곳 중 어디를 가장 추천하고 싶냐고 친구들에게 물으
면 항상 1,2위로 들었던 곳이 프레저 아일랜드라 가장 기
대했던 곳이었는데, 언제나 기대한 것 이상이었다.
프레저 아일랜드 투어를 신청한 사람들이 백팩커스에 모여
서 팀을 나누고 다 같이 1박을 하면서 섬에서 먹을 식재료
를 준비했다. 내가 속한 팀에는 영국인 커플, 캐나다인, 미
국인, 스위스인, 이스라엘인 3명 등이 있었나.

그 말인즉슨 쌀 구경은 다 했다는 뜻이다. 어쨌든 숙소에
머물 때는 각 팀에 사륜구동 자동차를 하나씩 배정받고 텐
트와 조리기구들도 배당을 받았다. 가이드 없이 팀별로 자
유여행을 하는 덕에 여행사에서 주의사항 등을 OT를 통
해 듣고 자동차에 빌린 짐들을 싣고 출발했다. 하비 베이
에서 차를 통째로 실을 수 있는 커다란 배에 차와 함께 타
고 30~40분 여를 갔더니… 덜덜덜……. 정말 말로만 듣
던 모래섬이 나와 버린 게 아닌가?
젠틀하면서도 남성미가 물씬 넘치는 영국인이 운전대를 잡
았는데 운전도 고수에다가 농담도 잘하는 스타일이여서 출

이런 곳이 지구상에 존재했었다
는 사실!

유일하게 바다 수영을 마음 놓고
할 수 있는 샴페인 풀장!

선크림을 한 통 다 발랐는데도
이미 흑인

발부터 신바람 났다.

우선 베이스에 도착해서 짐정리를 하고 텐트를 치고 점심
을 먹었다.솔직하게 맛없는 햄버거였으나 자연환경이 엄청
나니 이것도 꿀맛이었다.
배를 좀 채우고 나서 와비 호수(Lake Wabby)에 들렀다
가 바로 비치 드라이빙을 하러 갔다. 우리가 몰고 온 사륜
구동차에서 내리지 않고 그대로 비치 모래사장을 달리는
기분은 그야말로 좀 많이 '짱'이었다. 우리 팀원들은 창문
을 모두 내리고 누구 목소리가 가장 큰지 소리를 지르기 시
작했다.

행복한 질주를 한 후 차에서 내려 각자의 시간을 보낸 뒤
엘리 크릭(Eli Creek)으로 향했다. 바다와 만나는 숲이 우
거진 계곡, 엘리 크릭에서 우리는 가평계곡처럼 얕은 수
심과 맑은 물 덕분에 수영복을 입고(베이스에서 출발할 때
부터 수영복을 입고 수영복 위에 티셔츠, 반바지를 가볍게
입고 왔기 때문에 물이 보이면 언제든 수영을 할 수 있었
다.) 몸을 풍덩 맡겼다.

몸속까지 시원해지는 엘리 크릭!

기분 좋은 깨끗한 차가움이랄까~ 양쪽에 무성한 나무들이
숨 쉬는 공기부터 다르게 만드는 것 같다. 여기저기 숨은
볼거리가 얼마나 많은지 지도를 들고 본 곳을 체크하면서
꼼꼼하게 투어를 했다. 사실 나는 따라만 다녔고 드라이버
를 맡았던 영국인이 가이드처럼 안내를 잘해주었다.

지상낙원이 따로 없다는……

벌써 저녁이 되어서 베이스로 돌아가 옷을 갈아입고 샤워를 하려는데…….

"뭐야! 씻는 데도 돈을 내라고? 동전을 넣어야 물이 나오는 시스템이라니!"

샤워를 하지 말까 심각하게 고민했으나… 결국에는 샤워를 하고 바비큐를 해 먹었다.

"고추장을 가져왔어야 하는 건데……. 바보!"

여행을 같이 온 동양인이 한 명도 없다보니 식사는 100% 서양인 위주의 식단이었다. 그나마 손질한 치킨은 그야말로 닭이기 때문에 먹었는데 간장양념이라도 좀 해서 구웠으면 환상이었겠다고 생각했으나…….

"도대체 왜 치킨 바비큐에 케첩을 친절하게, 그것도 골고루 풍부하게 뿌려주는 거?"

닭의 무의미한 죽음이 안타까웠다. 어쨌든 야외 바비큐 사상 처음으로 포만감 Zero 상태로 아쉽게 마무리를 하고 설거지를 했다. 헌데 이스라엘인은 바비큐 준비할 때도 저들끼리 놀기만 하더니 다 먹고 나서도 설거지할 생각도 안 했다는 거.

"잊지 않겠다!"

팀원이 많아서 설거지 양이 꽤 되었음에도 이스라엘 친구들은 끝까지 도와준다는 말도 안하고 자기들끼리 설거지하는 옆에서 양치를 했다.

여자 2명에 남자 1명이 여행 오는 것도 조금은 특이한 케이스인데 텐트에서 잘 때도 셋이 어찌나 사이좋게 꼭 붙어 자는지 셋의 관계가 무척 궁금할 정도였으나 엄습해 오는 졸음에 못 이겨 침낭을 꼭 껴안고 잠을 청했다. 그런데 생각보다 추웠다는 사실.

"딩고다!"

여기에 오기 전까지는 딩고의 존재를 몰랐는데 여기 와서 사람들에게 설명을 들었다. 우리가 마당에서 키우는 개와 똑같아서 먹이를 주고 가까이에서 만져보고 싶었지만 공격을 할 수 있기 때문에 위험하다고 했다. 실제로 딩고의 공격을 받아 사망자가 발생했었다고 한다.

딩고와 함께 잠을 청한(?) 후 다음 날 아침. 우리 일행은 가볍게 시리얼로 간단히 아침 식사를 해결하고 맥켄지 호수(Lake Mckenzie)로 향했다. 차에서 내려 호수로 걸어가면서 파란 하늘이 눈에 먼저 들어오고 그 다음 에메 랄드빛 호수가 보였다.

가장 기억에 남는 맥켄지 호수!

"이건 거짓말이야! 이런 호수가 있다니~! 말도 안 돼!"

그냥 헛웃음이 나올 정도로 사진에서도 본적이 없는 것 같은 놀라운 광경으로 인해 나는 프레저 아일랜드에서 가장 기억에 남는 호수로 아직까지 기억하고 있다. 파란 물감을 한 트럭 쏟아 넣은 것처럼 맑디맑은 파란색의 호수였다. 점점 이성을 잃어가면서 신발과 티셔츠를 벗어던지고 호수에 내 몸을 던졌다. 수심이 좀 있는 호수였지만 지나친 아름다움에 겁도 상실했다.

프레저 아일랜드는 호주 여행을 계획하는 이들에게 꼭 필수로 가보라고 추천하고 싶다. 추천을 위해 어떤 말을 해주고 싶냐고? 프레저 아일랜드는……

"반드시! 꼭! 절대! 필수로! 제발! 가세요."

07. 에일리 비치(Airlie Beach)

하비 베이에서 에일리 비치(Airlie Beach)까지 이동을 하고 깔끔한 여행자 숙소를 잡았다. 여기는 특별히 볼거리가 있는 관광명소가 아닌지라 우리는 짐을 풀고 여행사를 찾아갔다.

"세일링 상품 소개 좀 해 주세요."

Whitsunday Islands와 Great Barrier Reef로 가는 길목으로 많은 여행자들이 에일리 비치를 방문하고 있는데 우리도 예외는 아니었다.

"세일링은 당일도 있고 1박 2일도 있고 종류가 많아요."

우리는 이것저것 설명을 들어보고 스쿠버 체험 다이빙이 포함되어 있는 당일치기 요트 세일링을 선택하였다. 다음 날 아침 일찍 백팩커스 앞에 도착해 있는 픽업차를 타고 선착장으로 갔다. 난생 처음 타보는 하얀 요트가 무척 신기했다.

"여기에 앉으면 돼요?"

운이 좋았던 건지 탑승자가 나와 내 친구를 포함해도 4~5명밖에 되지 않았다. 요트가 출발하고 바다 한가운데에서 다이빙 사전 교육을 시작했다.

"수신호를 배워보겠습니다. 손 모양을 이~렇게 하면 수면 위로 올라가자는 뜻입니다."
"처음 다이빙을 해 보는 거라 솔찬히 떨려서 그러는데 다이빙하다가 목숨이 위태롭거나 한 건 아니죠?"

무슨 소리를 하는 건지 질문한 나도 뭐라고 물어본 것인지 모르겠고 사전 교육도 귀에 잘 들리지 않았다는…….(영어가 짧아서 그런 것일지도 모른다.)
윗선데이 아일랜드의 WhiteHaven Beach에서 다이빙 장비를 착용했다. 하얀 돌로만 이루어진 비치라 모래를 싫어하는 나로서는 돌만 있는 이곳이 너무 깨끗하고 좋았다. 이렇게 아름답고 독특한 해변을 느끼기에는 처음 해 보는 다이빙에 온 정신이 집중되어 있었다.

"가이드님, 제 곁에 꼭 붙어있어야 해요. 어디 가지 마세요."

나는 가이드 손을 붙잡고 놓을 줄을 몰랐다. 지금 생각해 보면 너무 애틋(?)하게 그분의 손을 잡고 있었던 것은 아닌지 생각한다. 뭐 어쨌든 가이드는 나를 살살 달래기 시작했고…….

"자, 자! 이 손 놓고 앞을 봐 봐요. 멋있죠?"
"아~ 손 놓지 마세요! 지금 경치고 뭐고 안 보인단 말이에요."

다이빙은 최소 15m는 내려가야 바다 속 구경도 하고 체험 다이빙이라 할 수 있는데 내가 지금 손 놓지 말라고 겁에 질려있는 수심이 2m도 되지 않았다.

"아악! 무서워!!!"
"저기요. 그거 점프하면 숨도 쉴 수 있는 수심 정도거든요?"

2m 수심에서 공기통을 왜 달고 있는지 누가 볼까 창피했다. 헌데 나만 요란법석을 떨었던 것이 아니라 옆에 있는 친구는 더 패닉 상태였다. 팔만 대충 휘휘 저어도 되는

걸 가만히 울상만 짓고 물에 이리저리 휩쓸려 다니고 있었다.

"아~! 도저히 못 하겠어요! 환불 필요 없으니 그만 할래요."

체험 다이빙 가격만 $100는 주었던 것 같은데 멘탈 붕괴 상태에서는 돈이 중요하지 않았다. 하지만 나중에 오픈워터 자격증을 따면서 이렇게 멋있는 Whitsunday Island에서 다이빙을 포기했던 것이 지금 생각해 보면 가슴의 한으로 남는다. 크흑! 내 친구도 나와 한마음이었기 때문에 쿨하게(음?) 돈을 포기하고 20분도 안 되서 장비를 벗어던졌다.

"유후♥ 이제야 예쁜 바다가 보이네! 살았다!"

돌이 너무 예뻐서 몇 개 주머니에 넣어오고 싶었지만 돌을 가지고 나오면 벌금이 있다고 했다. 하긴 이렇게 예쁜데, 보존을 해야 그네들(예쁜 돌들)도 터를 잡아 예쁜 볼거리를 제공할 것이 아닌가? 그리고 우리는 요트에 다시 탑승해 배안에서 뷔페식 점심을 먹었다.

"새우, 다 먹어버리겠다!"

세일링에 점심 포함이라고 나와 있었기 때문에 허술한 점심을 생각했었으나 예상외로 퀄리티 높은 Sea Food가 잔뜩 있었다. 덕분에 그날은 김치, 된장찌개가 생각나지 않을 정도로 배불리 먹을 수 있었다. 만족스러웠던 식사가 끝나고 요트 위로 올라오니 시원한 바다 바람을 정면으로 느낄 수 있었다.

"아~ 내가 키만 컸어도 요트 CF 하나 나오는 건데 아쉽다."
"부족한 데가 키뿐만이 아닌 것 같은데?"

바람이 강해서 수영복 위에 카디건을 하나 걸치고 요트 위에 멋지게 포즈를 잡고 누워서 자연과 하나가 되었다. 멋진 추억과 자연과 하나가 된 기분도 잠시, TV에서 본 것처럼 길게 모로 누워 폼을 잡다가 하마터면 바다에 빠질 뻔했다는…….

08. 콘래드 트레저리 카지노(Conrad Treasury Casino)

유럽에 온 것처럼 고풍스러운 건물이 시선을 사로잡기에 충분했던 콘래드 트레저리 카지노(Conrad Treasury Casino)는 처음에 갔을 때 도서관인 줄 알았다.

멀리 보이는 요트를 보며 인공 호수에서 쉬는 중

헌데 출입구에서 경호원이 반바지나 민소매를 입은 손님들의 출입을 제한하고 있어 다음날 제대로 옷을 차려입고 다시 와야 했다.

뭐 어쨌든 카지노로 입장한 나는 '딱 $10만 잃고 나가야지!'라는 마인드로 이곳저곳 즐길 거리를 찾아 어슬렁거렸다. 내가 제일 재미있어(?) 하면서도, 자제하고 있는 것이 도박인지라 여기서 한 가지 말을 해두고 간다면, 제한을 두고 게임을 해야 돈을 잃은 후 울고불고 하는 불상사가 생기지 않는다는 것이다.

내가 가본 카지노가 강원랜드와 자그마한 호텔 카지노 밖에 없었기 때문에 브리즈번 카지노의 큰 규모에 깜짝 놀랄 수밖에 없었다. $10로 최대한 오래 즐기기 위해 공연을 보다가 다른 사람 바카라 하는 테이블에 가서 구경하다가 한 번씩 빠찡코 기계에 동전을 넣었다.

대부분 빠찡코 기계가 내 소중한 동전을 손쉽게 꿀꺽 삼켰지만 한두 번 정도는 무수히 많은 동전을 쏟아내기도 했다. 쏟아낸 동전은 다시 게임에 투자되었기 때문에 $10로 2시간 이상을 재밌게 놀다가 나왔다.

고풍스러운 카지노 외관

카지노 입구

09. 사우스 뱅크(South Bank)

처음 사우스 뱅크(South Bank)라는 이름을 들었을 때 브리즈번에서 가장 많이 이용되고 있는 은행 이름인 줄 알았다. 하지만 사우스 뱅크의 진정한 의미는 바로 이러했다.

"바보! 도심에서 해수욕을 즐길 수 있는 인공 해수욕장 이름이라구!"

도심 속에 갖춰진 인공 해수욕장인 이곳은 인공으로 조성되었기 때문에 수질도 오히려 더 깨끗하고 높은 빌딩숲 사이에 위치하고 있어 브리즈번 강변과 높은 빌딩을 바라보며 휴식을 취할 수 있는 곳이다. 특히 호텔 수영장에 온 듯한 느낌을 주는 사우스 뱅크를 가지고 있는 브리즈번 시민들이 진심으로 부러웠다.

"우리나라는 인공 해수욕장 없냥?"
"왜 없어? 7호선 뚝섬역에 수영장 있잖아. 사방이 탁! 트여서 지하철로 오가는 사람
은 물론 도로를 다니는 차들로부터 무한한 시선을 받을 수 있는 수영장 있잖아."

그냥… 도심 속 해수욕장은… 사우스 뱅크로 만족합시다.

10. 시티 보타닉 가든(City Botanic Gardens)

브리즈번에는 버라이어티한 볼거리가 있는 것은 아니지만, 시민들이 부담 없이 쉴 수 있는 공간들이 잘 되어 있는 것 같다. 그 대표적인 것이 바로 이곳, 시티 보타닉 가든(City Botanic Gardens)이다. 여기 보타닉 가든도 시드니에 있는 보타닉 가든보다 규모는 작지만 주말에 찾아와서 강을 따라 조성되어 있는 산책코스를 거닐다 보면 스트레스가 다 풀리는 듯한 여유로움을 준다.

11. 론파인 코알라 보호 구역(Lone Pine Koala Sanctuary)

시내에서 그리 멀지 않은 곳에 있기 때문에(차로 대략 20~30분) 주말을 이용해서 가보면 좋을 론파인 코알라 보호 구역(Lone Pine Koala Sanctuary)! 이곳에서는 코알라를 안고 사진을 찍을 수도 있고, 캥거루도 아주 가까운 곳에서 볼 수 있다. 코알라, 캥거루 외에도 보호 구역에는 에뮤, 웜뱃 등도 있다. 다만 실비아는 캥거루, 코알라만 좋아해서 다른 동물은 지나가면서 보고, 1~2시간 이상을 코알라와 캥거루 앞에서 서성였다는 사실!

인형과 똑같은 코알라

THEME 06 추천 어학원

01. BROWNS English Language School

오래된 전통을 지닌 학원은 아니지만, 최고급 시설과 뛰어난 학생 관리로 인해 마감이 매우 빠르며, 만족도가 상당히 높은 어학원이다.

골드 코스트 컴퓨터 랩실

골드 코스트 강의실

골드 코스트 센터

골드 코스트 기숙사 거실

골드 코스트 기숙사 건물 외관

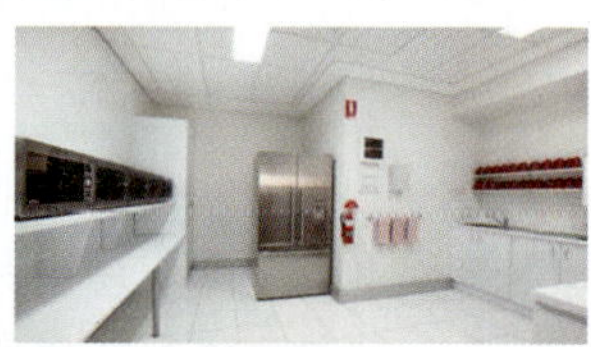

골드 코스트 공용 주방

브리즈번 기숙사 건물 외관

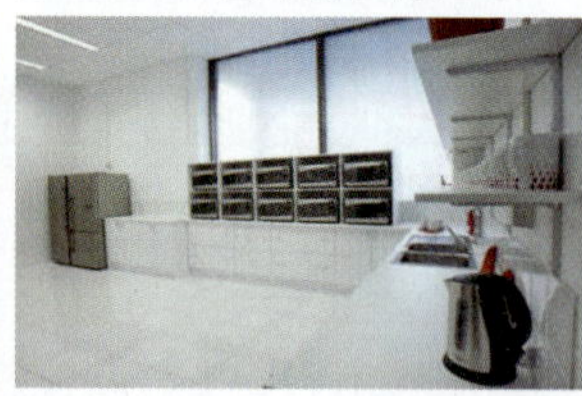
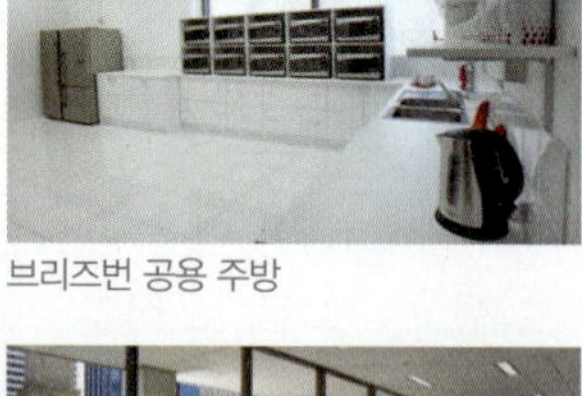

브리즈번 공용 주방

브리즈번 학생 휴게실

브리즈번 컴퓨터실

브리즈번 기숙사 거실

02. Shafston International College

대학교 캠퍼스 느낌의 사설 어학원인 이곳은 브리즈번 지역에서 인지도가 높은 편이다. 이곳에는 학생들의 직업 알선을 도와주는 취업 프로그램이 마련되어 있고, Tesol 과정으로도 유명하다.

아름다운 샵스톤 어학원

동화 속으로 들어온 것 같은 느낌의 캠퍼스

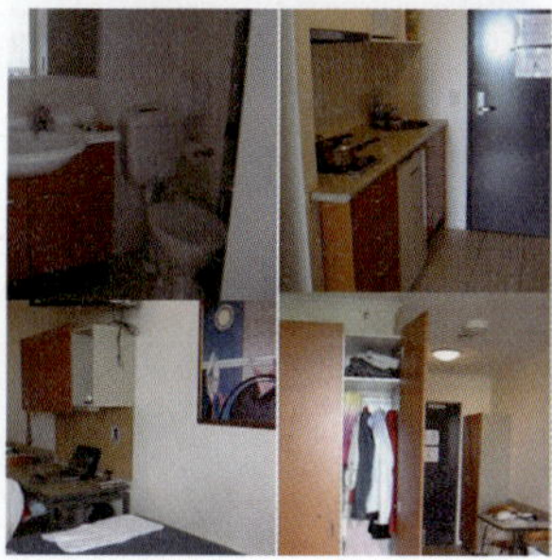

바로 앞에 호수가 있어서 더욱 여유로운 분위기

샵스톤 기숙사

03. LANGPORTS English Language College

규모가 크지는 않지만, 자체 개발 프로그램의 도입으로 영역별 학습 관리가 잘 되고 있으며, 가족 같은 분위기의 학원이다.

수업 중

학생 휴게실

> **Memo**
> - 주소: 46 Thorn Street Kangaroo Point, Brisbane Queensland 4169 Australia
> - 연락처: 61-7-3392-1400 / 팩스 : 61-7-3391-0943
> - 홈페이지: http://www.shafston.edu
> - 규모: 약 600명
> - 프로그램: ESL, Cambridge 시험 대비반, IELTS 시험 대비반, EAP 과정, Tesol, 비즈니스, 토익, 토플, Job 프로그램 등
> - 학원비: $1,360 / 월
> - 기타: 기숙사를 보유하고 있다.

학원 컴퓨터 랩실

학원 건물 외관

랭포츠 학원건물 외관

랭포츠 강의실

랭포츠 학원 건물 외관

학생 휴게실

04. LSI

LSI 어학원은 엠바시, 카플란 어학원보다는 규모가 작지만 미국, 영국, 뉴질랜드 등에도 캠퍼스가 있는 멀티 학원이고, 각 센터의 정원은 적은 편이다.

지금은 수업 중!

학원 강의실

학원 입구

학원 건물 외관

05. ILSC

ILSC 어학원은 캐나다에서 메이저급의 명문사설 학원으로서, 호주에서도 그 명성을 이어나가고 있다. 타이트하고 심도 높은 수업을 제공하고 있는 어학원이다.

어학원 건물 외관

다양한 Activity 활동들

학원 데스크

다윈(Darwin) 지역 살펴보기

THEME 01　다윈의 날씨

'내가 케언즈를 덥다고 했었나?'

불과 얼마 전까지 케언즈에서 햇빛이 뜨겁다며 수영을 즐겼는데, 여기 다윈에 비하면 케언즈는 겨울인 정도였다. 다윈공항에 너무 늦은 시각에 도착해 YHA 호스텔에 도착하니, 시계는 밤 11시를 가리키고 있었다.

"여기 1박에 얼마죠?"
"지금 체크인하시면 오늘 날짜로 1박이 계산돼서 내일 아침에 내일 하루치를 또 내셔야 합니다."

굳게 닫힌 문을 사정없이 두들겼더니 졸린 눈을 비비며 나온 스텝의 짜증 섞인 말이었다. 이 시간에 체크인하면서 돈 내는 것이 너무 아까워, 공항에서 자고 아침에 왔으면 좋았을 걸 하는 후회가 밀려왔지만 이미 늦었다. 결국 체크인을 하고 방으로 올라갔는데 2층 침대 3개 중에서 하나가 완전히 비어있어 1층에 다리를 뻗었다. 한밤중이었음에도 느껴지는 숙소 안의 더위는 참기 힘들었지만 더 기가 막힌 것은 에어컨은 고사하고 선풍기도 없었다. 끝내 입고 있던 티셔츠를 벗고 누워보았지만 잠이 오지 않았고 그날 밤 몇 마리의 양을 세었는지 모른다. 다음 날.

"카카두 국립공원에 파리 떼가 심하다던데 긴바지 입는 게 나을 걸?"

이른 아침부터 백인 여자 2명의 시끌벅적한 채비로 인해 일찍부터 잠이 깼다. 공용 조리실에서 아침을 대충 먹고 혹시 다른 더 좋은 숙소는 없는지 찾아볼 마음에 숙소 문을 여는 순간…….

"헉!"

너무 따가운 햇볕에 나도 모르게 뒷걸음질로 다시 숙소에 들어왔다. 한 번도 겪어보지 못한 더위가 실로 충격적이었다.

THEME 02 다윈의 체감 국적 비율

"저기, 혹시 한국 사람이세요?"

동네를 거의 두 바퀴째 돌고 있는데도 아시아인 한 명을 만나지 못했는데 한 블록도 안 되는 거리에서 갑작스레 한국인으로 보이는 남자가 튀어나왔다.

"네. 한국인 맞는데요."
"설마 했는데 정말이군요. 여기 다윈에서 살고 계시나요? 여긴 한국인이 왜 이렇게 안 보이죠? 여기 살아보니까 어떠세요? 몇 개월째 계시는 거예요?"

답변이 오기도 전에 질문을 마구 쏟아내었다.

"주위에 있던 한국 사람들은 거의 다 다른 시로 옮겼어요. 저도 곧 떠날 거예요. 여기는 어쩌다가 왔어요? 빨리 다른 도시로 옮기는 게 좋을 텐데…….”

좋지 않은 미래를 예언하는 예언자를 만난 것 같아 괜히 오싹했다. 물론 기온이 35도가 기본인 이곳에서 오래살기는 힘들 것 같았지만 만났던 한국인 남자의 이야기를 대수롭지 않게 넘기고 저녁 식재료를 사기 위해 Woolworths 마켓으로 갔다. 이런 대형 마트는 어느 지역에 가도 있으니 참 편리하다.

　"오잉? 무인 계산대?"

한 번도 본적이 없는 거라 어떻게 계산을 해야 될지 몰랐지만 호랑이굴에 잡혀가도 정신만 차리면 된다고, 차근차근 기계를 살펴보기 시작했지만 역시 난 기계치…….

　"저기요, 이거 어떻게 해야 돼요?"

착해 보이는 흑인 점원에게 물어보았더니, 친절하게도 하나부터 열까지 아예 내가 산 물건 모두의 계산을 다 해주었다. 호주의 비싼 인건비 아끼려고 만들어 놓은 것인데 실비아에게는 무용지물!

　"저기요~! 어디까지 가세요? 태워다 드릴까요?"

방금 계산을 도와준 점원이 퇴근길이었던 모양인지 같은 방향이면 태워주겠다고 제안을 했다.

　"괜찮은데, 정 그렇게 원하시면 할 수 없이 타 보도록 하죠."

다른 몇몇 퇴근하는 직원들에게 다 들리도록 큰 소리로 이야기를 해서 혹시 모를 일에 대비를 하였다. 내가 실종되면 이 죄 없는 흑인아저씨가 용의자가 될 수 있도록 배려하는 마음(?)으로……. 승용차를 타고 나서 볼거리가 있는 비치에 내려달라고 말하니, 지금 장이 열려있는 비치에 내려주겠다고 했다. 목적지까지 가는 동안 본인은 원래 남아프리카 공화국사람인데 호주시민권을 얼마 전에 받았다며 자랑을 했다. 그리고 Woolworths 마트에서 9시부터 2시까지 일하고 급여도 꽤 받는다고 결혼만 하면 완벽하다며… 그리고는…….

　"실비아 씨 같은 이상형을 꼬옥 만나고 싶어요!"
　'뜨흐헉!'

물론 겉으로 표현하지는 않았으나… 갑자기 생성되는 이상한 기류에 그냥 여기에 세워달라고 말했다. 무엇보다도 거의 목적지가 눈앞에 있었다는 사실!

"내일 밤에 우리 집에서 파티가 있는데 꼭 와요! 전화할게요!"

거절을 못하는 웬수같은 A형이라 소극적으로 고개를 끄덕이며 알았다고 했다. 그리고 차에서 내려 괜한 안도를 하고 있을 때 나를 뒤따라 자말도 펄쩍 차에서 뛰어내리며 내 어깨를 강하게 잡는 것이다.

"진짜 파티 올 거지? 근데 지금은 어디로 가는 거야? 나도 같이 갈까?"

뒤에서 나를 향해 달려오는 그 모습이 어찌나 강렬하고 무서운지 무릎을 꿇고 바닥에 주저앉을 뻔했다.

"아… 아니……. 내가 가는 곳은 말이지 혼…혼자 가야되는 곳이라…….."
"그래? 혹시라도 내 도움 필요하면 전화해!"

혹시라도 또 쫓아올까……. 놀란 가슴을 달래기 위해 아름다운 석양에 비치는 바다 앞에 열린 장에서 풍성한 볼거리를 보았더니 방금 사태의 두근거리는 마음이 진정되었다. 그리고 다시 드는 생각 하나.

"정말 한국인이 하나도 없네."

한국인과 일본인은 생김새가 비슷해서 혼동이 올 수도 있는데, 일본인은커녕 아시아인으로 보이는 사람들도 거의 없었다. 집으로 돌아온 후 다음 날. 줄기차게! 힘차게 울려대는 전화벨 소리를 살포시 무시한 나는 그때 언뜻 만났던 한국남자의 예언이 불현 듯 떠올랐다.

"주위에 있던 한국 사람들은 거의 다 다른 시로 옮겼어요, 저도 곧 떠날 거예요. 여기는 어쩌다가 왔어요? 빨리 다른 도시로 옮기는 게 좋을 텐데…….."
"흐흑. 그때 빨리 떠났어야 했는데!"

THEME 03　다윈의 지역 분위기

"Hey You! $1만 주세요!"

다윈에는 위험한 에버리진이 많다는 소리를 듣기는 했지만, 생각보다 많은 Homeless 에버리진이 거리에서 술을 마시고 있거나 이미 마시고 누워있는 모습을 쉽게 볼 수 있었다.

Q&A

Q. 에버리진이란?
A. 호주의 원주민입니다. 이들은 대체로 내륙 지방에 많이 분포하고 있으며 대도시에서는 마주할 일이 거의 없습니다. 과거 이들은 백인우대호주정책으로 인해 수많은 시달림과 상처를 받았다고 합니다. 현재 정부에서는 이들에게 보조금을 지급하고 있죠.

도시 자체가 워낙 한산해서 해질 무렵에는 인적 자체가 드물었기 때문에 5~6명씩 무리를 지어 다니며 풀린 눈으로 나를 쳐다보는 그들이 조금 무서웠다.

"그런데 에버리진을 이렇게 만든 건 누구지?"

따르릉~ 집으로 돌아와 보니 여지없이 울려대는 전화벨 소리. 아직도 악몽은 끝나지 않은 듯했다. 결국 큰 결심을 하고 수화기를 들었다.

"여보세요."
"나 자말이야~ 오늘 저녁 파티에 올 수 있지?"
"(그놈의 파티는 아직까지 하는 구나) 아……. 내가 오늘 다윈을 떠날 것 같아서 말이지. 못갈 것 같아. 미안해! 다음 생에 기회 되면 보자궁… 미안! 미안."

처음 본 사람의 집으로 파티를 간다는 것이 한국 사람의 정서에는 맞지 않아서 쿨하게 못 간다고 하면 될 일을 좋은 말로 거절하고 싶은 마음에 다윈을 떠난다고 둘러댔다. 그리고 나는 그렇게 전화벨의 악몽에서 벗어날 수 있었다는…….

"여기 Charles Darwin University 가는 버스 있나요?"
"네, 여기 맞아요. 좀 기다리면 올 거예요."

다윈에서 공부하는 대학생들은 어떤지 캠퍼스 분위기도 볼 겸 다음날 아침 다윈대학교로 발걸음을 향했다. 마치 아프리카에서 버스를 탄 것처럼 버스에 앉아있는 대부분의 사람들이 흑인이다.

"어디서 많이 본 듯한 흑인도 있네? 음?"

하도 낯이 익어서 이상하다 싶었는데 내 옆에 서 있는 흑인은 다름 아닌 자말이었다.

초능력이라도 있으면 나를 투명인간으로 만들고 싶었지만, 그럴 수 없어 숨도 안 쉬고 최대한 고개를 돌리며 얼굴을 피했다. 다행히 자말은 내가 같은 버스에 있다는 상상도 못하고, 다윈 대학교에 도착하자마자 빠른 걸음으로 하차하였다.

> "휴! 다행이다. 저기요! 혹시 여기 다윈 대학교 안에 있다는 나비타스 어학원 가려면 어디로 가야하나요?"
> "음… 어학당이요? 뭘 말하는지 모르겠네. 잠깐만요, 제 친구는 알 수도 있어요.
> 야! 잠깐만 이리 와봐! 빨리〜!"

친구에게까지 물어봐서 알려주려는 친절함이 너무도 고마웠지만… 고맙다고 이야기하기 전에 내 얼굴은 충격으로 이미 일그러져 버렸다. 아놔…….

> "자…말이네……. 우리 어디서 본 적이 있는 것 같은데. 내가 요즘 정신병이 좀 있어서 오락가락 하는 것 같아서 말…이지."

친구라고 데리고 온 사람이 내가 벌써 두 번이나 무시하고 피한 자말이었다.

> "너 어제 다윈 떠난다고 하지 않았어?"
> "어? 내가? 그랬나? 그치, 그랬지. 근데 기차를 놓쳐서 그냥 며칠 더 여행하려고."

최대한 한국인의 이미지가 많이는(?) 상하지 않도록 부지런히 핑계를 대었지만, 나의 표정은 이미 못 만날 사람을 만난 것 같은 우거지상이 되고 있었다.

> "아까 나비타스 물어봤었다고? 내가 데려다 줄게."

자말은 내 표정을 읽지도 못하는 건지 처음 내 얼굴을 보고 피어올랐던 의혹(?)을 이내 지워버리고 활기차게 나를 어학당으로 안내해 주었다. 타 도시와는 다르게 역시나 대학교에도 유색인종이 대부분이었다. 물론 나는 인종 차별을 증오하는 사람으로, 백인종, 유색인종을 구별 짓는 것 자체가 죄악(?)이라고 생각하지만, 터번을 쓴 아랍계부터 흑인까지 타 지역보다는 다소 침체되어(?) 있는 분위기는 인정할 수밖에 없었다.

THEME 04 다윈으로 상콤발랄〜 악어 보러 가기!

영화 〈Rogue〉를 본 이후, 악어가 너무 무서웠지만 호주에서 악어가 꽤 많다는 Northern Territory에 온 이상 악어를 안 보고 갈 수는 없었다. 여행사에 당일치기 투어를 신청하고 나서 피크닉(?) 복장으로 차려입고 투어에 참가했다.

정말 영화 속으로 들어온 것처럼 늪지대같이 생긴 커다란 강에 매어놓은 15인승 배를 타고 투어가 시작되었다. 한국이라면 보통 이런 여행 가이드는 남자들이 도맡아 하고 있는데 호주는 아무리 담력이나 힘이 요구되는 직업이라고 해도 여성들이 꽤 많은 것 같다.

"여러분! 여기를 좀 봐 주세요. 굉장히 독특한 새입니다."

와일드한 악어만 수십 마리를 보면 충분할 것 같은데도 여성 가이드는 배가 지나가는 길목에 있는 생명체라면 하나도 빠짐없이 설명을 해주었다.

"아〜함〜졸려."

워낙 조류에 관심이 없는 나라서 악어가 언제 나올지 모르는 Yellow Water에서 연신 하품을 해댔다.

"우왓! 악어다!"
"어디? 어디? 으악!"

열대우림에서 살고 있는 다양한 조류

물 밖에서 쉬고 있는 악어.

배 옆을 스르르 지나가는 오리지널 악어!

잠깐 졸고 있다가 깜짝 놀라서 두리번거리다가 악어를 보고 더 깜짝 놀랐다. 동물원에서 워낙 많이 봤기 때문에 처음 보는 것은 아니지만 이렇게 야생 아웃백에서 보는 것과는 차원이 달랐다.

"배 밑에서 악어가 공격하면 어떻게 하죠? 거기에 대한 대비는 다 되어 있는 거죠?"

항상 악어나 아나콘다가 나오는 영화에서는 꼭 배 밑에서 배를 뒤집는 것 같아서 은근슬쩍 난간을 꽉 붙잡으며 안전장비가 어디에 있는지 방어할만한 물건들은 없는지 눈여겨보았다. 모두들 사진 찍으며 투어를 즐기고 있을 때 나만 배에 장착되어있는 안전장치와 배 설비(?)에 대한 점검을 하면서 혹시 모를 악어의 공격에 대비하고 있었다.

"악어를 좀 더 자세히 볼 수는 없나요?"

이제 슬슬 주변에 있는 악어들이 적응이 되고나니, 좀 더 자세히 관찰하고 싶었다.

"그 뭐시기 왜 있잖아요, 악어들끼리 영역다툼을 한다거나, 막 싸우는 모습을 볼 순 없을까요?"

'얘 뭐니?'

악어 강에서 한 시간 가량을 있으니 이제는 좀 더 강한 게 필요했다. 무언가 임팩트 있는 볼거리를 위해 악어를 향해 고기라도 좀 가져와서 던져볼까 하는 몹쓸 생각도 했다는……. 결국 스펙터클하고 임팩트 있는 구경거리 대신 우리는 강 구석구석을 마저 조용하게 돌아보고 아쉬운 투어를 끝마쳤다.

THEME 05 애들레이드(Adelaide)와 다윈의 길목, 앨리스 스프링스(Alice springs)

01. 더 간(The Ghan)

어드벤처 투어의 출발점 앨리스 스프링스(Alice Springs)를 가기 위하여 '더 간(The Ghan)'의 기차표를 예매했다.

"안녕하세요. 혹시 한국분이세요?"

백팩커스 PC를 이용하기 위해 의자에서 잠시 대기를 하고 있다가 한국 남자를 만났는데 다윈에서는 한국인을 타 지역처럼 쉽게 만날 수 없어서 굉장히 반가웠다.

"여기는 놀러 오신 건가요? 언제 떠나요? 여행은 많이 하셨어요?"
"아, 네. 그냥 뭐… PC 쓰세요. 전 이만……."

내가 사귀자고 고백을 한 것도 아니고 반가운 마음에 정보나 얻고 인사나 할 겸 말을 시켰건만 그는 꽁지가 빠져라 부리나케 도망을 가버렸다.

'참, 씁쓸하구만…….'

다음날 아침 백팩커스 앞에서 더 간 기차역까지 가는 버스를 탔다.

"짐칸에 가방을 넣고 자리에 앉으시면 됩니다."

다들 다윈을 떠나서 다른 지역으로 이동을 하는지 한 사람 한 사람마다 짐의 양이 장난이 아니었다. 그 어마어마한 짐을 보고 피난길도 아닌데, 다들 무슨 짐이 저리도 많은

지 의문이었다. 유럽인들은 옷도 구질구질 캐주얼하기가 이를 데가 없는데 배낭에 도 대체 뭐가 들었는지 15~20kg이 넘는 짐들을 가지고 배낭여행을 다니는 게 놀라웠다.

　"어? 안녕하세요."

어제 백팩커스 PC room에서 나를 피해(?) 도망갔던 그 Mr.도망자를 버스에서 만났던 것이다.

　"아, 네…안녕하세요."

떨떠름하게 인사를 받기에 나도 그 이상의 말은 안 시키고 자리를 잡았다. 하지만 계속 드는 생각은…….

　'쟤 뭐니?'

씁쓸한 입맛을 다시면서도 이내 목적지에 도착하자 불쾌했던 마음이 싸악! 삭제되었다.

　"와우!! 이게 바로 그 유명한 더 간이구나!! 내가 이걸 타게 될 줄이야!"

위풍당당하게 서 있는 노던 테리토리의 자랑 '더 간' 기차가 나를 기다리고 있었다. 오일쉐어를 해서 동호주를 여행하듯이 노던 테리토리도 여행했으면 좀 더 자세하게 여기저기를 둘러보고 여행비도 훨씬 저렴했겠지만 주유소도 거의 없고 차라도 고장 나면 구조되기도 어렵다고 죽기 싫으면 가지 말라고 주변에서 하도 만류를 하기에 더 간 기차를 이용하게 되었다.

02. 기차에서 만난 친구

　"옆자리에 아무도 없어야 편하게 갈 텐데."

하루 이상을 가야 하기 때문에 옆자리가 비어 있다면 밤에 자기가 한결 편했다. 이제 기차도 출발했고 어떻게 하면 이 긴 시간을 잘 보냈다고 소문이 날지 고민하다가, 가방에 소중히 넣어둔 김이 생각났다.

　'상놈도 아니고 머슴도 아닌 양반김~! 내 손 안에 있소이다!'

너무나 사랑하는 호주 맥주와 한국의 김은 기가 막히고 코가 막히는 궁합을 자랑한

다. 혹시 이렇게 먹는 것을 싫어하는 사람도 있을까요? 있다면 그분은 실비아랑 친해
질 수는 없다는 거~하하)

우연치 않게도 버스에서 두 번째로 보고 아는 체 만 체하며 참~ 무슨 인연인지 생각
했는데 세 번째로 내 바로 뒷자리에서 그 한국 남학생을 마주치니 신기한 인연에 웃
음이 다 나왔다.

라고 말하며 정말이라는 신호로 김을 살랑살랑 흔들어 보였다. 사막에서 보는 김은
충분한 자극제가 될 것이기 때문에 하나, 둘, 셋을 세고 뒤를 돌아보니 도도한 Mr.도
망자께서 뒤따라오는 것이 보였다.

우리는 조용하면서 창밖으로는 사막이 보이는 기차 식당 칸에 마주 앉아서 맥주 한
캔씩을 놓고 커다란 한국 김을 찢어 먹으며 담소를 나누었다.

웬 갑자기 호구조사(?)가 이루어지나 생각했겠지만…. 우리는 생각보다 재미있는 시
간을 보냈다. 얘기해보니 나보다 두 살이나 어리고 울산에서 왔다는 Mr.도망자는 생
각보다 훨씬 계획적이고 성실한 친구였다. 이 친구 덕분에 기나긴 기차 여행이 한결
재밌었고 시간도 금방 갔다.

03. 캐서린(Katherine)역

잠깐 경유하는 것은 알았지만 3시간이나 정차했다 가는지는 몰랐다.

우리는 합의가 되자마자 기차 밖으로 튀어나갔다.

"으~악!"

나오는 순간 다윈보다 훨씬 더 강한 햇빛에 몸을 움츠렸다.

"정말 이런 온도가 존재하기는 하는구나."
"그치? 현재 캐서린 날씨가 38도가 넘는다고 그랬으
니까. 나도 이런 날씨는 처음이라는……."

38도! 상상도 할 수 없는 수준이었다. 시내구경만 빨리하
고 와야 될 것 같은 데 주변에 사람도 없고 대중교통도 안
보였다. 그러던 중 지나가던 School Bus가 보였고 타야
겠다는 마음이 앞서 급하게 지나가는 School Bus를 가로
막은 후(?) 시내까지만 태워달라고 했다. 기사분이 거절할
까 조마조마했던 마음은 사라지고 이내 흔쾌히 허락해 주
시는 것이 아닌가? 그렇게 탑승한 버스 안에서는 중학생인
지 고등학생인지 모를 남학생들로 꽉 차 있었고 슬프게도
암내와 땀내로 승객들의 후각을 마비시키고 있었다.

'이런……. 캐서린에 센터 하나 세워야겠구먼.'

캐서린 시내에 내려서 주변을 둘러보니 사막의 도시 같은
느낌이 물씬 났다. 그리고 내 시선을 사로잡는 무언가가
있었으니…….

"저기 봐! 경찰이 말을 타고 다녀!"

경찰차를 타고 순찰을 도는 것이 아니라 말을 타고 순찰을
돌고 있는 모습이 인상 깊었다. 말 타는 경찰을 뒤로 하고
시간에 쫓기던 나는 캐서린 지도를 보며 둘러볼 몇 곳을 정
해서 그곳까지 걷기로 했다.

"우와~정말 장난 아니다. 근데 볼거리도 볼거리지만
못 걷겠어, 더 이상……."

작업의 정석 김&맥주

"누나 조금만 힘내~! 거의 다 왔어!"
"호주에서 제일 큰 망고 농장도 있다고 하는데……. 거
기는 절대 못 가보겠다. 크흑."

40분 정도를 걸어가서 몇 개의 목표물을 결국 봤다는 것에
쾌재를 불렀지만 다시 버스정류장까지 돌아가는 것이 문제
였다. 손에 들고 있는 물도 없어서 목은 타고 처음 경험해
보는 강한 햇빛에 현기증이 일었다. 우리는 다시 40여 분
을 걸어서 버스 정류장에 도착했고, 버스정류장 앞에 있는
Woolworths 마트에서(사막도시라고 해도 있을 것은 다
있는 것 같다.) 콜라를 하나 사서 나눠마셨다.

"캬 야~~!"

탄산은 건강에 안 좋다고, 햄버거도 우유와 먹는 나였건
만. 타는 듯한 갈증으로 인해 수명을 단축시킨다는 외설(?)
이 있는 콜라였음에도, 캐서린에 있었던 그날만큼은 1리터
양을 거뜬히 마실 수 있을 것 같았다. 콜라 한 병으로 갈증
을 해소한 우리는 다시 기차로 돌아갔고, Alice Springs
까지 기나긴 기차 여행을 만끽했다.

3시간 동안 경험했던 캐서린(Katherine)

04. 앨리스 스프링스(Alice Springs)

"앨리스 스프링스에 도착하였습니다. 3시간 정차했다
가 다시 출발합니다."

안내방송이 들리고 드디어 기다리던 앨리스 스프링스에 도
착했다. Mr.도망자는 애들레이드까지 가야했고, 내 종착

역은 여기까지였기 때문에 이제는 헤어져야했다.

"난 이제 간다! 애들레이드 조심히 잘 가고!"
"응! 누나도 조심히 여행해!"
"어차피 3시간 정차하니까 밥이라도 먹고 갈래?"

우리는 캐서린을 재연하듯이 기차역을 또 빠져나와 이번엔
정상적인 버스를 타고 시내로 향했다. 헌데……. 한 사람
당 만 원에 가까운 버스비를 내고 탔건만, 시내는 바로 코
앞이었다. 정말 시동만 켜고 도착한 것 같은 느낌이라, 뭔
가 낚였다는 생각이 들었다. 둘이서 간단히 시내를 구경하
고 내가 예약해둔 백팩커스로 갔다.

"내가 밥 차려줄 테니까, 식탁에 자리 잡고 앉아있어!"
"우와~ 고마워! "
"짜잔~! 다 됐어, 이게 바로 오동통통~ 너어~구리~
라는 찌개인데 말이지… 사막에서 먹으면 색다르다!!"
"어, 그래~ 잘 먹을게. 하하. "

안타깝게도 3시간이라는 제한된 시간 때문에 Mr.도망자엔
게 너구리밖에 대접할 수 없어 아쉬웠다. 게 눈 감추듯 후다
닥 라면을 흡수하기 무섭게 어느덧 시간은 흘러가 있었다.

사막에서도 구매할 수 있는 신라면

"어머! 벌써 2시간 30분 지났어. 빨리 가, 이제! 뛰어
가야겠는 걸?"
"정말이네, 기차 놓치면 내 가방 어떡해. 나갈게~! 정
말 안녕!"

Mr.도망자는 기차역으로 헐레벌떡 뛰어가고 나는 크로스
백을 매고 다시 시내로 나왔다. $1짜리 엽서를 사서 한국
에 있는 가족에게 편지를 붙이고 하루 종일 걸어 다니며 시
내 곳곳을 꼼꼼히 살펴보았다.

05. 아웃백에서 낙타타기

앨리스 스프링스에 있는 여행사에 방문하여 Day Tour 상품을 살펴보았다.

"어라? 사막에서 낙타타기?"

홍보 전단지를 보자마자 이거다 싶어 바로 신청을 하고 픽업차를 기다렸다. 낙타를 얼마나 타는지 그 시간에 따라 비용이 달랐는데, 1시간 이상 타면서 아웃백(아웃백 레스토랑을 말하는 거 아닙니다.)을 구경하려면 6~7만 원은 내야했다.

"여기서 잠깐만 서 계시다가, 타라고 하면 타 주세요."

나 말고도 7~8명 정도의 사람이 있었는데, 일렬로 줄을 서 있다가 낙타가 무릎을 꿇으면 바로 가서 등에 앉고 사람이 앉은걸 확인하면 낙타가 일어났다.

"이쪽으로 오세요!"
"저요?"

낙타 보신 적 있어요?

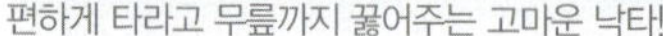

편하게 타라고 무릎까지 꿇어주는 고마운 낙타!

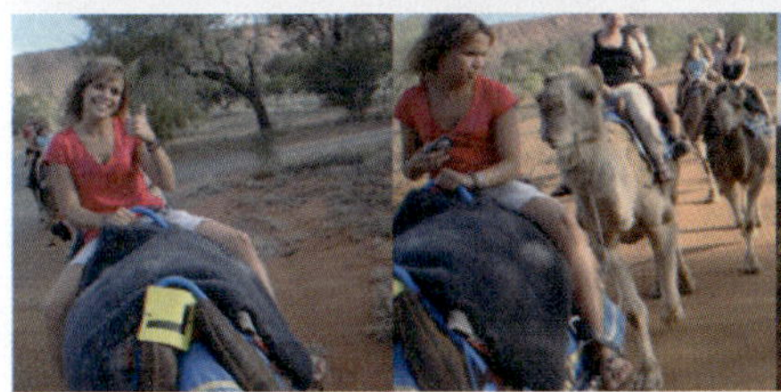

내 차례가 되자 괜히 살짝 긴장됐다. 낙타가 실제로 보니까 키가 꽤 컸기 때문에 잘못했다가는 다칠 수도 있을 것 같았기 때문이다. 낙타에 타려는 순간 저절로 몸이 움츠러들었다.

"낙타야……. 살살 일어나라. 나 다치는 거 완전 싫어하거등."

낙타가 얼마나 온순하고 착한지(설마 태국의 코끼리들처럼 낙타를 때리면서 교육한건 아니겠죠?) 조심히 일어난 후, 가만히 서 있었다. 7~8명의 '낙타타기' 신청자들이 모두 낙타에 탑승(?)한 이후 모든 낙타들을 코로 연결하여 일행

1
2
2
3
4

1 정녕 이 기억을 어찌 잊으리오
2 어딜 찍어도 그림!
3 수다맨 꼬마와 같이 탔다는…
4 낙타계의 얼짱!! 저 촉촉하고 긴 속눈썹을 보라♥

<table>
<tr><td>1</td><td>2</td></tr>
<tr><td>3</td><td>4</td></tr>
<tr><td></td><td>5</td></tr>
<tr><td></td><td>6</td></tr>
</table>

1 모습을 드러내라!
2 포토제닉!
3 나왔다! 너무 예뻐!
4 온순한 낙타
5 수고한 낙타들 맛있게 먹어요!
6 투어회사 차량 앞에서

모두가 같이 움직였다. 낙타 코가 얼마나 아플지 걱정이 되었다.

"흐흑. 괜히 낙타타기 신청해서 동물학대를 하는 거 아냐? 낙타야! 이거라도 먹어."

미안한 마음이 앞서 낙타를 타고 가면서 맛있어 보이는(?) 풀을 뜯어, 낙타에게 계속 먹이를 주었다. 얼마나 귀엽게 잘 받아먹는지 잘생긴 동물은 아닌 것 같지만 매력적이었다.

"못생긴 사람한테도 할 말 없으면 '귀엽다' '매력적이다' 라고 이야기하는데…. 그런 거 아냐?"

생전 처음 타보는 낙타 등에서 보는 지독히도 더운 붉은 사막은 너무 너무 아름다웠다.

06. 황무지가 아닌 사막이라고?

낙타를 타고 다시 앨리스 스프링스 다운타운으로 돌아온 나는 백팩커스에서 샤워를 하고, 시내로 나와서 저녁을 간단히 해결했다. 캐서린을 보고 와서 그런지, 여기는 생활하기에 큰 문제가 없어 보이는 도시였고 꽤 번화하다는 생각까지 들었다. 마트에, 기념품 가게에 (모기장 달린 모자에 각종 캠핑도구들이 특히 많다는 것 빼고는…) 옷 가게 등 그냥 평범한 작은 도시의 느낌이었다.

생각했던 사막의 황량함이나 모래바람으로 한치 앞이 보이지 않는 험난한 사막도시가 아닌 에버리진의 역사가 숨어있는 이곳은 '더 간' 이라는 기막힌 기차 여행과 아웃백 여행으로 지친 나에게 휴식을 준 고마운 곳이다.

THEME 06 ｜ 다윈의 가볼 만한 곳

01. 앨리스 스프링스 사막 공원(Alice Springs Desert Park)

앨리스 스프링스까지 왔다면, 여기 Desert Park를 추천하고 싶다. 물론 너무 더워서 실내 전시장 같은 곳이 구경하기는 더 좋겠지만 사막의 생태계를 그대로 재연해 놓은 곳이라, 100여 종의 희귀한 동·식물들을 구경할 수 있다. 멸종 위기에 처한 동물들이 살고 있어서 책이나 인터넷 등에서도 한 번도 보지 못한 굉장히 특이한 생명체들이 많았다.

기억에 남는 Bird Show !

희귀동물들과 더워서 누워있는 캥거루

02. 카카두 국립공원(Kakadu National Park)

아무리 해외여행을 한다 해도 죽을 때까지 단 한 번도 찾아올 일이 없을 것 같은 곳이 여기 카카두 국립공원(Kakadu National Park)이다. 다양하고 희귀한 생태계를 인정받아 세계유산으로 등재된 이곳을 다윈까지 온 이상 들리지 않을 수 없었다.

'날씨가 더우니까 시원한 반팔로 입어야지.'

다윈의 날씨는 이미 며칠 경험을 해 봤기 때문에 최대한 시원하게 옷을 차려입고 국립공원행 버스에 올라탔다.

카카두 국립공원 입성

'어머, 웬 긴 바지에 점퍼?! 나 참 다 벗고 와도 시원찮
을 텐데 여기 처음 왔나 보구먼. 쯧쯧'
"도착했습니다. 화장실 다녀오실 분들은 이쪽으로 10
분까지 집합해주세요"

공원 초입에 20여 명의 일행들이 모두 집합을 해서 일정에
대한 설명과 국립공원에 대한 안내를 시작하였다. 윙~ 역
시 더운 곳이라 파리가 어찌나 귀 근처에서 윙윙거리는지
상당히 신경 쓰였다. 미친 듯이 주위로 날아드는 벌레 떼
들을 쫓아내기 위해 일행의 일부는 준비해 온 벌레 쫓는 로
션을 온몸에 바르고 있었다.

"뭐 저런 거를 유별나게 바를까? 이까짓 파리가
뭐……. 모기만 없으면 됐지."

공원 안으로 들어가자 원주민들이 돌에 그려놓은 그림들을
통해서 그들의 문화를 엿볼 수 있었다. 그리고 이어지는
가이드의 친절한 설명.

"원주민들도 우리처럼 춤을 췄는데요. 단순한 춤을 위
한 춤이 아니라, 특별한 날에 그 특별함을 기리기 위해
공동체가 모여서 축제를 즐긴 것으로 보입니다."

더운 날에 계속 걸으며 설명을 듣던 일행 중 할머님 두어
분은 아예 돌에 앉아서 쉬기만 하셨다. 그리고 나는 아까
부터 파리가 왜 이렇게 내 주위에만 맴도는지 파리를 쫓기
위해 손사래를 치다가 손목이 나갈 것 같았다.

"저기 혹시 아까 벌레 쫓는 로션 바르시던데, 조금만
빌릴 수 있을까요? 하하…. (모기도 아닌데 파리 쫓는
다고 로션씩이나 바른다며 투덜댔던 장본인)

짧은 상의와 하의 덕분에 바를 곳도 참 많았다. 덕분에 있
는 힘을 다해 로션 팩을 미친 듯이 짰고 내용물을 덕지덕지
바른 후 내뱉은 말은…….

열심히 국립공원에 대해서 설명
해 주시는 가이드 님

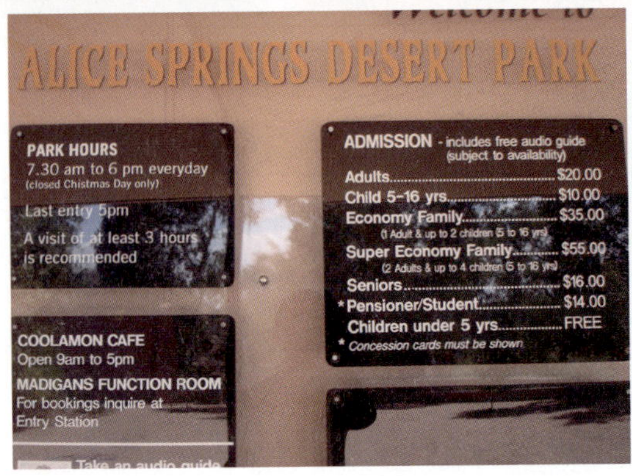

"차라리 더워 죽는 게 낫겠다."

긴 바지를 입은 사람들의 현명함에 감탄하며 파리가 물어서 부어오른 내 맨다리를 원망스럽게 쳐다보았다. 그때 처음 알았다. 파리도 물 수 있다는 중대한 사실을…… 알고 보니 모기 무는 것 보다 파리 무는 것이 모기보다 훨씬 무서웠다. 모기장 달린 모자를 쓰고 다니는 사람들도 있었는데 Northern Territory에서 장기간 여행을 할 예정이라면 일찌감치 구매를 해 놓는 것이 실용적일 것 같다.

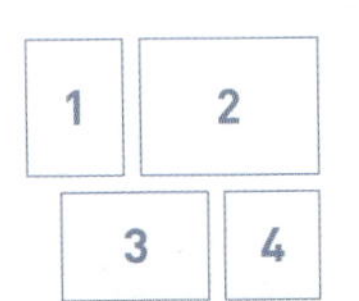

1 아름다운 하늘과 붉은 땅
2 붉은 땅
3 Desert Park 입장료
4 노던 테리토리에서는 필수품!!

1	4
2	5
	6
3	7
	8

1 카카두 국립공원
2 야생 왈라비다!!
3, 8 춤추는 에버리진
4 내가 타고 온 2층 투어 버스
5 에버리진
6 점심이 포함되어있지 않은 투어라… 빵과 우유를 사먹고 시간이 많이 남아서… 심심했다.
7 바위에 그려져 있는 에버리진들의 그림을 보면서 문화를 간접 체험을 할 수 있었던 시간

우리나라는 병원이 아무리 멀어도 1시간 내에 갈 수 있지만 호주는 그렇지가 않습니다.

자동차로 여행하다가 기름이 떨어지면 주유할 곳을 찾지 못해서 구조자를 기다리는 경우가 있을 정도로 엄청난 면적의 나라이기 때문이죠. 이런 지형적 특성으로 인해 호주에는 독특한 로열 플라잉 닥터 서비스가 있습니다.

이것은 경비행기를 타고 의료 활동을 하는 서비스로, 앨리스 스프링스를 포함한 외진 곳에 살고 있는 사람들에게는 고마운 서비스라고 할 만합니다.

이곳에 방문하면 박물관처럼 꾸민 내부를 볼 수 있고 의료 활동에 관련된 전시물들이 있습니다.

03. 에어즈 락(Ayers Rock)

높이 318m, 둘레 8km의 거대한 바위.

에어즈 락(Ayers Rock)은 영화 〈세상의 중심에서 사랑을 외치다〉때문인지 방문하기가 힘든 여행지임에도 불구하고 매년 많은 사람들이 찾고 있는 곳이다. 호주 여행책자의 메인표지로도 많이 봤던 에어즈 락을 드디어 나도 가보는구나 싶어서 아침부터 설레는 마음으로 기분이 붕붕 떴다. 역시나 20여 명을 싣고 달리는 버스 안에서 언제쯤 도착하려나 생각하며 눈을 씻고 창밖을 구경하였다.

"킹스 캐넌에 도착했습니다."

에어즈 락만 가는 투어인줄 알았는데 처음 들어본 '킹스 캐넌'이라는 곳에 먼저 들러 구경을 하였다. (근데 그랜드 캐넌이랑 무슨 관계지?)

"오! 엄청난 바위네."

사진에서 봤던 에어즈 락하고 비슷하게 생긴 여러 개의 바위들을 둘러보고 에어즈 락으로 다시 출발했다.

"에어즈 락이다! 저게 에어즈 락 맞죠?"

단일 바위치고는 어디에 내놔도 뒤지지 않을 엄청난 규모의 바위였다. 서호주에 이것보다 더 큰 바위가 있기는 하

경이로운 바위

아름다운 사막을 달리는 내가 탄 버스

2	3	
4	5	1

6

7

1 달콤한 호주 와인과 함께 보는 에어즈 락

2 요리 중이신 운전기사님

3 내가 탄 버스에 이렇게 맛있는 음식이 가득했다는 거!

4 요리사로 돌변한 버스 기사님

5 얼마나 진지하게 감상을 하시던지, 이 신비한 돌에 어떤 사연이 있는 건 아닐까 궁금했어요!

6 놀라운 바위들

7 친구랑 같이 왔으면 이렇게 멋진 구경을 함께 했을 텐데 아쉽다!

다. 멀리서도 그 위풍당당한 기세에 눌려 경외심이 샘솟았다. 적당한 위치에서 버스
가 멈추자 우리는 앞을 다퉈 내린 후 있는 대로 카메라 셔터를 눌러대었다. 솔직히 에
어즈 락은 그냥 바위이기는 했다. 동호주의 아름다운 해변이 더 나를 설레게 했고 여
행하기도 그리 부담스럽지 않았지만 에어즈 락의 일몰을 기다리며 바비큐와 와인을
먹었던 즐거움을 잊기가 힘들 것 같았다. 조금씩 변해가는 바위의 색은 과연 호주의
진정한 주인인 에버리진이 신성시 할만하다.

04. 스미스 스트리트 몰(Smith Street Mall)

트랜짓 센터와 가까운 곳에 있으며 많은 음식점들과 카페, 상점들이 모여 있다. 가장
많은 사람들을 볼 수 있으므로 다윈 시내의 번화가라고 할 수 있다.

05. 서바이버스 전망대(Survivor's Lookout)

스미스 스트리트 몰을 구경하고 다윈항이 있는 쪽으로 길 따라 가다 보면 서바이버스
전망대가 보인다. 어느 지역이던 그 지역의 경치를 한눈에 보지 않고 떠난다면 후회
할 수도 있다.

06. 쿨런베이 마리나(Cullen Bay Marina)

민딜 비치 가까이에 작은 항구를 말하는 곳인데 풍경이 예쁘고 이국적인 분위기를 자
랑하기 때문에 저녁때 애인과 한잔하기에 좋은 곳이다.

　"애인이 없으면 친구라도……."

항구를 바라보며 악어 고기와 맥주를 혼자 먹었는데도 분위기에 취해 기분이 좋았었다.

악어 고기와 맥주 한 잔을 먹으며 바라보는 쿨런 베이

"악어야, 내가 간다! 기다려라!"

이곳에서는 죽음의 케이지라고도 불리는 4cm 두께의 아크릴을 사이에 두고 10~20분 정도의 시간을 악어와 보낼 수 있다. 짧은 시간 치고는 비용이 꽤 높지만 평생 간직할 수 있는 추억거리가 될 것이다!

"아크릴만 있다면 바다악어 하나도 무섭지 않다규!"

아크릴을 사이에 두고 악어를 보다

거대한 몸집의 바다악어

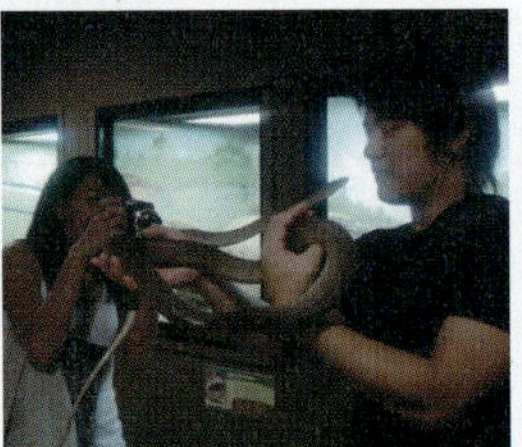

1 여성분들! 무섭지도 않으세요?
2 악어 많이 봤으니까 이제 그만 나갈게요.
3 다양한 파충류들도 볼 수 있는 이곳
4 미끄덩 미끄덩. 빨리 찍고 내려놔야지…
5 우유빛깔 촉촉한 그녀(?)
6 뱀의 날렵한 몸짓으로 손가락까지 굳어
버린 호주인
7 나… 떨고 있니?
8 이 꼬마, 대단하다!
9 다양한 파충류를 체험해 볼 수 있는 시간

1	2
	3
4	5
6 7	8
	9

Sunset Market으로 유명한 민딜 비치(Mindil Beach)
는 아름다운 선셋을 바라보며, 재미난 구경거리들과 함께
맛있는 먹거리가 있는 장터라고 볼 수 있다.

THEME 07 추천 어학원

01. Navitas English

Navitas English 어학원은 호주에서 가장 오래되고 유명
한 사설 학원이고, 현재로서 다윈에서 추천할 수 있는 거
의 유일한 어학원이라고 할 수 있다.

나비타스가 위치하고 있는 대학교

대학교 캠퍼스를 간접 체험을 할 수 있다.

나비타스가 위치하고 있는 대학교

대학교 캠퍼스를 간접 체험을 할 수 있다.

나름 깨끗한 기숙사

기숙사 건물

Memo

- 주소: Charles Darwin University Casuarina Campus, Ellengowan Drive Darwin NT 0909 Australia
- 연락처: +61-(0)8-8946-7073 / 팩스 : +61-(0)2-8246-6880
- 홈페이지: http://www.navitasenglish.com
- 프로그램: ESL, EAP 과정 등
- 학원비: $1,380 / 월
- 기타: Charles Darwin University 캠퍼스 내에 위치하고 있다.

Tip

프로그램 검색 사이트
http://cricos.deewr.gov.au/Course/CourseSearch.aspx

1	**4**
	5
2	**6**
	7
3	**8**

1 아름다운 장터!　**2** 호주는 뱀이 참 흔한가보다!　**3** 에버리진 공연
4 예쁜 수공예품들도 구경해보세요!!
5 맛있는 것들이 생각보다 많아서 먹기 전에 꽤 고민을 하게 된다.
6 내가 제일 좋아하는 생새우 꼬치!　**7** 군침 도는 꼬치류　**8** 에버리진의 전통 악기 공연

스릴 만점!
케언즈(Cairns)

THEME 01 케언즈의 날씨

"내가 분명히 호주 가는 비행기를 탄 것 같은데 왜 필리핀에 내린 거지?"

케언즈는 열대 지방에 잘못 내린 것으로 착각할 정도로, 시드니보다 훨씬 더 강한 햇빛이 인상적이었다. 덕분에 눈이 부셔서 제대로 뜨지 못했다는…….
한여름의 지독한 더위를 못 이겨 일을 그만두는 사람이 많아 일자리가 생길 정도라 하더니 그게 무슨 말인지 실감이 났다.

"수영장으로 가자!"

날씨도 좋고 땀방울도 송골송골 맺히니 딱 수영하고 싶은 마음이 들었다.

"어푸어푸~ 저것들이 수영이나 하지!"

수영장에서 수영은 안하고, 노랑머리 커플들이 어찌나 서서 속닥거리기만 하는지, 화보 촬영하러 온 것도 아니고 누구 염장 지르러 온 것도 아니고, 에잇! 다들 비키니에 늘씬한 몸매자랑만 일삼고 있는데 유독 나만 물안경까지 완벽히 갖추고 수영만 하면서 햇빛 좋은 날을 즐겼다. 이것이 진정 나이트 가서 정직하게 춤만 추다 오는 실비아 스타일!

시드니보다 더 많아 보이는 넘치고 넘치는 한국인에 충격을 받은 순간…….

"무라까와 쓰지마!"
"아나까와 막써?"

많은 일본인들을 볼 수 있었다. 마치 한국 분식점처럼, 창문을 활짝 열고 음식을 파는 상점이 눈에 띄어서 얼른 허기를 달래기 위해 들어갔더니 나를 보며 목청껏 외친다!

"니혼진 데스까?"
"아니욧! 저는 자랑스러운 대한민국의 자손입니다."

어디를 가도 자주 일본인이냐 물으며 일본말을 건네 왔다. 한국인이 많은 지역에는 한국어 안내서나 한국어방송 등이 잘 없는데, 여기 케언즈는 다수의 일본인들을 위해 편의 시설에 신경을 많이 써 놓은 것 같았다.

"한국인도 많은데, 한국어에도 신경 좀 많이 써 달라구욧!"

THEME 03   케언즈의 지역 분위기

"여기 1박에 얼마예요?"
"$130입니다."

너무 고급 리조트라 굉장한 가격일 거라고 상상했는데, 시설 대비 너무 저렴했다. 사실 4인실, 8인실 백팩커스가 1박에 $30 정도인 것에 비하면 수영장, 헬스장, 주방 기구에 개인 욕실까지 있는 으리으리한 시설의 리조트가 $130이니까 정말 저렴한 것이다.

"우와! 드럼 세탁기까지!!"

그동안 비닐에 넣어놓은 빨랫감을 몽땅 세탁기에 털어놓고, 룰루랄라 창가에 서서 바닷가를 바라보았다. 그렇게 세탁기에서 새카만 물이 죽죽 나올 때… 나는 깨끗한 주방에서 멋들어지게 떡볶이를 만들었다.

"냠냠. 맛있다. 이제 시내 구경이나 갈까?"

케언즈 중심가를 비롯하여 목적지 없는 시내 하이킹(?)을 했는데, 여행사 홈페이지에서 '호주' 카테고리를 선택하면 우르르 쏟아지는 여행 상품처럼 케언즈 곳곳은 깨끗하고 좋은 리조트들로 가득 차 있었다.

"가볼 곳이 너무 많은데… 어디를 가봐야 하지?"

해양 스포츠의 천국이라고도 불리는 여기는 이것저것 도전해 볼 만한 것이 많았지만 그 전에 연중 따뜻한 곳이라 동물원에 가봐도 재미있을 것 같다는 생각이 들었다.

"어머♥ 귀여운 캥거루 좀 봐, 여기 이것 좀 먹어보고!"

동물원 입구에서 $2에 구매한 먹이를 캥거루 코앞으로 들이밀며 먹어보라고 강요했다. 그 순간, 캥거루가 주먹으로(?) 봉지를 내리 치더니, 떨어진 먹이를 천천히 먹는 것이 아닌가?

'이래서 캥거루가 권투를 잘한다고 격투기 도장 앞에 캥거루 사진이 걸려있나 보군.'

갑자기 먹이를 먹고 있는 캥거루 배 속에서 아기가 머리를 빼꼼 내밀었다. 만화나 그림에서만 캥거루 배속에 있는 아기를 보았지, 이렇게 가까운 곳에서 실제로 엄마 주머니 안에 있는 아기를 보는 건 처음이었다! 동물을 사람보다 더 좋아하는 나는 성난 들짐승처럼 동물원을 누비며 쉬고 있는 동물들을 애정이라는 이름으로 마구마구 괴롭혔다.

"이것 좀 먹어 봐! 내가 $2나 주고 산 먹이란 말이야!"
"사진 좀 찍자!! 여기 봐! 김치!"

나로 인해 (심적으로) 지친 동물들은 보이지 않는 우리로 깊숙이 들어갔다. 해가 질 무렵 동물원을 나와서 저녁을 먹으러 시내로 다시 돌아왔다. 한국 레스토랑, 일식집, 중식당 등등. 시드니보다 많지는 않았지만, 여행지 분위기가 물씬 나고 있어서 왠지 붕 뜨는 기분에 여기저기를 둘러보며 적합한 식당을 골랐다.

THEME 04 스릴을 원한다면 케언즈로!

언젠가 한탄 강에서 시시한 래프팅에 실망하고 있을 때 호주가서 해 보아야 정신을 차린다는 이야기를 들었던 게 번뜩 생각났다.

"래프팅 일일투어 얼마죠?"

한국보다 몇 배나 비싼 비용을 지불하고 이른 아침, 투어에 신청한 사람들이 모두 모여서 케언즈 시내를 뒤로하며 신나게 달렸다. 눈에는 나무가 보이고 귀로는 물소리가 들리는 곳에 하차하여 30여 명의 사람들을 스텝이 인솔하였다.

"이거 입으세요! 이렇게 줄을 다리 사이로 해서 꽉 매주면 됩니다."

구명조끼와 헬멧까지 나누어 주며 장비 착용에 대한 설명을 하였다. 8명씩 팀을 나누고 한 팀에 한 명씩 래프팅 강사가 배정되었는데 우리는 예쁜 여자 강사가 배정되었다.

'힘도 없는 여자가 제대로 코치나 할 수 있으려나?'

반신반의, 의심이 가득한 내 얼굴에 상큼하게 Hello를 날리며 강사님이 먼저 인사를 건넸다. 여자 강사님에, 한적한 분위기에 '스릴이 있어봐야 한국하고 거기서 거기겠구만.'이라는 생각만 가득했었더랬지.
안전 교육을 간단하게 받고 고무보트가 있는 곳까지 걸어가서 옆 사람과 가벼운 농담을 주고받는 사이 몇몇 강사들이 밧줄과 무시무시한 안전장비를 걸치고 큰 바위 위에 올라가 당장이라도 밧줄을 던질 준비를 하고 곳곳의 바위마다 서있었다.

"아니? 도대체 왜 바위 위에 올라가 있는 거지? 누가 보트에서 낙오라도 된다는 건…가?"

워낙 안전에 신경을 많이 쓰는 선진국이라 괜히 그런다고 생각하며 보트에 올라탔다. 헌데 물살이 어제 폭우라도 왔던 것처럼 너무나 빨랐다. 건방진 표정으로 비스듬히 앉아있던 앉은 자세를 곧 이등병 군인처럼 재빠르게 고쳐 앉을 수밖에 없었다.

"만약 물에 빠지게 되면 물살 때문에 바위에 머리를 부딪칠 수도 있으니, 바로 던져진 밧줄을 잡아야 합니다."

이 말을 듣자마자 보트에 내 몸을 붙여버린다는 생각으로 조금 더 바싹 당겨 앉았다. 그리고는 정말로 두세 명이 보트에서 낙오가 되어 여러 강사가 던진 밧줄을 잡고 구조되는 장면이 보였다. 이 장면을 목격하니 더 이상 호주 래프팅을 만만하게 보면 안 될 것 같았다.

“자, 이제 모두 저기에서 물에 빠지게 됩니다. 보트에서 떨어질 준비를 해 주세요.”
“뭐라고요?”

이건 또 무슨 시추에이션인지, 내가 보트를 꽉 붙들고 있는데 왜 떨어져야 된다는 겁니까아! 영문을 몰라 살려달라는 표정으로 강사님을 쏘아볼 때 저기 앞에 낭떠러지가 있었다.

“헉.”
“자, 빨리 보트 앞쪽으로 양팔을 엇갈리게 하고 뒤로 떨어질 준비를 하세요!”

이제 다시는 호주 래프팅을 무시하지 않을 거라고 다짐하고 있었는데 호주 래프팅은 아무래도 이런 나를 용납하지 않으려 하는 것 같았다. 이제 저승사자만 만나면 되겠구나 하며 삶의 끈을 놓으려 할 때, 멀리서 보트 위로 올라오라는 강사의 목소리가 들렸다. 팀 전원이 생쥐처럼 젖은 몸으로 보트 위에 올라앉아서 모두들 본인이 얼마나 날렵하게 물속으로 빠졌는지에 대한 무용담을 늘어놓기 시작했다.

“그렇게 재밌었으면 한 번 더 할까요 여러분?”
“하하하, 아!니!요!”

래프팅 코스가 4시간이 넘기 때문에 중간 풀 숲 같은 곳에 정차하여 점심을 먹기로 했다. 어렸을 때도 햄버거를 꺼려할 정도로 무조건 밥만 찾는 나였지만, 오늘은 예외였다!

‘절대 예외!’

빵 사이에 넣는 재료는 자율선택이었기 때문에 양배추, 고기 페티, 베이컨, 평소에는 먹지도 않던 피망들로 탑을 쌓아서 입에 구겨 넣었다. 반찬 투정하는 아이 모두를 호주 래프팅 한 번씩 시키면 전 세계에 있는 음식을 아무것도 가리지 않고 먹을 듯하다. 양껏 햄버거로 배를 채우고 한 팀씩 다시 출발을 했다. 우리나라와 호주의 래프팅이 다르다고 느낀 것은 무엇보다도 시간에서였다. 우리나라는 래프팅 시간이 2시간 정도였던 것 같은데 여기는 4~5시간을 하니 체력적으로 꽤 부담이 있었다. 어쨌든 이제 보기만 해도 든든한 우리 팀 여자강사분과 함께 다시 힘찬 출발을 했다.

01. 에스플러네이드 라군(Esplanade Lagoon)

에스플러네이드 라군(Esplanade Lagoon)은 내가 머물고 있는 리조트 창문에서 보이는 수영장으로, 바다 바로 앞에 있는 인공 수영장이라 한눈에 보기에도 멋진 곳이었다. 후다닥 수영복을 챙겨서 리조트를 나왔고 수영장 무료 입장은 더욱 기분을 좋게 했다.

"아싸! 공짜 좋아!"

이곳은 수심이 꽤 깊은 곳도 있어서 몸만 담그는 것이 아니라 진짜 수영도 할 수 있고 바다를 배경으로 탁 트인 시야도 마음에 들었다. 왜 여행자들 사이에서 인기가 높은지 이유를 알 것 같다.

02. 케언즈의 익사이팅 레포츠!!

케언즈는 레포츠의 천국으로 유명하다. 열기구 타기부터 시작하여 바다 밑을 걸어보는 Sea Walker, 래프팅, 번지점프, 다이빙, 스노쿨링, 스카이다이빙 등 레포츠에서 없는 것이 없다. 레포츠를 사랑하는 실비아가 안 해 본 것이 없지만 그중에서 스카이다이빙을 최고로 추천하고 싶다! 1회 다이빙 치고는 사실 가격이 너무 비싸지만 체험을 하고 나면 투자한 돈이 전혀 아깝지 않을 정도다.

"스카이 다이빙 신청비 얼마인가요?"
"$300 인데요, 비행기 높이에 따라서 비용 추가 있습니다."

이왕 하는 거 가장 높이 올라가고 싶었기 때문에 가장 높은 피트로 신청하고 싶었지만 가격문제로 인해 두 번째로 높은 피트로 신청했다. 신청 후에는 첫 순서로 다이빙 옷을 입고 교육을 받았다.

실종되면, 눈에 띄어야 한다며 굳이 형광 주황색의 옷을 골라서 입었다! 하늘에서 뛰어내리는 것이기 때문에 무언가 거창한 프로그램으로 교육받을 거라 생각했는데……. 교육은 15분 정도로 짧게 진행되었고 내용 역시도 매우 간단했다.

"저기 선생님, 더 자세히 교육해야 하는 거 아닌가요? 만에 하나의 응급상황 때는 어떻게 하죠? 낙하산이 안 펴진다거나 낙하산 가방을 책가방으로 잘못 매고 간다거나 했을 때요."

이어서 내가 물어본 질문을 너무나 맛있게 드시길래 결국 나는 비디오 촬영을 할 건지 말건지 Option 비용에 대해 물어봤다. 비디오 촬영을 한다고 하면 별도의 다이버가 따라가서 나와 같이 점프하며 나만의 동영상을 만들어 주는 거라 상당히 고민을 하기는 했지만 결국 안 하는 걸로 결정했다.(비용 때문에 안 했지만, 지금 생각해 보면 상당히 후회가 된다. 흑흑.)

"비행기에서 떨어지는 요령을 잠깐 알려드릴게요! 자 이렇게 비행기 문이 열렸을 때, 날개에 있는 카메라를 한 번 보고 사진촬영을 한 후 바로 떨어지면 됩니다! 어렵지 않아요."
"네, 선생님. 하나도 어렵지 않아 보이네요."

우리는 미니 비행기에(비행기를 보는 순간… 도망가고 싶었다.) 최종 탑승을 하고 비행기가 이륙하였다. 조종사와 선생님 2명, 참가자 2명, 총 5명이 못타는 정말 장난감 같은 비행기였다. 사실 4명 타기에도 버거워 보이는 사이즈라 강사님 무릎에 앉아서 갔다는 전설이 있다. 크흑.

이 비행기를 보고, 얼마나 마음 졸였던지… 실제로 보면 훨씬 더 작다.

"선생님 저 많이 무겁죠?"
"아니에요!! 긴장 풀고, 편하게 앉아요."
'땀 홀리시는 거 다 보여요.'

나 외에 다른 사람들도 다 이렇게 비행기를 타고 가는 건지(굳이 따져본다면 무릎 위에 앉아서 가는 것인지) 꼭 한 번 물어볼 거라고 굳게(?) 다짐을 하였다.

이제 비행기가 제법 높게 올라와서 산이 보이고, 10분 전까지만 해도 내가 있던 땅은 미지의 세계가 되어버렸다. 이렇게 대자연 앞에서 초라한 인간의 모습으로 저 멀리 땅 밑을 바라보고 있으니……. 왜 그렇게 땅에서 사소한 일들로 웃고 싸우고 고민했는지, 이해가 되지 않았다. 그동안 내 인생에서 일어났던 크고 작은 일들이 파노라마처럼 머릿속을 지나가며 나도 모르게 눈물이 핑 돌기도 했다.

'이렇게 아름답고 소중한 인생인데……. 내가 다시 땅으로 돌아갈 수만 있다면 값진 인생을 살아야지. 암만.'

비행기가 이륙할 때는 엄청난 무서움에 벌벌 떨며 (이 무서움을 글로 표현할 수가 없다.) 내가 또 엄한 짓을 해서 이 고생을 하고 있구나 하는 후회가 살짝 들었다. 하지만 비행기가 우리가 목표한 피트까지 올라왔을 때 살짝 들었던 후회는 엄청난 자연 경관과 벅차오르는 가슴에 감동의 눈물로 변하여 나를 찾아왔으니!

"자 이제 다 올라왔습니다. 준비해 주세요!"
"조종사님, 조금만 더 올라가 주시면 안 될까요? 좀 더 올라가면 더 감동할 것 같아요."

별의 별 부탁을 다 하고 있는 내가 우스웠지만 처음 타보는 소형 비행기가 이렇게 감동스러울 수 없었다. 더 감동이었던 것은 조종사 분께서 내 부탁을 들어주어 비행기는 더 높이 높이 올라갔다는 거다.

문이 열리며 바람이 망치처럼 내 얼굴을 후려쳤을 때 감동의 눈물은 이제 더 이상 나오지 않았고, 무서울 만큼 강하게 부는 바람과 높은 하늘 앞에서 나는 '얼음'처럼 굳어버렸다. 강사님이 얼음처럼 굳은 나에게 '땡'을 외치며 (얼음땡놀이… 하하) 문에 걸터앉아 사진을 찍으라고 했다. 사실 강사님이 뭐라고 하는지, 내 귀는 슬며시 막힌 지 오래였다. 나도 참 독하기는 한 건지 그 상황에서 바람 때문에 제대로 앉기도 힘든 비행기 문에 걸터앉아 연신 포즈를 취하며 사진을 찍어대고 있었다.

마음의 안정을 되찾고 상공에서 셀카 놀이 중!

하늘에서 사진 찍으니까 정말 못생기게 나오네요.

사진을 다 찍고 나서, 에라 모르겠다! 비련의 여주인공마냥 하늘에 몸을 던져버렸다.

뛰어내리면 끝나는 줄 알았건만, 이제는 아예 숨을 쉴 수가 없었다. 비행기 타기 전에 15분 동안 받았던 교육시간을 떠올리며 숨을 쉬려고 노력해 보았다.

숨을 정상적으로 쉴 수 있을 때, 내 눈앞에 펼쳐진 자연 경관이 눈에 들어왔다. 이젠 무서움은 사라지고, 회전목마를 타듯 바람을 느끼며 여유롭게 하늘에서의 짧은 시간을

그래도 신난다규!

즐겼다. 더불어 강사님께 디카를 꺼내서 사진 찍어도 되는지를 여쭈어 보았고 그 즉시 나는 목에 걸고 있던 디카를 꺼내서 셀프촬영을 시작했다. 상공에서 찍는 셀카의 맛은! 그야말로 짱이었다!

정말 너무나 짧은 시간이에요!! 한 번 데!! 한 번 데!!

까악♥ 미중년이라는…. 외국인들은 왜 나이가 들수록 멋있고 젠틀해지는지 알 수가 없다!

Memo

- 주소: 91-97 Mulgrave Road Cairns QLD 4870 Australia
- 연락처: 61-7-4054-8691 / 팩스 : 61-7-4031-4984
- 홈페이지: http://www.eurocentres.com/ko
- 규모 : 약 200명
- 프로그램: ESL, IELTS 시험 대비반, Cambridge 시험 대비반, 비즈니스 과정 등
- 학원비 : $1,140 / 월
- 기타: 추천 어학원 중에서 학비가 가장 저렴한 편에 속한다.

THEME 06 추천 어학원

01. Eurocentres–Cairns(Eurocentres)

스위스에 본사를 두고 있는 유로센터는 유럽을 비롯하여 미국, 캐나다 등에 센터가 있으며, Cairns Business College 연계 어학원이다.

학원 입구

학원 컴퓨터실

학원 강의실

02. Navitas English

호주에서 가장 오래된 유명한 학원으로, 케언즈 뿐만 아니라 멜버른, 시드니, 다윈, 퍼스, 브리즈번 등에도 센터가 있으며, 테솔 과정 등의 다양한 프로그램을 제공하고 있다. 이곳과 연계되어 있는 호주의 대학교들이 많아서 호주에서 대학 진학을 희망하는 학생들에게도 적합한 학원일 수 있다.

쉬는 시간에 클래스메이트들과 이야기 중!

학원 건물 외관

우리는 나비타스에서 공부하고 있어요.

03. Kaplan

전 세계적으로 멀티 캠퍼스를 가지고 있는 카플란 어학원 케언즈 센터는 시내에서 다소 떨어져 있지만, 한국인 비율이 낮은 편이고 케언즈답게 다양한 Activity 활동을 제공하고 있다.

케언즈와 어울리는 분위기의 학원

카플란 건물 외관

지금은 수업중!!

Memo

- 주소: 18 Lake Street, Cairns, Queensland 4870, Ausralia
- 연락처: 61-7-4041 -2855 / 팩스 : 61- 7-4041-2866
- 홈페이지: www. holmes.edu.au
- 규모: 약 100명
- 프로그램: ESL, EAP, IELTS 시험 대비반, Job Club등
- 학원비: $1,320 / 월

04. Holmes Institute

Holmes Institute 어학원은 1963년 멜버른 캠퍼스를 시작으로, 호주의 여러 지역에 걸쳐 센터가 설립되었다. 이곳은 우수한 강사 퀄리티를 자랑하고 있으며 학비 프로모션을 할 시즌에 등록하면 저렴한 학비로 수업할 수 있다.

학원 건물 외관

학원 출입구

Job Club에 신청해보세요.

우리는 클래스메이트!

학원 Reception

학생 카페테리아

서호주의 매력, 퍼스(Perth)

 퍼스의 날씨

퍼스(Perth)는 호주에서 가장 서쪽에 위치한 곳이라 멜버른, 애들레이드보다 더 추울 것이라 생각하고 미리 두툼한 재킷을 꺼내들고 있었다.

"어라? 따뜻하네?"

공항에 도착해서 들숨을 쉬자마자 낯선 느낌과 동시에 퍼스의 상쾌하고도 기분 좋은 공기가 폐 속으로 들어왔다. 일조량이 높은 지중해성 기후이기 때문에 그리 춥지 않은 것 같다.

"퍼스는 겨울에도 5도 안으로 떨어지지 않는다고 하던데 정말 그런가요?"
"네, 겨울에도 최저 기온이 8도 아래로 잘 안 떨어져요."

한국의 겨울은 요즘 영하의 날씨가 우스울 정도로 매년 계속 추워지는 것 같은데 퍼스의 겨울은 너무 행복할 것 같다. 물론 퍼스의 여름은 비가 거의 없어 덥고 건조한 편이다.

"시내까지 어떻게 가는 게 좋을까요?"

“버스도 있고 조금 비싸지만 편리한 공항 셔틀도 있는
데요. 일행이 2~3명이면 택시가 더 편리할 거예요. 시
내까지 20km도 안 되거든요.”

일행이 있었기 때문에 택시가 더 편리할 것 같았다.

THEME 02 퍼스의 체감 국적 비율

“여기 노스 브리지에서 세워주시면 돼요.”
“네 $35입니다.”

세 명이 택시를 타고 오니 버스보다 편하고 교통비도 부담
스럽지 않았다. 그렇게 도착한 노스 브리지에서 나는 괜찮
아 보이는 백팩커스에 들어간 후 숙소를 예약했다.

퍼스의 거리

“Are you Korean?”
“넵! 한쿡 사람입니다.”
“음~ 그럴 줄 알고 물어봤어! 한국 사람들은 여행을
좋아하나보지?”
“물론! 우리는 여행을 지나치게 좋아해서 자제가 좀 필
요할 때도 있지만, 그만큼 도전과 자신에 대한 투자를
아끼지 않는 대단한 국민이라는 뜻이지. 푸핫!”

한국 사람, 한국에 대한 질문을 외국인에게 받을 때마다
대한민국 칭찬으로 시간 아까운 줄 모르는 나는 막무가내
이야기에 빠져들었다.

“한국 사람들이 퍼스로 많이 여행을 오나 봐요?”
“그럼요~ 하도 많이 와서 아시아인들 중 누가 한국인
인지 이제 구별할 수 있어요!”

퍼스는 세계에서 가장 고립된 도시이고 호주에서 유학을
오래한 사람들도 퍼스에 가보지 않은 사람이 수두룩한데도
불구하고 꽤 많은 한국인들이 다녀가나 보다.
짐 정리를 하고 다운타운에 가볼 겸 거리를 나섰는데 한산
한 느낌이 마음에 들었다. 시드니에서 비행기로 5시간이나

걸리는 곳이 바로 이곳 퍼스이다. 무엇보다도 인도네시아에서는 3시간 정도 밖에 걸리지 않아 아시아인들이 유독 많아 보였다. 예전에 시드니에서 한 호주 사람이 "퍼스는 우리에게 외국 같은 곳이다." 라고 말했던 것이 갑자기 생각났다.

THEME 03 퍼스의 지역 분위기

호주의 다른 여러 지역이 그렇듯 퍼스도 시내를 가로질러 스완 강이 흐르고 있다. 퍼스를 방문하기 전에는 다른 사람들처럼 퍼스는 아주 작은 시골이라고만 생각했는데 막상 와보니 퍼스를 '시골'이라고 단정 짓기에는 무리가 있었다. 알고 보니 퍼스는 호주의 내로라하는 부자의 50% 이상이 살고 있고 천연 자원이 많아 부를 축적해 놓은 계획도시였다. 단지 도심 규모가 작았을 뿐, 서호주 인구의 80% 이상이 밀집해 있어 서호주의 주도다운 면모를 보이고 있었다.

내 숙소가 있는 노스 브리지에서 스완 강까지 걸어가면서 하루도 채 걸리지 않는 시간으로 시내를 돌아볼 수 있었다. 내가 쇼핑에 관심이 없어 헤이스트리트 몰을 그냥 지나쳤던 것도 짧은 시간에 시내를 구경할 수 있었던 이유가 될지도 모른다. 뭐 어쨌든 퍼스 인근을 가보지 않는다면 퍼스 시내 투어는 하루면 충분했다.

"고양이 그려져 있는 버스는 뭐죠?"
"Central Area Transit 의 약자가 CAT이라서 고양이 그림이 있는 거예요."

무엇보다도 퍼스의 어지간한 시내는 무료 버스를 이용해서 다닐 수가 있기 때문에 식사비 말고는 기타, 다른 잡비의 지출은 적었다.

"돈이 많은 곳이라 그런지 시내 중심에 있는 웬만한 대중교통은 다 무료네♥"

THEME 04 퍼스의 가볼 만한 곳

01. 퍼스 조폐국(Perth Mint)

퍼스 조폐국(Perth Mint)은 호주에서 가장 오래된 조폐국이기 때문에 한 번쯤 들러볼 만하다. 지금도 금을 만들고 있는 곳이며 시간을 잘 맞춰 가면 금을 만드는 제작과정을 관찰할 수 있다.

"금과 함께 있는 직원들 부러워! 어떻게 금가루라도 안 될까요?"

호주에 있는 문화 센터들은 전시되어 있는 작품들을 관람하는 데도 그 의미가 있지만 산책로와 쉼터가 잘 되어 있어서 공원처럼 자주 발길이 가는 것 같다. 퍼스 문화 센터 (Perth Cultural Centre)도 마찬가지이다. 아트 갤러리, 미술관, 박물관도 있어서 볼거리가 많다.

03. 시청(Townhall)

시청(Townhall)은 영국에서 온 죄수들이 세운 건물로, 호주 건축물 양식이지만 어딘지 모르게 영국스러운 느낌도 나는 곳이다.

04. 킹스 파크(King's Park)

킹스 파크(King's Park)는 굉장한 규모의 공원인데도 관리가 잘 되고 있어서 그런지 굉장히 깨끗하고 수천, 수만의 다양한 식물들을 볼 수 있다. 또한 퍼스 시내를 가장 잘 관찰 할 수 있는 곳이 이곳이므로 성능 좋은 카메라를 가져와서 퍼스 시내 전경을 담아보도록 하자.(컴퓨터 바탕화면용으로도 좋다!)

퍼스 시민들의 안식처

아름다운 퍼스 시내를 감상할 수 있는 곳

05. 남붕 국립 공원(Nambung National Park)의 피너클스(Pinnacles)

필리핀 세부 '보홀'의 둥그런 초콜릿힐을 뾰족하게 깎아 놓은 것 같은 피너클스 (Pinnacles)는 사진으로만 봐도 눈길을 끌기에 부족함이 없다. 상상할 수 없을 정도 의 오랜 세월 동안 비바람이 만들어 놓은 이 장엄한 풍경은 퍼스 여행에서 놓칠 수 없 는 한 곳이다.

06. 웨이브 락(Wave Rock)

바위를 보면 왜 웨이브 락(Wave Rock)인지 알 수가 있
듯이 파도가 순간 멈춘 것 같은 Rock이다. 호주에는 기이
하고 대단한 것이 얼마나 많은 건지 웨이브 락만 봐도 알
수 있다. 퍼스 시내에서 출발하면 편도 6시간 이상이 걸리
는 곳이므로 만만하게 가볼 만한 곳은 아니지만 그만한 가
치가 있다고 생각한다.

THEME 05 추천 어학원

01. Eurocentres–Perth(Eurocentres)

스위스에 본사를 두고 있는 유로센터는 유럽을 비롯하여
미국, 캐나다 등에 여러 센터가 있다. 특히 이곳 퍼스 지역
캠퍼스는 ASTHM 호텔 학교와 건물을 같이 쓰고 있어 호
주 현지 학생들과의 교류가 가능하다.

컴퓨터 랩실

학원 건물 정면

02. Phoenix Academy

Phoenix Academy는 퍼스에서 가장 오래된 어학원으
로, 퍼스 지역 내에서 인지도가 높은 편이다.

쉬는 시간 클래스메이트와 함께 이야기 중

가끔 야외수업도 해요!

Memo

- 주소: 641 Wellington Street Perth WA 6000 Australia
- 연락처: 61-8-9211-3250 / 팩스 : 61-8-9321-3698
- 홈페이지: http://www.eurocentres.com/ko
- 규모: 약 100명
- 프로그램: ESL
- 학원비: $1,300 / 월
- 기타: Main 강사와 서브 강사, 총 2명의 강사가 교대로 강의한다.

Memo

- 주소: Orient Building, Ground Floor, 39 High Street, Fremantle, WA 6160 Australia
- 연락처: 61-8-9335-0999 / 팩스 : 61-8-9335-0915
- 홈페이지: www.phoenixacademy.com.au
- 규모: 약 400명
- 프로그램: ESL, TESOL, Cambridge 프로그램, Demi Pair and Au Pair Program EAP, 고등학교 준비과정, 1:1 레슨
- 학원비 : $1,440 / 월
- 기타 : Fremantle Campus에도 캠퍼스가 있다.

방과 후는 즐거워!

<table>
<tr><td>

Memo

- 주소: Wynyard Green, Level 1, 11 York Street, Sydney NSW 2000 Australia
- 연락처: 61-2-8246-6800 / 팩스 : 61-2-8246-6880
- 홈페이지: www.navitasenglish.com
- 규모: 약 300명
- 프로그램: ESL, IELTS, Cambridge, TESOL, 비즈니스 프로그램, 1:1 My Job, EAP 코스
- 학원비: $1,420 / 월
- 기타: 구 ACE

</td></tr>
</table>

03. Navitas English-Perth

Navitas English-Perth는 호주의 명문 사설어학원으로 퍼스에도 센터가 있고 커리큘럼이 우수하다. 정규수업 이후 다양한 친구들을 사귈 수 있는 부메랑 클럽도 인기가 높다.

학원 건물

수업 시간

컴퓨터 랩실

쉬는 시간

Reception

04. Kaplan

명문 사설어학원 카플란 퍼스 센터에서는 지역적으로 저렴한 물가로 생활비 절약이 가능하며, Job Club이 인기가 있고 생활비를 벌수 있는 데미 페어 프로그램이 준비되어 있다.

우리는 카플란 학생

열공 중!

모르는 문제는 상의해서 풀도록 해 봐요

학원 입구

Check

데미 페어 프로그램이란?

호주 가정에서 숙식을 제공받으며 아기를 돌봐주거나 가사일을 돕는 오페어와 동일한 개념입니다. 데미 페어 역시 호주 가정에서 아기를 돌봐주고 가사일을 도와주지만 오페어와 달리 숙식을 제공받지 않고, 파트타임 형식으로 호주가정에서 일한 후 급여를 받는다는 것이 차이점입니다.

Memo

- 주소: 1325 Hay Street West, West Perth, WA 6005, Australia
- 연락처: 61-8-9322-4136 / 팩스 : 61-8-9481-7838
- 홈페이지: www.kaplaninternational.com
- 규모: 약 300명
- 프로그램: ESL, Demi Pair Program, IELTS, Cambridge, Job 클럽, 인턴십 프로그램, 1:1 프로그램, 비즈니스 프로그램 등
- 학원비: $1,460 / 월

 애들레이드의 날씨

멜버른에서 기차를 타고 애들레이드에 도착한 시간이 저녁 6시였는데 기차역 주변이
너무 조용하고 한적했다.

“저기 혹시 어디까지 가세요?”

기차에서 내린 몇 안 되는 사람들 중 유럽 여자 두 명은 전혀 머뭇거림 없이 바삐 움
직이기에 말을 걸어보았다.

“다운타운 가는 데요!”
“아~저희도 시내까지 가야하는데 버스 정류장이 어디 있는 거예요?”
“음, 저희는 그냥 걸어갈 거라서 잘 모르겠는데요.”
“오호! 시내가 그리 멀지 않나 보군요. 오케이!! 그럼 길을 잘 몰라서 그러는데 뒤에
서 조용히 따라가도 될까요?”
“아… 네, 그러세요.”

20kg은 가볍게 나가 보이는 배낭을 메고 이야기를 하면서 걸어가는 유럽 애들 뒤를
8kg짜리 아기 가방 수준(?)인 배낭을 메고 걸어가고 있는데 20분이 지났건만 번화가
근처에도 오지 못한 것 같았다.
시내까지 걸어간다고 하기에 바로 앞인 줄 알았더니 역시 유럽 애들은 버스비까지 쓸
줄 모르는 근검절약 정신과 체력이 세계 제일이었던 것이다. 멜버른보다 더 쌀쌀한
날씨 때문에 가방에서 뭐라도 하나 더 꺼내서 걸치고 싶었지만 그러다가 살아 있는

내비게이션 역할을 해 주던 유럽 애들을 놓칠세라 추위와 무게를 견뎌가며 시내에 당도했다.

"YHA다!"

시내 초입에 있는 YHA에 들어가서 얼른 방을 잡고 두터운 옷으로 갈아입은 후 저녁거리를 사러 여기저기 마트는 없는지 둘러보며 애들레이드에서의 일정을 시작했다.

THEME 02 애들레이드의 체감 국적 비율

"아놔. 추운데 왜 대형마트가 안 보이냐규!"

다른 도시 같았으면 주변에 널려있는 한국 사람에게 물어보면 한국말로 정확한 마트 위치가 파악되었을 텐데 당장 눈에 띄는 한국인이 단 한 사람도 없었다.

"어! 저기 한국인이다!"

멀리서 한국인으로 추정되는 두 명이 걸어오는 것이 보여 은근히 다가갔더니…….

"니하오마~ 셰셰~ 쏼랴쏼랴~"
"아놔… 중국인이었던 거?"

자기네들끼리 주고받는 중국말이 먼저 귀에 들렸다. 할 수 없이 성에 안차는 작은 편의점으로 들어가서 간단하게 식재료들을 구입하고(배낭여행 때는 무게 때문에 그때그때 끼니마다 조금씩 장을 봐서 백팩커스에서 밥을 해 먹는 편이다.) 백팩커스로 돌아왔다. 저녁을 먹으러 온 사람들로 꽉 찬 공용 주방에 가서 비교적 멀쩡해 보이는 냄비를 고른 후 밥을 안쳤다.

"언니, 자리부터 좀 맡아주세요!"

굉장히 큰 규모의 YHA 백팩커스였는데도 딱 저녁 시간이라서 그런지 앉아서 밥 먹을 식탁도 부족해 보였다.

"저기 죄송한데요. 이거 제가 쓰려고 갖다놓은 거라서요."
"Sorry?!"

한국 사람인 줄 알고 이야기 했는데 대만 사람인 것 같았다. 의외로 여행자 숙소 안에서도 비교적 한국 사람은 크게 많지 않았다.

THEME 03 애들레이드의 지역 분위기

다음날 아침 본격적으로 시내 투어를 하기 위해 애들레이드 지도를 보면서 명소들을 돌아보았다. 멜버른의 야라 강(River Yarra)처럼 애들레이드에도 도시를 가로질러 토런스 강(River Torrens)이 흐르고 있었다.
애들레이드를 내려다 볼 수 있는 전망대에 올라가 잠깐 쉬었다. 우리가 상상하는 전망대라기보다는 작은 언덕 같은 곳이라서, 시내가 한눈에 보이는 게 신기했다.
멜버른처럼 반듯반듯한 거리를 가지고 있지도 않고 시드니처럼 번화하지도 않은데 뭔지 모를 고향 같은 아늑함이 있는 도시인 것 같다. 특히 중국인들이 많아서 그런지 차이나타운이 어느 곳보다도 생동감이 넘쳤다.

　　"여기 마파두부랑 비빔밥 하나 주세요."

푸드 코트도 마치 중국에 온 것처럼 (사실 중국엔 아직 못 가봤다.) 시끌벅적했지만 저렴하게 사먹을 만한 아시아 음식이 가득했고 여기저기 장볼 곳도 많아 시장에 온 것처럼 활기가 넘쳤다.

　　"신라면 한 박스, 세일합니다. 라면 1개에 $1도 안 돼요!"

한인 마트도 차이나타운에 있었는데 일부 품목은 우리나라보다도 더 저렴하게 판매하고 있는 것 같았다.

　　"너구리도 세일해요? 그럼 5개만 살게요, 얼마예요?"

이미 가방에 라면이 2개나 있었음에도 할인 판매는 절대 그냥 지나칠 수 없어서(지름신이 강림하셨어!) 라면 충동구매(?)를 했다. 차이나타운을 실컷 보고 백팩커스까지 걸어가는데 골목골목마다 숨은 맛집 같은 레스토랑들도 계속 보였다. 물론 먹어보지 못했기 때문에 확실한 맛집인지는 알 수 없었으나 생긴 것이 딱 맛집 아우라가 넘쳐났다는!
아시아 퓨전 뷔페 같은 곳도 보였다. 무제한 먹을 수 있는 뷔페는 배고픈 유학생이나 여행객들의 발걸음을 멈추게 할 만한 메리트가 있다! 또 그냥 단순히 맛있어 보이는 고기집도 있었다.

백팩커스는 1박씩 연장이 가능하기 때문에 몇 박을 한꺼번에 했을 때 할인이 있거나 성수기가 아닌 이상 1박씩 연장을 하고 있었다.

어쩐지 차 다니는 도로에 자전거 표시가 되어있는 차선이 있어서 신기하다 했는데 무료 대여소가 있었는지는 꿈에도 몰랐다.
다음 날, 일어나자마자 자전거 대여소에 (백팩커스 게시판에 이미 안내되어 있었는데 나만 보지 못했었나 보다.) 가서 여권을 맡기고 수십 개의 자전거 중에서 제일 괜찮아 보이는 자전거를 골라 헬멧을 쓰고 거리를 나섰다. 단순히 자전거 한 대를 빌린 것뿐인데도 마치 차 한 대를 뽑아서 나온 것처럼 어깨가 쫘악 펴지는 것이 아닌가?

자전거 도로가 잘 되어있는 살기 좋은 애들레이드

든든한 자전거 덕분에 어제보다 훨씬 더 멀리까지 구경을 갈 수 있었다.

이상하게도 지도를 보면서 가고 있었는데 갑자기 현 위치를 지도에서 찾을 수가 없었다. 좀 더 가다보면 나오겠지

웬만한 자동차보다 어깨에 힘이 더 들어가는 무료 자전거!

하는 마음에 더 멀리 가보았지만 사태는 점점 더 악화되었다.

바로 내가 있는 곳이 어디인지 파악이 전혀 되지 않았다는 것! 아무래도 자전거 타고 다니기에 너무 좋은 도로 환경이여서 나도 모르게 심취하다 보니 멀리까지 온 것 같았다.

"시내로 나가려면 어디로 가야 해요?"

너무 한적한 주택가라서 물어볼 사람도 거의 없었다. 20~30분을 가르쳐 준 대로 가니까 그제야 지도에 현 위치가 나왔다. 그렇게 다행스럽게도 원 위치로 무사히 돌아온 후에는 자전거를 반납했는데 자전거 대여가 24시간이 아니라는 것이다. 뭐 어쨌든 시간에 맞춰 자전거를 반납하고 나니 백팩커스에 돌아가기에는 좀 이른 시각이 되었다.

"무료 셔틀이 있구나! 홀홀, 역시 애들레이드♥"

무료로 시내를 순환하는 셔틀버스가 있어 잡아타고 다시 시내를 한 바퀴 돌았다. 박물관, 갤러리, 병원, 공원 등 애들레이드에서 볼만한 것은 다 보았다고 생각하는데 내가 느낀 것은 이러하다.

"흠. 어학연수, 여행으로는 잘 알려지지 않은 도시라 그런지 생소하지만, 그래도! 복지가 참 잘 되어있는 것 같다는……."

뉴질랜드처럼 이른 저녁이면 문을 닫고 집으로 돌아가는 도시 분위기는 조금 심심했지만 평온한 애들레이드. 그래서인지 중국인을 중심으로 이주민들이 더욱 많게 느껴진다.

THEME 04 　애들레이드의 가볼 만한 곳

01. 빅토리아 광장(Victoria Square)

빅토리아 광장(Victoria Square)은 애들레이드 시내 중심이라고 생각하면 되고 광장 주변에는 높은 회사 건물들과 호텔이 자리 잡고 있다. 빌딩 숲 가운데에 넓은 잔디밭과 빅토리아 여왕 동상이 있어서 여기에 전광판만 커다랗게 한두 개 있으면 우리나라 광화문같이 축구 보기에(?) 좋을 것 같다.

시내의 중심 빅토리아 광장

02. 애들레이드 페스티벌 센터(Adelaide Festival Centre)

다양한 공연도 볼 수 있다.

박물관도 아니고 그렇다고 미술관도 아닌 페스티벌 센터라고 해서 바로 눈이 갔던 곳이 바로 이곳, 애들레이드 페스티벌 센터(Adelaide Festival Centre)다.

"이벤트 관인가?"

매우 큰 규모의 이곳은 각종 연극, 극장, 아트 갤러리 등을 포함하고 있는 남호주 문화의 중심 역할을 하는 곳이었다.

들어가기 전에 입구에서 한방!!

남호주 문화의 중심 페스티벌 센터

런들 몰(Rundle Mall)은 가장 번화한 거리라고 생각하면 된다. 핸드폰 통신샵부터 커피숍, 쇼핑 센터들이 일렬로 늘어서 있고 차가 다니지 않기 때문에 종종 길거리 공연도 볼 수 있다.

1	4	5
2	6	
3	7	

1 구경 다니는 건 다리 아파!! 좀 쉬다 가자.
2 기대기 딱 좋아!   **3** 왜 안 밀리냥?
4 각종 부티크 상점들   **5** 번화한 거리
6 돼지 4형제 앞에서 전자 피아노를 연주하고 있는
카리스마의 당신
7 손들엇!!

보타닉 가든(Botanic Gardens)은 엄청난 규모에 한 번 놀라고 다양한 식물에 눈이 즐거워지는 곳이다. 식물에 관심이 없는 사람들도 산책 겸 방문해 보면 토렌스 강에서 휴식을 취하는 것과는 또 다른 느낌이다. 애들레이드에 왔다면 남반구에서 가장 큰 온실을 둘러보는 것도 잊지 말자!

보타닉 가든 입구

엄청난 규모의 온실

05. 호주 국립 와인 센터(National Wine centre of Australia)

보타닉 가든을 왔다면 이곳, 호주 국립 와인 센터(National Wine centre of Australia)도 한번 들려보자! 유명한 곳은 아니지만 워낙 남호주가 와인으로 유명한 곳이기 때문에 보타닉 가든에 왔을 때 부담 없이 들려서 와인에 대해 설명을 듣고 기념품을 구매하기에 좋다.

보타닉 가든에 왔다가, 발견해서 가본 와인 센터

와인 센터의 느낌이 많이 나지는 않았던 곳

분위기 좋은 레스토랑에 온 듯한 느낌

맛있는 와인이 한곳에 가득!

06. 남호주 박물관(South Australian Museum)

남호주 박물관(South Australian Museum), 이곳이 어딘지도 모르고 발길이 멈춘 것은 박물관과 미술관, 그리고 도서관 등이 한데 어우러져 모여 있던 특이함 때문이었다. 오늘따라 학교 학생들이 단체로 방문해서 더욱 이목이 집중되기도 했는데, 이곳은 150년 이상의 역사를 자랑하며 에버리진과 태평양 문화에 대한 자료들을 대거 소장하고 있었다.

남호주 박물관

미술관다운 멋진 건물 외관

07. 남호주 미술관(The Art Gallery of South Australia)

남호주 박물관 옆에 위치하고 있는 이곳, 남호주 미술관(The Art Gallery of South Australia)은 그리스 신전과 비슷해 보이는 외관 모습 때문에 사진을 찍고자 하는 여행객들이 많다.

차이나타운과 연결되어 있는 센트럴 마켓(Central Market)은 저렴하게 물건을 살 수 있는 곳으로, 구경거리도 많아서 눈이 즐거워지는 곳이다.

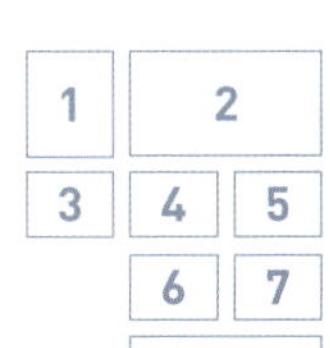

1	2	
3	4	5
	6	7
	8	

1 우리나라 재래시장에 온 것 같이 사람 냄새가 물씬 나는 마켓이다.

2 저렴한 푸드 코트도 있어서 한, 중, 일 음식을 모두 먹어볼 수 있다.

3 비교적 저렴한 식사 요금

4 예쁜 사과도 저렴하게

5 초콜릿을 듬뿍 찍어서 먹는 마시멜로

6 으액! 달콤한 초콜릿!! 없는 게 없는 센트럴 마켓!

7 다른 지역과 달리 이곳은 특히 시식코너가 많아서 시간 가는 줄 몰랐다.

8 시식 한 번 해 보라고 권유하는 친절한 직원 분

1 북적북적 사람들이 참 많은 이곳
2 간혹 우리나라보다 더 저렴하게 판매되고 있는 물건들도 있다.
3 바겐세일은 즐거워!
4 한국 음식이 최고여!

하늘로 닿을 듯이 솟아 있는 2개의 첨탑

09. 세인트 피터스 성당(St.Peter's Cathedral)

라이트 전망대로 가기 위해 자전거를 타고 가다가 본 세인트 피터스 성당(St.Peter's Cathedral). 이 성당을 세우는 데 무려 30여년의 세월이 흘렀다고 한다!

10. 라이트 전망대(Light's Vision)

라이트 전망대(Light's Vision)는 살짝 언덕이기 때문에 자전거로 올라가기에 조금 힘이 드는 곳이다. 이곳에서 바라 본 도시 전경은 생각보다 아름답지 않았기 때문에 (빌딩만 좀 보이는 정도) 시간이 많지 않은 한, 꼭 필수 방문은 아니다.

라이트 대령이 애들레이드를 내려다보고 구획을 처음으로 정한 곳

라이트 전망대

라이트 전망대에서 바라본 애들레이드 전경

평화로워 보이는 토렌스 강(River Torrens)은 규모가 그리 크지는 않지만 주말에 한가로운 시간을 보내기에 아주 좋은 곳이다. 잔잔한 강을 가만히 보고 있노라면 마음이 편안해진다.

3	4	
	5	1
6		2

1 소박한 분수대 앞에서 한가로운 오후 시간을!
2 아~ 이것이 진정한 편안함이로다!
3 잔디가 은근히 따가운 것이 사정없이 내 복사뼈를 찌르는구먼
4 어디서 불쌍한 포즈를
5 호주인들 조깅 장소로도 제격
6 흠. 평온해 지는 내 마음

자전거 타기에도 그만인 곳!!

THEME 06   추천 어학원

01. SACE-South Australian College of English (SACE)

1987년에 개원한 SACE는 애들레이드에서 가장 큰 연수학교이며, 영어교사 과정, 비즈니스 과정, 스포츠 등 다양한 프로그램들이 준비되어 있다. 안타깝게도 애들레이드에는 가고자 하는 어학원을 선택할 수 있는 곳이 많이 없어 애들레이드 지역으로 가고자 하는 학생들이 한 번쯤 듣게 될 대표 연수학교이다. 이곳은 액티비티도 잘 발달되어 있다.

THEME 01 멜버른의 날씨

"아흐… 추워."

시드니에서도 추운 날씨 때문에 잠바를 입고 잤는데 멜버른은 시드니보다 훨씬 더 추웠다. (실제 온도 차이를 명확하게 비교해 본 것은 아니었지만 체감온도가 눈에 띄게 달랐다.) 가방에서 좀 더 두꺼운 잠바를 꺼내서 바꿔 입고 숙소를 찾아 헤맸다. 보통 여행할 때는 숙소를 미리미리 예약해 놓아야 하는데 왠지 멜버른은 그냥 오고 싶었다. 이럴 때면 스스로가 여행을 너무 육감대로 하는 것은 아닌지 하는 생각도 든다.

"여기 방 있어요?"

'호주나라'에서 같이 여행하자고 글 올리고 나서 만난 언니와 동행을 했던 터라 같이 방의 상태(?)를 확인하고 돈을 지불하자고 했었다. 나 같이 백년 묵은 여행자가 아닌

인생 처음으로 하는 여행이었던 언니는 보안이 확실하고 깨끗한 방으로 예약하기를 원했다. 그 덕에 10kg짜리 가방을 메고 1시간여를 발품을 팔아 결국 (누가 보면 숙소 매매 하려고 온 업자인 줄 알았을 거다.) 백팩커스가 아닌 호텔로 결정을 했다.

"이럴 거면 왜! 백팩커스를 1시간이나 돌아다녔냥!"

비교적 저렴한 호텔이었지만(하루에 $130 정도) 내 여행 인생을 새로 쓸 만큼 나에게는 획기적인 숙소였다.

"호홍♥ 샤워나 2시간 정도 간단하게 해 볼까?(2시간이 간단이냐!) 흐미, 좋은 거!"

THEME 02 멜버른의 체감 국적 비율

"야~! 타!!"

어디서 여자 좀 꼬셔본 것 같은 노란색, 빨간색, 무지개가 울고 갈 정도로 현란한 머리 색깔의 젊은 호주인들이 날 언제 봤다고, 본인 차에 타라고 작업질(?)을 해대는 것이 아닌가? 그들의 개념 없는 비행청소년 놀이에 나의 가운데 손가락이 얼마나 예쁜지 보여주고 싶었지만, 천사 같은(?) 실비아는 주먹만 두어 번 휘둘러주고 갈 길을 재촉했다.

"Hey, Girl! 어디 가시나?"
"호텔가지 어디 가겠어요?"
(백팩커스에 묵는 것들이 어디 감히 말을 시켜!? 콱! 난 호텔 묵는다 이거야!)
"여자 혼자 다니면 위험하니까 우리가 데려다 줄게!"
"미안한데 니들이 더 위험해 보이거든요? 이것들이 한국 여자를 우습게 아나? 확!"

시드니에서는 찬밥신세였던 내가, 유독 멜버른에서는 갑작스럽게 왜 인기가 좋은 건지 지나가는 남정네들이 자꾸 나의 걸음을 멈추게 하였다.(사실 이런 거 완전 좋아한다.) 여기저기 아시아인들도 많이 보이기는 했지만, 하도 개성 넘치는 호주인들이 많아서 그런지 체감되는 한국인 비율이 그렇게 높지는 않았다.

THEME 03 멜버른의 지역 분위기

유럽 분위기의 도시라고는 익히 들어 알고 있지만 막상 와보니 정말 건물이나 지역 분위기에서 유럽의 향기가 물씬 배어 나왔다.(여러 '뒷골목'에 있는 많은 클럽들과 독특한 레스토랑은 빈티지 분위기가 물씬!) 여행사에서 구한 지도를 들고 무작정 걸으면서 Tour를 시작했는데, 곳곳에 트램(Tram) 정거장이 많았다. 시드니에도 트램이 아예 없는 것은 아니지만 멜버른에는 트램이 가장 자주 이용하는 교통수단으로 보였다. Street도 찾기 쉽게 어찌나 반듯반듯한지 구불구불 미로 같은 곳이 없는 것 같다.

"오! 여기가 바로 〈미안하다 사랑한다〉를 찍은 곳이구나!"

지금이라도 쪼그리고 앉아있는 은채가 있을 것만 같아 괜시리 두리번거려보았다. (일본에 놀러갔다가 일본인 친구가 본인 회사 끝날 때까지 집에서 보고 있으라고 〈미안하다 사랑한다〉 드라마 전편을 비디오로 빌려다 줘서 하루 만에 전편을 다 보았던 드라마이다. 하하) 1시간 넘게 도보 투어를 하다 보니 목도 마르고 어디에 좀 앉고 싶어졌다. 워낙 커피를 좋아 하지도 않고 밥값이랑 똑같은 커피 값은 낭비라 생각하지만 하도 주변에 독특한 커피숍이 많아서, 가장 눈에 띄는 곳으로 들어가 보았다.

"우웩! 역시 아메리카노는 보약 맛이야."

커피 맛은 한국이나 호주나 큰 차이를 못 느끼는 나는 진정한 커피 초보임에 틀림없다. 흠… 아무래도 바리스타 친구를 만들어야 하나? 보약 같은 아메리카노를 들고 나와서 여기저기 기웃기웃하고 있는데 뭔가 멜버른은 예술가가 많을 것 같은, 독특하면서도 개성이 넘치는 곳이었다.

"독특도 중요하지만 다리가 코끼리가 됐다는!"

너무 무리해서 걸었던 모양인지 다리가 아파서 더 이상 걷기가 힘들어지는 바람에 돈을 주고라도 트램(Tram)을 타야만 했다. 발걸음을 Station으로 옮겼는데 뜨헉! 요금이 무료라고 하는 것 아닌가! 알고 봤더니 다름 아닌 City Circle Tram인 거다. 멜버른 시내에서 페더레이션 광장, 차이나타운까지 웬만한 관광지는 다 순환하는 트램이 있었던 것이다.

"이런 된장! 이런 게 있으면 진즉 얘기를 해 줬어야지! 아놔! 내 다리 돌려놓으라규!"

 시드니보다 비싼 멜버른의 물가?

일할 때보다 놀 때가 체력이 더 딸린다고 하더니 여행할 때는 어째 맨날 배만 고파지는 것 같다. 내 배를 시큰하게 점령하는 배고픔으로 인해 얼큰한 김치찌개가 간절했지만, 주머니 사정으로 팩에 들어있는 스시를 사먹기로 마음먹었다. 헌데… 상황은 여의치 않았으니…….

"얼마요?"

한국인 식성으로는 코웃음 밖에 안 나오는 코끼리 비스킷 같은 한 팩 스시가 $6이란다. 몸도 마음도 든든한 영양만점 김치찌개가 $10 정도니까 차라리 $4 더 주고 김치찌개를 사 먹는 게 나았다. (결국 김치찌개를 사 먹었다는 전설이…….)

호주 지역을 통 틀어서 물가가 가장 비싼 곳은 시드니라고 확신했는데 멜버른에 와보니 그렇지도 않은 것 같다. 시드니는 음식점이 워낙 많아서 할인하는 곳도 많고 저렴하게 대량구매 할 곳이 많아서 그런지 오히려 우리나라보다도 괜찮은 가격의 식재료들도 많았는데 멜버른에서 체감되는 물가는 나의 주머니를 더 움츠러들게 하였다.

"제가 많은 거 바라지도 않아요! 하루에 딱 5끼만 먹고 살게 해주세요!!! Please~!"

THEME 05 멜버른의 가볼 만한 곳

01. 그레이트 오션 로드(Great Ocean Road)

멜버른을 여행하는 이유라고도 할 수 있을 만큼 경이로운 곳이 그레이트 오션 로드(Great Ocean Road)이다. '열심히 일한 당신, 떠나라'고 말한 유명한 신용 카드의 광고 카피처럼 오픈카를 타고 질주하고 싶은 로드 중 1등이라고 해도 과언이 아니다.

"여기서 10분 내렸다 가겠습니다."

Day Tour를 신청했던 터라 일부러 멋있는 곳마다 잠깐 잠깐씩 사진을 찍을 수 있게끔 내려주었다. 경치는 그야말로 혼자 보기 아까울 정도로 멋진 것이어서 입에서는 끊임없이 감탄이 흘러나왔다. 비바람 때문에 너무 추웠지만 꼭 한 번 가볼 만한 곳! 비록 거센 바람에 비까지 내려서 여행하기 까다로운 날씨였지만, 한국에서 일하던 빌

1 Day Tour를 신청한 사람들의 명단을 확인하고 탑승

2 APT 여행사로 안 오고, 한국 여행사를 통해서 왔으면 헬기 타고 구경하는 건데…

3 어쩜 바다가 저리 투명할 수 가! 혼자 보기 너무 아깝다.

4 경이로운 광경

5 멜버른 왔는데, 단 한 곳만 보고 가야한다면 당연히 '그레이트 오션 로드'

딩의 경비아저씨까지 데리고 와서 보여주고 싶을 만큼 꼭 한 번 지인들하고 같이 오고 싶을 만큼 멋진 경치를 자랑했다. 수많은 세월 동안 바람과, 파도와 싸워 깎이고 깎인 바위와 절벽이 이곳의 가장 매력적인 부분이었다. 자연의 경이로움을 느낄 수 있는 그레이트 오션 로드!

"열심히 일하고 멜버른으로 온 실비아, 퇴사하길(?) 잘 했다. 푸하하♥"

02. 필립 아일랜드(Philip Island)

여행사 Day Tour 홍보책자에 수많은 펭귄 그림과 함께 쓰여 있는 '필립 아일랜드(Philip Island)' 라는 글씨를 보자마자, 2초 정도 심도 깊게 고민을 한 후 바로 신청을 했다.(사려 깊은 스타일의 실비아) 귀여운 것이라면 사족을 못 쓰는 나에게 펭귄 그림 하나면 신청 동기는 충분했다.

Welcome to Phillip island

엄청난 규모의 펭귄 타운하우스

"저기가 펭귄집입니다."

펭귄을 보러가는 도중에도 펭귄집이 많을 만큼 정말 꽤 많은 펭귄 집단이 서식하는 장소인 것 같다.

'펭귄 타운하우스도 아니고, 우리 집보다 잘해놓고 사는 건 뭔데?'

드디어 서머랜드 베이(Summerland Bay)에 도착을 해서 펭귄 기념품부터 각종 설명, 그림, 전시물이 가득한 비지터 센터를 먼저 관람하였다. 펭귄을 제대로 볼 수 있는 키포인트 장소로, 요기를 할 수 있는 식당이 하나 있었는데 가격도 만만치 않았고 특별히 구미가 당기는 음식도 없어서 아예 투어가 모두 끝나면 숙소에 가서 먹는 게 나을 것 같아 비지터 센터를 마저 더 구경하였다.

"자, 7시에 바다 앞에 있는 스탠드에 앉아서 조용히 기다려 주세요! 펭귄이 보이기 시작하면 카메라 촬영은 절대 불가합니다."

펭귄을 보는데 왜 바다 앞에서 기다려야 하는지 영문도 모른 채 한 30여 분을 40~50명과 같이 조용히 기다렸다. 기다리는 것은 둘째 치고 바다 앞이라 추운 것은 물론이요, 배고프기까지 하니 펭귄 한 번 보기가 너무 힘들다며 투덜대고 있었다.

펭귄이 나올 때까지 이제 기다리면 된다는……

어떤 외국인의 이 한 마디에 50여 명이 일제히 한 곳을 쳐다보았는데 정말 바닷속에서 펭귄이 나오기 시작했다. 바다에서 먹이를 찾다가 집으로 돌아오는 모습이라고 하는데, 바다에서 튀어나오는 수십 마리의 펭귄을 보고도 믿을 수 없었다. 마치 앞구르기 하면서 나오는 느낌이랄까? 세계에서 가장 작은 펭귄을 어두운 밤에 그것도 꽤 먼 거리에서 지켜보던 터라 더 자세히 볼 수 없음에 발만 동동 구르고 있었다.

살짝 카메라로 촬영을 시도하다가 1초 만에 발각되어 창피만 당하고 눈으로만 다시 펭귄을 보았다. 이렇게 펭귄 퍼레이드를 다 보고난 후 일행은 펭귄이 돌아간 집으로 발걸음을 옮겼다. 그곳에서는 오히려 더 자세히 펭귄을 볼 수 있었다.

펭귄이 못된 동물이라는(?) 설명이 들리기 무섭게 작디작은 펭귄들끼리 싸우기 시작했다. 펭귄이 못되고 착하고는 이미 나의 관심 밖이었고 그 통통한 몸과 짧은 다리를 가지고 싸우는 모습이 너무나 귀여워서 넋을 놓고 쳐다보았다. 비록 춥고 배고픈 여행이었지만 인형 같은 펭귄을 가까이서 보았다는 것 자체만으로도 모든 것이 용서되었다.

괜히 투어 가이드에게 말도 안 되는 부탁을 해 보며 차에 올라탔다.

1 강아지보다 더 귀여운 우리 캥거루님

2, 3 펭귄을 보러 가면서 캥거루도 살짝!!

4 호주에서는 강아지만큼 흔한 게 캥거루인 듯

"실비아표 무대뽀 여행의 별미는?"
"아무 버스나 마구 타기!"

멜버른에서도 어김없이 가장 먼저 도착하는 트램을 탔다. 시간대가 좋지 않아서인지 사람이 꽤 많이 타고 있는 덕분에 앉을 곳이 하나도 없었다.

"누구 한 명이라도 내리면 가방을 던져서 자리를 맡아야지! 음…암만… 음하하!"

호주 대중교통에서는 웬만해서 다 앉아서 가는데 내가 탑승한 트램은 우리나라 2호선 같이 승객이 원래 많은 노선인 것 같았다. 마지막 정거장을 알리는 소리에 나와 나의 멜버른 여행 동반자 언니는 하차를 했다. 우리가 도착한 곳이 다름 아닌 '세인트 킬다(Kt.Kilda)'라는 유명한 비치였다. 그런데 그 유명한 곳임을 모르고 멋있다며 연방 셔터만 눌러대고 있었다. 우리가 트램을 탄 시내에서 불과 한 20분 정도에 이렇게 멋진 비치가 있다니 멜버른은 기막힌 명소가 도처에 깔려있는 듯 한 느낌이다.
본래 해변 휴양지로 유명한 이곳은 많은 여행객들이 일부러 찾아왔다가 너무 큰 기대감에 실망도 많이 하는 곳이라고 한다. 그러나 우리 두 여인네는 어딘지도 모르고 와서 마치 보물이라도 발견한 듯 가장 끌리는 펍으로 들어가서 맥주까지 음미하며 세인트 킬다 비치를 행복하게 바라보았다.

04. 리알토 전망대(Rialto Towers Observation Deck)

어딜 가든 그 지역을 한눈에 바라볼 수 있는 리알토 전망대(Rialto Towers Observation Deck)는 단연 필수 코스이다. 멜버른 시내 투어에서도 빠지지 않는 이곳은 253m의 높다란 빌딩이다. 1분도 되지 않아 초고속으로 맨 위층에 우리를 내려놓은 엘리베이터는 또다시 여행객들을 싣기 위해 바쁘게 1층으로 내려갔다. 시드니 타워도 가봤지만 여기 멜버른 전망대는 또 다

Sky Deck에서 바라본 멜버른의 야경

빌딩 밖으로 빌딩의 일부분이 나가는 거 보이지요? 비싸서, 간접 체험만 하고 있는…….

꼭 한 번 와보세요! 재밌어요!

시드니 타워보다 더 좋은 느낌

덜덜덜… 88층

른 매력이 숨어 있었다. 전망대를 본 순간 탄성이 터져 나왔고…….

"언니, 우리 저거 할까요?"
"아…니……. 난 됐어."

이렇게 높은 전망대에 있다는 것만으로도 다리가 사정없이 떨려왔다. 전망대에서는 건물 한쪽 부분이 건물 밖으로 나오면서 갑자기 바닥이 투명하게 바뀌는 Activity가 있었다. 그야말로 공중에 붕 떠있는 느낌일 텐데……. 한 번 시도해 보고 싶었지만 몇 분 느껴보자고 10만 원 못되는 거금의 돈을 투자하는 것이 아까워 포기했다. 대신 다른 사람들이 즐기는 모습을 옆에서 (건물의 일부분이 밖으로 삐죽 튀어나가는 시점에서) 셔터만 엄청 눌러댔다. 멜버른은 도시의 느낌이 강하면서도 유럽풍의 고풍스럽고 친환경적인 장점을 가지고 있는 누구나 좋아할 만한 곳인 것 같다.

"345번, 조용하세요!"
"네??"
"벽 쪽에 붙어서 조용히 서 있으란 말이예욧!"
"아니…저기요…. 저는 그냥 여기 구경 온 사람인데요?"

예전 모습 그대로 감옥 보존이 잘 되어있다고 해서 구경을 왔는데 (호주는 공짜가 없는 것 같다, 여기도 입장료가 3만 원 이상!) 들어오자마자 죄수 취급으로 환영(?)을 해 주는 교도관이 두어 분 계셨다.

"Hey, You! 죄명이 뭐죠?"
"네?"
"본인 죄도 몰라요??"
"아…. 저는 소매치기로 들어…왔…습니다."

본인 죄명이 뭐죠?

이게 뭐 초등학생들 같이 역할극을 하면서 감옥을 제대로 체험해 보자는 취지인 것 같은데…. 황당하지만 재미있는 것 같다.

"345번! 이쪽 방으로! 빨리 빨리!"
"네네……. 여기 이 방이요?"

나랑 같이 입장한 10명 정도의 외국인들도 재미있다는 듯이 여기저기 키득키득 거리며 역할극에 충실히 임해주었다. 어떤 외국인은 진짜 전과자인지 죄수처럼 껄렁껄렁 걸어 다니며 이 사람, 저 사람을 번갈아 가면서 째려보기까지 하는 것이 아닌가?

"헉!!"

우리가 들어와 있는 방을 밖에서 잠가 버릴 때까지는 웃음소리가 들렸는데, 이젠 불까지 꺼버려서 어둠의 방이 되어버리자 일순간 아무도 웃지 않았다.

"이거……. 투어 몇 시에 끝나요?"

한 5~10분 정도 우리를 그냥 감방에 방치해 두었다가 철창문이 열리고 다시 감옥 투어가 시작되었다.

1 모두모두 체험해 보세요! 아름다운 독방체험!

2 감옥은 싫어!

3 이런 독방에서 어떻게 살아. 죄짓지 말아야지

4 너무 신기해요. 정말 옛날 감옥의 모습이 많이 보존되어 있어요!

5 아~! 이제 살았다.

6 밖에서 기다리고 있는 죄수(?)들

7 찰칵! 문을 정말 잠가버린 교도관님

8 연기에 너무 심취해서 표정까지 리얼

9 여기가 화장실인가?

플린더스 스트리트 역(Flinders Street Station)은 멜버른의 간판 사진으로 자주 등장하는 곳으로, 여행자들이 셔터를 가장 많이 누르는 곳이기도 하다. 물론 시드니의 아이콘인 오페라하우스처럼 막상 가보았더니 별거 아니더라며 실망을 하는 사람들도 많지만 아무래도 〈미안하다 사랑한다〉의 여파 때문인지 심심치 않게 방문자 수가 늘고 있더라는……. 특히 소지섭을 떠올리며 의미(?)를 가져보면 어떨지? 또 이곳은 호주를 통틀어 가장 오래된 역사를 가지고 있는 전통 있는 역이기도하다.

그 유명한 플린더스 스트리트 역

아름다운 Station

07. 세인트 폴 성당(St.Paul's Cathedral)

페더레이션 광장 맞은편에 위치하는 세인트 폴 성당(St.Paul's Cathedral)은 플린더스 스트리트 역처럼 고딕식으로 지어진 성당이다. 더군다나 바로 대각선 방향으로 같이 있기 때문에 멜버른 중심부가 더욱 유럽처럼 느껴지는 것이지도 모르겠다.

플린더스 스트리트 역과 어깨를 나란히 하는 고딕 양식의 성당

똑똑!

고풍스러운 내부 인테리어

성스럽게…

08. 페더레이션 광장(Federation Square)

페더레이션 광장(Federation Square)은 관광 안내소 때문에 일부러 찾아간 곳이었지만 매우 독특한 외관(디자인 짱!)으로 자연스럽게 발걸음이 가는 곳이기도 하다. Day Tour를 신청하면 거의 여기에서 출발하고 학생들 소풍 장소로도 자주 쓰이는 곳이라 우리나라의 광화문처럼 시민들의 대표 광장이다.

독특한 디자인의 광장

만남의 장소이기도 하고, 여기 모르면 간첩이기 때문에 투어 집합도 여기서 한다.

09. 차이나타운(China Town)

페더레이션 광장에서 약 20분 정도 걸어가면 차이나타운 입구가 보이는데 규모가 호주에서 가장 크다. 차이나타운이라는 이름에 걸맞게 중국인이 운영하는 식당이 많아서 점심, 저녁 시간만 되면 북새통을 이룬다. 이곳에서는 우리나라 음식점도 몇 곳 눈에 띄지만 서양인들이 가장 많은 곳은 아

어느 지역을 가도 항상 차이나타운은 있다!

무래도 중국 전통 음식점이다. 이곳에 짬뽕, 짜장면은 없다는 사실! 이 밖에도 가격이 저렴한 일본, 타이 음식점도 있어서 어학연수생들이 즐겨 찾는 곳이기도 하다.

10. 퍼핑 빌리(Puffing Billy)

멜버른은 눈길을 끄는 이색 투어가 참 많은 것 같다. 특히 퍼핑 빌리(Puffing Billy)는 Day Tour 요금이 크게 비싸지 않으면서 일요일 날 가볍게 다녀오기 좋은 코스로 꼽힌다. 이날 퍼핑 빌리 투어를 즐기던 중 버스를 타고 달리다가 아침 식사를 하기 위해 우선 작은 레스토랑에 내렸다. 참고로 이 투어는 아침 식사가 포함되어 있었다. 식사에는 빵과 우유, 잼이 제공되었는데 빵이 갓 구웠는지 버터에 발라 먹으니 입에서 사르르 녹는 것이 아닌가.

"여기 빵이랑 우유 추가요!"

다른 사람들 모두 가볍게 빵 한 조각 찢어서 먹고 음식점을 나가서 새와 사진 찍고 있는 사이 나는 빵만 몇 개를 먹어 치웠는지 (새 구경은 하지도 못할 뻔했다.) 동그랗게 부른 배를 움켜쥐고 식사를 끝냈다.

"무서워하지 마세요. 그냥 손에 얹히고 모이를 주시면 됩니다."

독특하게도 호주 새들은 통통하고 형형색색이라 사실 좀 무서웠다. (뱀도 목에 두르고 사진 찍는 내가 새는 왜 무서운 건지.) 특히 새가 많아서 손에 모이를 올려놨더니 새들이 돌아가면서 내 손에 앉아 모이를 쪼아 먹을 때의 그…….

"악! 따가워!"

사정없이 부리로 쪼아대는 새들의 촉감이(?) 너무나 아팠다는 것! 어쨌든 처음으로 새들과 접촉했던 가장 친밀한 시간이기도 했다(뿌듯!).

내가 웃는 게 웃는 게 아니야!

부리가 얼마나 뾰족하고 강한지… 너무 따갑다고외!

다시 버스에 탑승하여 증기기관차역으로 가는 사이 아침을 항상 이렇게 맞이하면 얼마나 좋을까 생각해 보았다. 따뜻한 빵과 우유(매일은 이렇게 못 먹고 빵은 가끔씩만), 새들과 하나 되어 모이주기, 그리고 산림에 우거진 집에서 동물들과 어울려 살면 200살 넘게까지도 살 수 있을 것 같다.

우리가 내린 곳에 정말 일반적으로 상상이 가능하던 너무나 평범한 기차가 눈앞에 있었다. KFC 할아버지를 연상시키는 하얀 수염이 얼굴에 가득한 분이 기차를 출발시킬 준비를 하고 있었고 나는 가장 좋은 좌석을 꼼꼼히 비교해 보고 자리를 잡았다. 그렇게 출발한 오래된 기차를 타고 숲속을 달리는 느낌은 너무나 상쾌했고 즐거웠다. 10분 정도 너무도 신나게 달리고 나니 15분쯤 후에는 약간 시들해지는 것도 있었지만 재미난 경험이었다. 한정된 여행 일정으로 여기까지 방문하는 여행자가 드물지만 멜버른에서 유학하는 사람들은 꼭 한 번 와보면 좋을 것 같다.

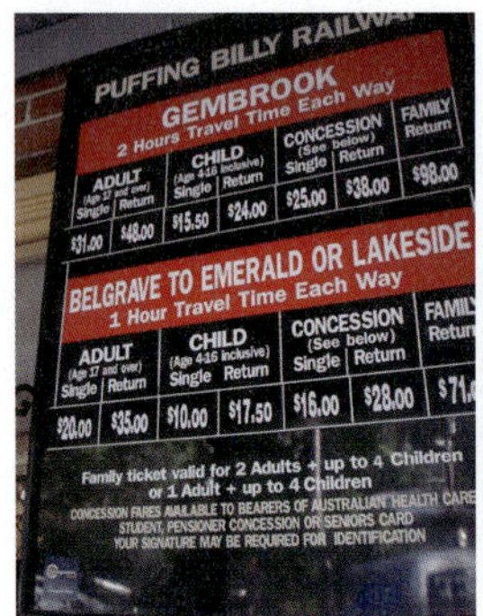

증기기관차 요금표

자, 이제 숲속을 향하여 출발~! 판타지 영화 주인공이 된 것 같은 느낌!

좋은 자리 얼른 차지하고 여유롭게 사진 한 장, 찰칵!

칙칙폭폭 땡!!

혼자서 참 재미있게 여행하는 실비아.

이제 출발합니다.

유후♥ 신난다!

퍼핑 빌리에서 가장 멋졌던 장관!

THEME 06 추천 어학원

01. Impact English College

Impact English College는 한국에서의 인지도는 낮은 편이지만, 바리스타 과정이 유명하고 잘 발달되어 있어서 호주 현지에서 입소문이 나있는 어학원이다.

임팩트 어학원 외관 모습

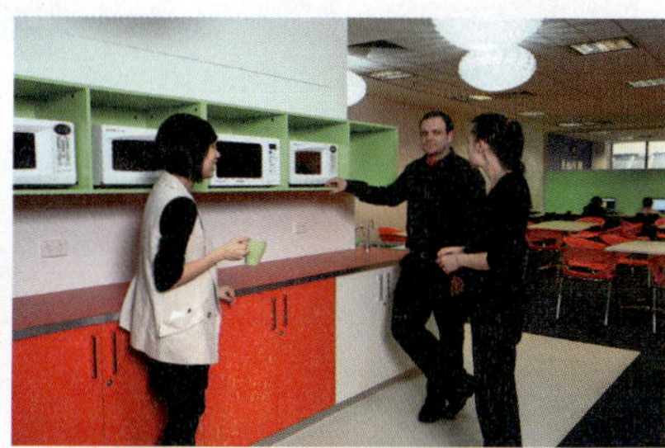

임팩트 휴게실

임팩트 바리스타 과정 실습

02. Holmes Institute-Melbourne(Holmes Institute)

Holmes Institute-Melbourne 어학원은 멜버른 외에도 시드니, 브리즈번, 케언즈, 골드 코스트 등에서 센터가 있으며, 보다 전문적인 비즈니스 과정 등을 수강하고자 할 때 적합한 학원이다.

홈즈 학원 건물

교실

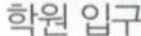

학원 입구

수업 중!

03. Embassy CES-Melbourne (Study Group)

호주뿐만 아니라 전 세계에 멀티 캠퍼스가 있는 Study Group 자회사이고, 멜버른 센터가 가장 인기가 높다.

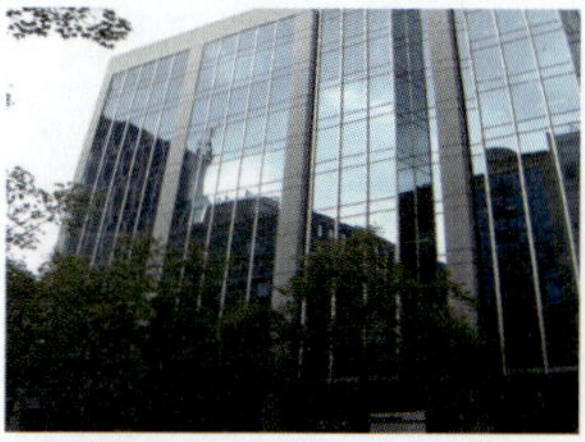
학원건물

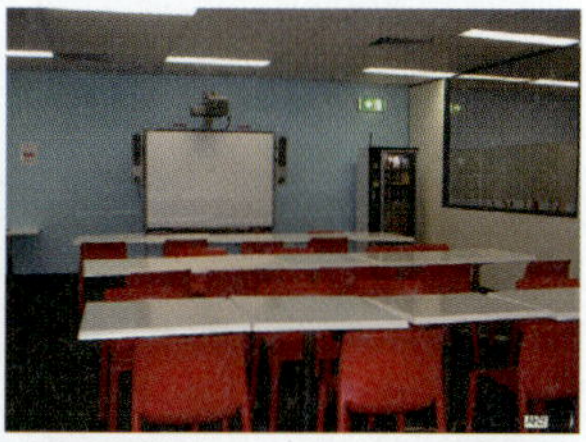
캠퍼스내부

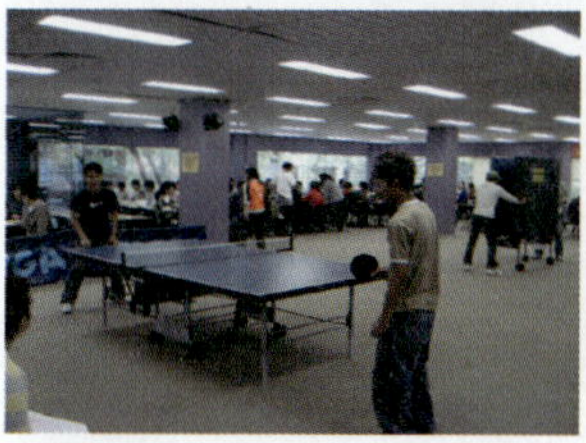
학원휴게실

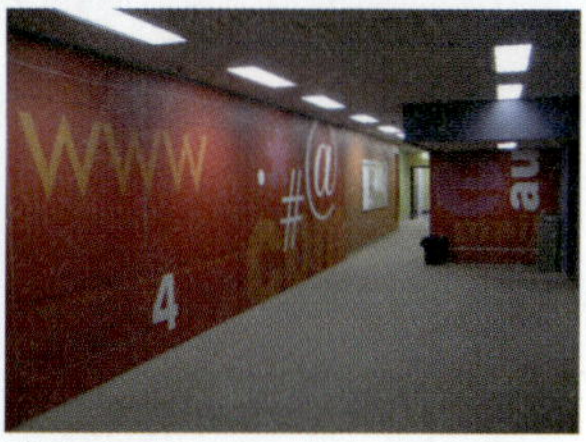
학원 복도

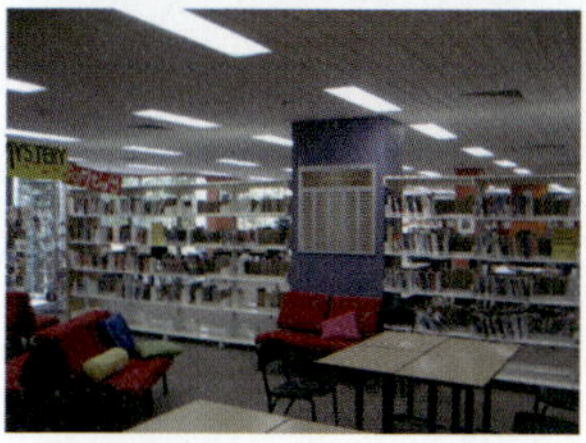
학원자습실

Memo

- 주소: 398 Lonsdale Street, Melbourne Victoria 3000, Australia
- 연락처: 61-3-9670-3788 / 팩스: 61-3-9670-9356
- 홈페이지: http://www.embassyces.com/index.aspx
- 규모: 약 450명
- 프로그램: ESL, IELTS 시험 대비반, Cambridge 시험 대비반, 1:1 레슨, 진학 대비 과정 등

Australia

PART 05

필승 호주 어학연수

"남들 다 다녀오는 어학연수인데 효과가 있을까?"
"나이가 서른이 넘었는데 직장까지 그만두고 연수 가는 것이 더 좋은 선택인가?"

100세라는 긴 시간에서 고작 1년 정도의 시간을 어학연수에 투자하는 것은 결코 낭비가 아니다! 헌데 결단을 내리지 못하고 고민만 1년 하는 것은 어학연수 이후의 한국 복귀 시간을 더 늦출 뿐이다. 따라서 어학연수를 가기로 확실하게 걱정했다면 필요 이상의 고민을 하기보다는 짧은 어학연수 시간을 얼마나 효율적으로 보낼 것인지 계획을 짜보자!

STEP 01 외국인 친구 만들기
STEP 02 주말 알차게 보내기
STEP 03 실속 있게 학원 다니기
STEP 04 맞춤 룸메이트 만들기

THEME 01 클래스메이트(Classmate) 공략하기

"Hello~!"

수업 첫날 교실로 들어가니 15명 정도가 자리에 앉아 있었다. 그냥 봐서는 정확히 어느 나라에서 온 학생들인지 알 수가 없었고 아시아인, 유러피안 정도로만 구별이 되었다.

나는 호주에 오기 전부터 아시아인들은 가능한 피하자는 결심이 있었기 때문에 알게 모르게 나누어져 있는 아시아인과 유러피안의 경계선 중간에 자리를 잡고 앉아 유러피안 한 명에게 말을 걸며 눈인사를 했다.

그 이후 파스칼이라는 유러피안 옆에 앉아있으니 '실비아와 파스칼은 파트너'라는 인식이 자연스럽게 형성되어 친한 대화 상대가 되었다. 그리고 다들 처음 앉은 자리를 지정석처럼 앉은 덕분에 파스칼과 친한 다른 유러피안 학생들과도 자연스럽게 친해

마르꼬

졌다. 물론 내가 말도 안 되는 이야기
와 약간의 어리바리한 모습으로 먼저
장난을 많이 친 것이 이들과의 친분
을 쌓는데 적지 않은 기여를 한 것도
있다.

축구 시합을 보고 있는데 주변에 아시아인들이 하나도 없
어서 다소 외롭던 날.

> **"마르꼬! 월요일에 스쿠버 갈래?"**
> **"하하! 내 이름이 왜 마르꼬야! 마르
> 꼬는 우리나라 도시 이름이야."**

이탈리아어는 도대체 어떻게 발음을
해야 하는지 몰라서, 내가 이름을 부를 때마다 이탈리안들은 미친 듯이 배꼽을 잡고
웃었다. 저렇게 웃다가는 배와 배꼽이 분리가 일어날 거다 싶을 정도로…….

> **"마르꼬, '사랑해'가 이탈리아어로 뭐야?"**

나는 한시도 가만히 있지 않고 계속 말을 시키고 장난을 쳤다. 이럴 때 보면 나도 내
자신이 Ａ형인 것이 잘 믿어지지 않았다.
이로 인해 아시안 친구들은 나를 둘러싸고 어떻게 해서 유럽피안과 친해진 것인지 비
법 전수를 물어왔고 마치 신기한 것을 보고 궁금한 점을 물어보듯 질문을 해댔다. 그
네들에게 나만의 비법(?)을 전수하고자 입을 연 순간…….

> **"실비아! 축구 구경하자!"**

그때 브라질리안 자밀레가 갑자기 날 끌고 가는 바람에 답변도 못하고 그 자리를 떠
났다.

> **"친구들이여… 미안하네……."**

결론적으로 유럽피안, 남미, 스위스, 이탈리안 등을 보면 특별한 이유도 없이 움츠러
드는 한국 학생들이 많은 것 같다. 하지만 꼭 기억해둬야 할 부분은 우리나라 사람처
럼 그네들도 똑같이 영어를 공부하러 온 사람들이기 때문에 먼저 다가가서 말을 걸고
영어 공부를 열심히 하면 자연스럽게 친해질 수 있다는 사실!

1		3
2		
4	5	
	6	

1 클럽 갔다가 나와서 커피숍에서 한 장
2 친구들 졸업식 때
3 카페테리아에서 쉬다가 한 장
4 그리운 우리 반 친구들!
5 15수업 시간 때 공부 안 하고 이렇게 놀고 있는 우리들~
6 말괄량이 세자

THEME 02 스포츠를 즐겨라

"저기… 전 공부하러 왔지 놀러온 게 아닌데요."

요즘에는 공부 잘 하는 사람이 운동까지 잘하는 무시무시한 시대가 되고 있다. 일명 엄친아, 엄친딸이라고 하던가?

적당히 스트레스도 풀고 체력도 단련시킬 겸, 본인이 좋아하는 운동 하나를 골라 아름다운 호주에서 즐겨보는 것도 외국인 친구를 사귀는데 적지 않은 도움을 준다!

"오~! 좀 사나본데?!"

한국에서 가져온 골프복을 입고 동네에서 산 저렴한 클럽을 등에 맨 후 (클럽백은 전에 살던 홈스테이에서 주인아저씨가 빌려주었다.) 집을 나서면서 들은 한마디이다.

"한국에서는 안 쳤어요. 여기가 싸다고 해서……."

본다이 비치로 가는 버스를 집 앞 정류장에서 타고 15분 정도를 갔다. 우리나라에서 골프백을 들고 대중교통을 이용한다는 것은 생각만 해도 불편한데 호주는 그렇지 않았다.

"골프 치러 가나 봐요? 후후."
"아… 네! 잘 치지는 못해요, 하하."

내 옆 좌석에 앉아계시는 아주머니가 감사하게도 15분 동안이나 말을 시켜주었다. 애석하게도 아시안 남자들은 외국인들과 친해지기 위해서 여러 가지로 노력을 해야 할 때가 많지만, 아시안 여자들은 마음만 열고 있으면 말할 기회는 어디에서나 열려 있는 경우가 많다.

"으악!"

잘 치지도 못하는 내가 4홀에서 한방에 그린까지 공을 보내자 그린에서 퍼팅 중이던 외국인이 박수를 보낸다. 원래는 안전을 위해서 앞에 사람이 있을 때는 절대로 공을 쳐서는 안 되는데 설마 그린까지 갈까 하는 마음에 쳤다가 놀란 가슴을 쓸었다.

"너무 죄송해요, 그린까지 안 갈 줄 알고 친 건데……."
"하하~ 괜찮아요. 혹시 한국 사람인가요? 한국 여자들은 골프를 다 잘 치나 봐요?"
"아…하하. 뭐 평균적으로 봤을 때 잘 치는 사람이 좀 있죠!"

우리는 골프를 같이 치기로 하고 다음 홀부터 같이 다녔다. 우리나라에서는 혼자 골프를 친다는 것은 말도 안 되

우리는 친한 친구!! 유러피안 친구 어렵지 않아요!

동네에 골프장도 있고, 저렴하고! 너무 좋아♥

는 일이지만 호주는 동네마다 골프장이 있고 워낙에 저렴한데다가 (18홀에 대략 5만 원, 우리 동네는 9홀에 1만 원) 슬리퍼에 맥주를 마시면서 골프를 즐기는 사람들도 많아서 일주일에 2~3번씩 혼자 골프장에 왔다.

"혹시 혼자 왔으면 같이 칠래요?"

이렇게 대놓고 같이 치자고 하는 사람도 있고 내 골프공이 바다에 빠지면 그렇게 치면 안 된다고 친절한 지도 편달을 통해 나를 가르쳐 주면서 자연스럽게 같이 치는 경우도 많았다. 꼭 골프 말고도 서핑, 조깅, 수영, 축구, 농구 등 쉽게 접할 수 있는 것도 많으니 좋아하는 스포츠를 하나 골라서 즐기는 것이 좋다.

THEME 03 점심시간 이용하기

어느 학원이든 차를 마시거나 점심 식사를 할 수 있도록 어학원 내에 카페테리아가 마련되어있는데 이 공간을 잘 활용하면 친한 친구를 만들 수 있다.

"와~ 이게 무슨 음식이야, 먹어봐도 돼?"
"그럼 한번 먹어 봐!"

점심시간이 되기가 무섭게 도시락을 싸오는 알뜰파들은 카페테리아에 모여서 같이 점심을 나누어 먹는다.

"음… 안녕! 우리랑 점심 같이 먹자!"

일반적인 한국인의 습성은 거의 대다수가 단체로 하는 것을 좋아한다. 그 예로 한국 사람 같은 경우는 소수를 제외하고는 보통 혼자 먹는 경우가 없는데 외국인들은 남의 눈치를 잘 보지 않기 때문에 혼자 먹는 사람도 많다.

"넌 어디에 사니? 난 학원 앞에서 쉬어하고 있어."

점심을 혼자 먹는 외국인들에게 어려워하지 말고 다가가 말을 시키고 점심을 같이 먹으면 금세 친해질 수 있다. 특히 다양한 국적의 외국인들이 모여 있다 보니 도시락 종류도 다양해서 골라먹는 재미(?)도 있다. 또 세계 각국의 음식 맛을 보다 보면 공부할 때보다 기분이 좋아지기 때문에 더 쉽게 친해질 수 있는 분위기가 조성된다.

"헉! 이거 정말 맛있다! 한 개만 더 먹어도 돼?"
"응… 그래! 좋아! 한 개 더 먹는 대신에 나랑 친하게 지내야 돼! 하하!"

THEME 04 취미 생활

아직 어학연수를 준비만 하고 있고 한국을 출발하기 전이라면 노래, 춤, 악기 등 호주에서 즐길 수 있을만한 것들을 배워오면 많은 도움이 된다. 필리핀에서의 어학연수는 자기와의 싸움이었기 때문에 기숙사, 학원을 왔다 갔다 하면서 학원 스케줄대로 열심히 따라하면 거의 효과를 봤다. 하지만 이와는 달리 호주 어학원에서는 수업 받고 공부하는 것이 전부가 아니기 때문에 외국인들과 쉽게 어울릴 수 있는 연결고리를 미리 준비해 오면 즐겁게 취미를 즐기며 영어와 친구까지 얻을 수 있다. 내 친구는 하모니카를 배워 와 수업 첫날마다 부르면서 자기소개를 했었다.

춤을 배워 오면 언제 어디서든 주목받을 수 있다는…….

"안녕하세요. 저는 Justin이라고 해요. '이등병의 편지' 한번 들려드릴게요."
(수업 첫날은 보통 자기소개를 시킨다.)

하모니카는 부피도 작고 소리도 좋기 때문에 가지고 다니면서 외국인들과 하나 되기에 더없이 적합한 악기이다. 이 외에 한국 전통 춤을 한 곡 정도만 배워온다던지 라틴 댄스(필자는 살사가 취미생활이라 호주에서 살사춤으로 친해진 외국인들도 많다!) 강습을 받고 온다던지 작게는 사진 잘 찍는 법 정도만 배워도 세계 각국의 친구들 이목을 집중시키기에 충분하다.

THEME 01 교회 다니기

"넌 해외만 나가면 종교가 생기더라!"

독실한 기독교 및 가톨릭 신자분들께는 죄송하지만 정말 해외만 나가면 교회를 다니게 되는 것 같다. 교회는 신성한 곳이기도 하고 동일한 믿음이 있어 한곳에 모이는 것이기 때문에 자연스럽게 인맥을 형성할 수도 있고 한국과는 또 다른 문화를 습득할 수 있는 귀한 장소다.

"이번 주말에 뭐할 거야?"
"특별한 거 없어. 그냥 아침에 교회 갔다가 오후에는 집에서 쉴 거야."

일본인 친구 중에서 가장 친한 히로시가 교회를 간다는 말에 나도 따라간다고 했다.

"와! 케이크다!"

교회에 들어서자마자 시선을 압도하는 커다란 케이크에 처음 본 사람들에게 인사하는 것도 잊었다.

"이쪽은 실비아라고 하구요, 이쪽은 도로시라고 해요."
"안녕하세요, 실비아. 만나서 반가워요."
"네? 네! 근데 저 케이크는 뭔가요?"

오늘이 리즈라는 사람의 생일이라 다 같이 먹으려고 커다란 케이크를 준비한 거라고 했다. 예배가 다 끝나고 준비되어있는 간식들을 다 위장에 쓸어 담은 뒤 바이블 공부를 해야 된다며 작은 세미나실 같은 곳으로 나를 안내했다.

비싼 학원에서도 1:15 이상의 그룹수업으로 수업을 진행하는데 여기 교회에서는 네이티브가 1:3 으로 바이블 수업을 진행했다. 그것도 무려 2시간이나!! 물론 교회에 따라 다를 수 있는 문제지만 일정이 다 끝나고 호주인, 캐나다인할 것 없이 자연스럽게 삼삼오오 모여서 친구 집에 놀러가고 어울리는 모습이 너무 보기 좋았다.

THEME 02 여행하기

"저기……. 전, 아까도 얘기했지만, 공부하러 왔지 놀러온 게 아닌데요?"
"쿨럭! 잘 알아요, 벌써 두 번째 강조하고 있어요, 학생!"

호주는 알다시피 유러피안들도 반하는 멋진 명소들이 많기 때문에 주말을 이용해서 한 곳씩 방문해 보는 것도 좋다.

"우리 이번 주에 포트 스테판 갈래?"
"그래! 토요일에 가자."

번화가인 시드니에 주말인데도 차가 막히지 않기 때문에 교외로 놀러가도 스트레스 받을 일이 전혀 없다.

"안녕! 혹시 티슈 좀 빌릴 수 있을까?"
"어, 그래. 대신 한 장만 써."

패키지 형식으로 여러 사람이 관광버스를 타고 가는 거라 다 모르는 사람뿐인데도 호주가 항상 그렇듯 낯선 사람에게 말을 거는 것이 전혀 불편하지 않다.

"다 왔습니다. 내리세욧!"
"와~! 멋있다. 유후♥"
"저기! 그쪽 아니거든요!"

관광버스에 있는 한국 사람이라고는 나와 내 친구밖에 없었기 때문에 기분이 더 들뜬 것 같다. 어디든 한국 사람이 있으면 한국에서보다는 당연히 덜 하지만 약간은 신경이 쓰이기 마련이다.

“이 차에 타주세요.”

봉고차 같은 곳에 10명씩 타고 아무것도 없는 모래사막 같은 곳으로 10여 분 정도 들어가더니 커다란 모래 언덕 위에 우리를 내려주었다.

“자! 다들 내려주시고요, 이거 하나씩 들고 가서 모래썰매 타시면 됩니다.”

경사도 꽤 가파르고 생전 처음 해 보는 것이었기 때문에 얼른 엉덩이를 깔고 앉아서 힘차게(?) 출발을 했다. 정말 재밌게 타고 내려왔는데 또 타러 다시 올라가는 게 산을 타는 것보다 더 힘들었다는 사실!

“안젤라! 이건 걷는 게 걷는 게 아니야.”

내 발은 열심히 걷고 있는데 모래에 발이 깊숙이 묻혀서 마치 제자리걸음을 걷고 있는 듯 했다. 더 섬세한 표현을 하자면 모래 속에서 나온 손이 걷고 있는 내 발을 붙잡아 둔다는 느낌이 든다고나 할까? 어쨌든 힘들게 올라갔지만 내려올 때의 색다른 기분으로 젖 먹던 힘까지 다해 또 올라갔다.

“유후♥”
“실비아는 체력도 좋아!”

말이 잘 통하지 않아도 Activity를 하루 종일 같이 즐기니 집으로 돌아갈 때의 버스 안에서는 다들 친해져 있었다.

THEME 03 선생님 댁 방문하기

선생님들은 전 세계 어느 나라를 가더라도 공부 잘하는 학생, 좀 못해도 열심히 노력하는 학생을 싫어하는 법이 없는 것 같다. 또한 선생님과 친하게 잘 지내는 사람치고 공부를 싫어하는 학생이 없는 것 같다. 이 말인즉슨 어디를 가더라도 선생님하고 친해지는 게 중요하다는 말이다!

“로버트 쌤은 어디서 사세요?”
“나는 본다이 비치 근처에서 살아.”
“오! 가깝네요? 놀러가도 돼요?”

본다이 비치면 학원 앞에서 버스로 15분밖에 걸리지 않기에 가장 친한 쿄코와 함께 작은 선물을 하나 들고 선생님 댁으로 찾아갔다.

"어머, 안녕하세요. 너무 아름다운 부인을 두신 것 같아요."

아부 하나는 선천적으로 타고 났기 때문에 선생님 댁 문이 열리기가 무섭게 아부성 멘트들이 마구 튀어나왔다.

"어머, 거실이 너무 예뻐요. 세상에나~ 이렇게 귀여운 아기도 있었네요!"
"실브~ 이제 그만 아부하고 이쪽으로 앉지."

선생님은 애칭으로 나를 실비아가 아닌 '실브'로 불렀다.

"주스 좀 드세요."
"감사합니다. 음~! 맛있어요♥"

주스를 먹으면서 집 곳곳을 둘러봤는데 태국에서 찍은 사진, 일본에서 찍은 사진이 굉장히 많았다.

"일본에서 찍은 사진이 굉장히 많네요."
"아~그거요? 일본을 너무 좋아해서 자주 가는 편이거든요."
"한국은 안 와보셨죠?"

너무 일본 이야기만 해서 화제를 돌려볼까 다른 이야기를 꺼냈다.

"선생님, 다른 또 재미있는 사진은 없나요?"
"아! 나 임신했을 때 사진 보여줄게요."

하지만 나에게 보여준 사진은……. '헉!' 소리가 나올 정도로 임신 사진이 아니라 노출 사진이라고 해야 맞을 것 같이 임신한 상태로 다 벗고 찍은 사진이었으니… 더욱 놀라운 것은 이 사진을 아무렇지도 않게 웃으면서 보여주셨다는 사실!
사실 새 생명을 품고 있는 건 정말 아름다운 모습이 아닐 수 없는데 우리나라 같았으면 있을 수도 없는 일이라 문화 차이가 참 크다고 생각했다. 한 두어 시간 더 이야기를 나눈 뒤 쿄코와 나는 선생님 댁을 나왔다. 그리고 있었던 학교생활의 변화는……?

"스테파니, 조용히 하세요!!"

"(뭐지?) 로버트 쌤, 실비아도 떠들었는데요?"
"…됐고! 자! 공부합시다."

선생님들하고 친해진 덕분에 원치도 않았던 편애까지 받게 되어 학원 생활이 편해졌다는 것이다.

"이달의 최우수 학생은? (두구두구~~~~) 실비아입니다!!!"
"어머! 저요? 제가 왜?? 암튼… 감사합니다!"

300명이 넘는 학원에서 활발한 유럽피안 학생을 제치고 최우수 학생으로 뽑혀서 학원에 내 소감과 사진이 걸렸다. 이 이후로 내가 모르는 학생들까지 내게 와서 인사하는 경우가 많아져서 더 열심히 공부하게 됐다는 이야기!

THEME 04 공원가기

호주에는 공원이 정말 많은데 이것이 내가 가장 부러워하는 것 중의 하나이기도 하다. 우리나라에서는 공원을 가려면 공원 근처에 사는 소수의 사람들을 빼고는 버스를 타고 멀리가야 되고 사람도 많아서 쉬러갔다가 사람에 치이고만 오는 경우도 많은데 호주는 동네마다 큰 공원이 있기 때문에 영화에서처럼 한가한 오후를 즐기기에 충분하다.

"실비아, 뭐해?"
"도시락 싸는 중이야. 공원 가려고."

일요일 아침부터 공원에서 점심 때 먹을 도시락을 준비하느라 정신이 없었다. 가려던 공원은 집에서 도보로 5분이면 충분했기 때문에 집에 잠깐 들러 점심을 먹고 다시 나가도 되지만, 나무 그늘 밑에서 먹는 맛을 재현하고자(?) 감자볶음, 김치, 카라아게(일본식 치킨), 두부조림 등으로 반찬을 준비했다. 그리고 준비한 것들을 풀어 놓자 벤치에 앉아 계시던 호주할머니가 내 도시락을 보더니 입맛을 다시는 듯 맛있어 보인다는 말씀을 건넸다.

"한국 도시락인데 한번 드셔보세요."

동네 공원에는 언제 가더라도 사람이 적지만 다들 혼자 온 사람이 대부분이기 때문에 쉽게 말 상대를 찾을 수 있다. 특히 혼자 오신 할머니, 할아버지들은 적적하신 분들이 많기 때문에 어려워하지 말고 먼저 다가가면 좋은 말씀도 들을 수 있기 때문에 최고의 말상대가 될 수 있다. 또한 공원은 친구를 만들기도 좋은 장소지만, 나무그늘 밑에 돗자리를 깔고 책을 읽거나 공부를 하기에도 좋다. 그래서 나른한 일요일에 집에서 공부에 집중이 잘 안 될 때면 항상 동네 공원을 찾았다.

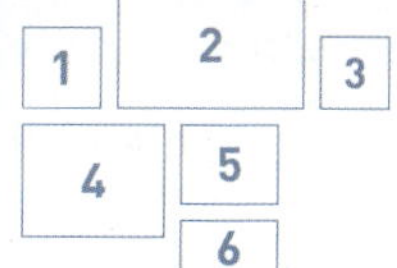

| 1 | 2 | 3 |
| 4 | 5 |
| 6 |

1 신났다 우리들!!
2 주말에는 비치에서 바비큐 파티
3 한국인 티내기 놀이!
4 어설픈(?) 몸짱과 함께 사진촬영
5 아버지와 아들이 서핑을 즐기
는 아름다운 모습

THEME 01 숙제하기

실속파 학생들의 기본은 당연히 숙제하기이다. 숙제는 수동적으로 하면 짧은 시간 안에 끝낼 수 있지만 이런 방식의 과제 해결법은 하나만 하고 둘은 하지 않은 것과 다름이 없다.

숙제를 할 때 우리 반에서 내가 가장 잘해갈 거라고 목표를 잡고 선생님의 큰 칭찬까지 받는 것을 결과로 생각하고 해 보면 조금 더 성의 있게 숙제를 할 수 있을 것이다.

"집에 안 가고 뭐해, 실비아?"
"숙제 다 하고 가려고."

학원 수업이 3시에 끝나면 옵션수업을 듣는 몇 명을 제외하고는 다들 바람같이 사라지기 때문에 조용한 빈 교실에서 숙제를 하면 집중이 잘 되었다.

"나도 숙제하고 가야겠다. 근데 넌 무슨 숙제 하는데?"
"자기소개 하는 거 한 장 써오래."

자기소개는 어딜 가나 자주 시키는 것 중 하나이기 때문에 어렵지 않은 숙제였지만 나를 좀 더 잘 표현하기 위해서 한 줄 한 줄 써내려갈 때마다 내 지나간 화려한 과거들을 떠올렸다. 자기소개서를 다 쓰고 예상 질문들도 뽑기 시작했다.

"너의 전공을 택한 이유가 무엇이냐?"
"왜 영어공부를 위해 호주를 택했냐?"
"필리핀에서는 어떻게 공부했냐?"

예상 질문을 쭈욱 뽑아서 써내려가니 영작 공부까지 덤으로 되었다.

간혹 숙제를 아예 안 내주는 선생님이 계시는데 그럴 때는 본인이 숙제를 만들어 가는 것도 좋다. 그리고…….

한국에 오면 더 어려운 영어 과제를 해야 될 때가 올 수 있기 때문에 미리 호주에 있을 때 다양한 과제를 해봄으로써 대비를 할 수 있다.

THEME 02 1시간 일찍 등교하기

수업이 시작하고 어느 정도 무르익을 때쯤 '삐그덕' 문소리와 함께 수업을 방해하는 이들이 있다. 간혹 어쩔 수 없이 늦는 경우가 있을 수 있지만 그 어쩔 수 없는 경우를 줄이기 위해 1시간 일찍 등교 하는 것도 방법이다. 하루 전날에 예습, 복습을 해도 수업 당일 아침에 한 번 더 복습을 해 주면 수업 시간에 훨씬 도움이 많이 된다.

매일 1시간 일찍 등교를 하게 되면 오늘 배울 내용들을 다시 한 번 훑어볼 수도 있고 절대 수업에 늦을 일이 없기 때문에 아까운 수업을 놓칠 일이 없다.

THEME 03 철저한 수업 준비

가끔 어학연수를 준비하는 사람들이나 어학연수생들을 보면 영어는 방 안에서 하는 게 아니라고 생각하는 사람이 많은데 당연히 틀린 말은 아니지만, 방 안에서 공부하는 걸 절대 배제 할 수는 없다.

"나 호주에서 1년 연수했는데 책 같은 건 보지도 않았어! 내가 볼 때는 외국인 애들 만나면서 자연스럽게 얘기하는 게 중요한 것 같아!"
"아……. 맞아! 한국에서 맨날 영어공부해도 늘지 않는 이유가 그거라니까?"

모두 맞는 말이기는 하지만, 방 안에서 하는 공부와 학원수업에 소홀하면 만나는 외국인마다 항상 쓰는 말만 쓰게 되고, 영어 향상 속도가 느려지게 된다. 그래서 평일 날 외출하게 되면 숙제와 수업준비를 다 해 놓고 계획을 잡던지 다 놀고 집에 일찍 들어와서 적어도 2~3시간 이상은 공부하다가 자야한다.

"실비아, keep a lid on it 이 무슨 뜻인지 말해 볼래요?"
"입 좀 닫으라는 뜻입니다!'
"맞았어요! shut up 이라는 뜻이지요. 그럼 'Hunt him down' 은 무슨 뜻일까요? 실비아?"
"찾아서 그를 죽이라는 뜻입니다. (우잉! 왜 나한테는 이런 것만 물어봐!) 〈엑스맨 울버린〉에서 나왔던 말인데요."
"네, 맞았어요, 훌륭해요!"

이처럼 예습, 복습을 철저히 하면 자신감 있게 수업에 참여할 수도 있고 수업 준비를 해 오지 않은 사람에 비해 2~3배 이상의 효과를 얻을 수 있다.

THEME 04 커리큘럼 파악하기

"오피스 직원 완전 불친절하지 않니?"
"어, 맞아! 한국인 매니저가 특히 마음에 안 들어!"
"카페테리아에 차 떨어졌는데 왜 빨리 빨리 안 갖다놓는지 모르겠어."
"맞아! 우리 학원은 학생한테 신경 써 주는 게 없다니까!"

지금 중요한 것은 학원 직원들이 얼마나 친절한가, 학원에서 얼마나 우리를 아기처럼 보듬어주는가, 시설이 얼마만큼 좋은가가 아니다. 우리가 지금 클래스메이트들과 맞장구를 치며 이야기를 나눠야 될 것은 학원평가가 아닌 학원에 어떤 프로그램들이 있으며 그 수업에 참가해 본 적이 있는 학생을 찾아서 조언을 나누는 것이다.

"오늘 수업 이해가 잘 안가. 한국에서 신문 좀 볼걸 그
랬어."
"비즈니스가 원래 어려워~"

우연히 우리 반 맞은편 교실에서 학생들이 하는 말을 듣고
서야 우리 학원에 비즈니스 프로그램이 있다는 것을 알게
되었다. 이때 이후로 학원에 있는 프로그램들을 체크해 보
니 우리학원은 'IELTS 시험 대비반'으로 어느 정도 정평이
나 있었다. 만약 이런 프로그램들을 미리 알았더라면 ESL
에서 특별한 목적 없이 4개월이나 있지는 않았을 것이다.

"선생님 저 비즈니스로 옮겨도 되요?"
"레벨이 되니까 옮겨도 돼! 마음대로 하렴."

ESL을 마저 마치고 비즈니스로 과정을 옮기니 ESL처럼
쉽지가 않았다. 수업 준비도 더 해야 하고 단어는 더 어려
워졌으며 클래스메이트들도 장난기 없는 얼굴이여서 한층
더 긴장이 되었다. 하지만 ESL 16주보다 비즈니스 8주가
훨씬 실속 있고 알찬 시간이었다.
만약 호주에서 어느 학원을 등록해야 될지 고민 중인 사람
이 있다면 다른 어떤 것보다는 어떤 종류의 프로그램들이
있고 언제 개강을 하는지 커리큘럼의 반응은 좋은지 등을
조사해 보는 것이 좋다.

커리큘럼 종류
① 캠브리지
   (Cambridge)
② 아이엘츠(IELTS)
③ 토익/토플(TOEIC /
   TOEFL)
④ 비즈니스(Business)
⑤ 테솔/ 어린이 테솔
   (Tesol)
⑥ 인턴십 과정
   (Internship)
⑦ 통번역 과정
   (Interpreting
   & Translation
   Program)
⑧ 호텔 매니지
   먼트(Hotel
   Management
   Program)
⑨ EAP(English
   for Academic
   Purposes)
⑩ ESL(English
   as a Second
   Language)

THEME 01 **룸메이트 찾기**

나랑 완전히 다른 패턴을 가진 사람을 만나서 하나씩 고쳐나가는 것도 좋지만 처음부터 최대한 조건을 맞춰서 룸메이트를 구한다면 그보다 편한 건 없을 것이다. 성격이나 취미 생활 같은 건 살면서 조절할 수 있지만 생활 패턴이 완전히 다른 사람을 만난다면 아무리 서로 이해심이 많더라도 같이 살기가 힘들 수 있다.

> "혹시 아르바이트하시는 거 있나요?"
> "네, 학원 끝나고 시티에 있는 펍에서 일해요. 일 끝나고 여기 오면 한 새벽 2시 정도 될 것 같아요."
> "아…… 그래요? 전 일을 안 해서 10시면 자거든요? 하하……."

호주에는 보통 워킹 홀리데이 비자로 많이 오기 때문에 학생 비자로 공부만 하러 온 사람이 큰 목표 없이 일하러 온 워홀 학생을 만나게 되면 생활에 지장을 줄 수도 있다. 그래서 쉐어메이트를 찾는 광고를 할 때 본인의 정보도 적당히 알려주면서 학원 다니는 사람을 선호한다던지, 주간 아르바이트를 하는 사람을 선호한다던지, 특별히 중요하게 생각하는 부분을 이야기 해주면 좋다.

또 본인이 쉐어를 구하러 다닐 때도 쉐어메이트 될 사람과 이야기를 해 보고 어느 정도 본인과 맞을 것 같은 사람으로 선택하도록 하자! 만약 방값이 부담돼 2인 1실밖에 선택의 여지가 없는 상황에서 최대한 혼자 생활을 희망한다면 본인과 반대되는 생활 패턴의 룸메이트를 찾으면 된다.

오래 사귄 연인과 결혼을 해서 살더라도 안 맞는 부분으로 트러블이 생길 수 있는데 생전 처음 본 사람과 살게 되면 잦은 충돌은 당연히 일어나기 마련이다.

> "어? 실비아 밥 먹고 설거지 안 했네?"
> "아… 미안 나 지금 나가봐야 돼서 시간이 없는데 대신 좀 해 주라."
> "어……. 그…래. 밥 먹으면 바로바로 설거지를 해야 되는 거 아닌가?"

이처럼 내가 무심코 한 행동에 룸메이트는 기분이 상할 수도 있고 어렸을 때부터 해왔던 행동들 때문에 내 룸메이트가 불편해 할 수도 있다.

> "저기, 실비아! 샤워하면 화장실 좀 정리하고 나오면 안 될까?"
> "아, 맞다. 자꾸 잊어버리네. 한국에서는 엄마가 알아서 다 치워줘가지구…….."
> "실비아! 화장실 바닥도 너무 미끄러워! 호주까지 와서 화장실에서 죽고 싶지는 않단 말이야!"

내가 단점이 그리 많은 사람은 아니지만 단점 중 하나가 집 청소를 잘 안 한다는 것이기 때문에 내 룸메이트들은 이 부분에서 제일 힘들어했다.

> '혹시 나는 중국사람? 후후.'
> (중국인들은 보통 청소와 목욕하기에 시간 투자를 잘 안한다는 말이 많다.)

사실 룸메이트와 많이 친해지면 행동이 편해지기 때문에 규칙 같은 것이 필요 없을 때도 많지만, 많은 케이스들을 봤을 때 어느 정도의 규칙을 서로 의논해 만들면 훨씬 더 만족스럽게 지낼 수 있다.

Check

쉐어메이트 구하는 광고 전단지

쉐어메이트 구함

- worthstreet 493 깨끗한 주택
- 2인 1실
- 주당 $150
- townholl station 까지 도보로 5분
- 도보 5분 거리에 우러스 대형 마트 있음
- languge school 학생 선호
- 쌀 제공

Check

룸메이트와 규칙 만들어 보기

① 모국어 사용금지
② 일주일에 한 번씩 돌아가면서 청소하기
③ 친구를 집에 데리고 올 때는 미리미리 알려주기
④ 모국 비디오, 영화 보지 않기
⑤ 일주일에 한 번씩 회비 걷어서 장보기

외국인과 룸메이트가 되면 가장 좋지만 일반적으로 구하기가 힘들기 때문에 쉐어메이트 중에 외국인이 있다면 같이 먹고 같이 다니고 같이 공부해 보자!

> "루시, 아침에 몇 시에 일어나?"
> "7시에 일어나서 7시 반에 아침 먹고 8시에 나가!"

서로 편하게 생활하면서 좋은 관계를 유지하려면 일단 쉐어메이트의 하루 스케줄부터 알아야한다. 보통 아침에는 누구나 시간에 쫓기며 준비를 하기 때문에 조금 더 일찍 일어나 화장실을 바로 쓸 수 있도록 배려해주고 아침은 같이 먹는 것이 좋다.

> "어제 손님이 나보고 진짜 서빙 잘한다고 계속 칭찬해 준 거 있지?"
> "오~그럼 Tip도 많이 줬겠네?"
> "팁은 $1 놓고 가던데?"

내가 같이 살던 외국인 친구 루시는 다니는 학원이 달라서 학원은 따로 가지만 레스토랑에서 일을 하고 있기 때문에 항상 재미있는 이야기들을 많이 들을 수 있었다.

> "이거 무슨 뜻인지 알아?"
> "음… 글쎄……. 그동안 잘못해 줘서 미안하다는 뜻인가? 잘 모르겠네?"

학원 끝나는 시간이 비슷해서 집에 오면 각자 공부를 하다가 모르는 것이 나오면 서로 물어보고 둘 다 모르면 말도 안 되는 유추를 해보며 배꼽을 잡았다. 또 각기 다니는 학원 행사에 참석해도 되냐는 민폐(?) 아닌 민폐를 부리기도…….

> "주말에 너네 학원에서 블루마운틴 갈 때 나도 따라가도 돼?"
> "그럼~같이 가자! 돈만 내면 돼!"

한집에서 같이 살게 되면 친해질 수 있는 기회가 많기는 하지만, 함께 어울리기 위한 노력을 하면 그 시간이 많이 단축될 수 있고, 더 돈독한 사이로 외국인 절친을 만들 수 있다. 좋은 친구도 만들고 어학실력도 향상되고, 꿩 먹고 알 먹기!

(Sylvia) Hello ~ My name is Sylvia and I am from korea.
(실비아) 안녕! 난 한국에서 온 실비아라고 해.

(Roommate) My name is Jolie. Nice to meet you.
(룸메이트) 내 이름은 졸리야~!

(sylvia) what do you study?
(실비아) 전공이 뭐야??

(Roommate) I study interior design
(룸메이트) 난 실내 디자인을 공부하고 있어.

(sylvia) Wow. I major in Business Administration Do You mind if I take this bed?
(실비아) 와우! 대단한 걸~ 난 경영학전공이야! 근데 내가 여기 이 침대 써도 되겠니?

(Roommate) hmm… Yes, and I would appreciate it if you could keep the room clean! and I would appreciate it if you could respect each others' privacy and you have to ask me for permission before using my things.
(룸메이트) 음…그래. 그리고 니가 방을 좀 깨끗하게 치워주면 좋겠고, 서로의 사생활을 존중해 주었으면 좋겠어, 또 내 물건 쓸 때는 언제나 허락을 받고 쓸 수 있도록 해주고.

(Sylvia) Hey! somebody please help me to change my roommate she is really terrible I can't stand her anymore!!
(실비아) 저기요! 누가 내 룸메이트 좀 바꿔줘요~! 어디서 이런 물건을… 으, 도저히 못 참아!

PART 06

호주 연수에 대한 선입견 타파!

잘못 알고 있는 호주의 선입견들이 내 결정과 선택에 방해를 하지 않도록 스스로 올바른 정보를 파악하고 내가 가지고 있는 호주에 대한 선입견들은 이번 PART에서 과감히 버리자!

STEP 01 내 친구는 천만 원 벌어 왔대!
STEP 02 미주권보다 저렴한 연수비용
STEP 03 인종 차별
STEP 04 호주가 연중 온화한 날씨라고?
STEP 05 호주는 100% 안전하다?

내 친구는 천만 원 벌어 왔대!

 외국인 노동자

9월 1일, 호주에 투자한 내 학원비, 비행기 삯들을 모조리 되찾는다는 생각으로 급여가 높은 일들을 찾기 시작했다. 아무리 최저 임금이라고 해도 한국보다는 급여가 좋기 때문에 잘만하면 단기간에 목돈을 거머쥘 수 있을 것 같았다.

"아침 8시 출근, 저녁 6시 퇴근!"

점심 때 빵 부스러기나 라면 하나 먹는 시간 빼면 꼬박 9시간을 농장에서 일했다. 그리고 6시에 퇴근하면 백팩커스로 돌아와서 같이 일했던 한국 사람들끼리 떡볶이나 제육볶음을 해먹었다.

"완전 배고프다! 상추 사다가 제육볶음 해 먹자!"
"그래! 좋아 내가 밥하고 있을 테니까 너네가 장봐 와!"

나는 7시 반부터 저녁 파트타임 알바가 있었기 때문에 밥 먹는 시간도 빠듯했다.

"야, 왜 이렇게 늦게 왔어, 나 빨리 먹고 가야 돼!"

농장일 하나만 하는 것도 온몸이 욱신거릴 정도로 힘들었는데 이미 돈맛을 본 나는 더 이상 어학연수생이 아니었다.

"외·국·인·노·동·자"

지금은 노예 계약서 작성 중

노예 계약서 작성 완료!! 이제 일해 볼까나?

THEME 02 급여

농장일로 한 달에 번 돈이 약 $2,000와 저녁 알바로 번 돈이 약 $1,600!
손이 벌벌 떨릴 정도로 번 돈이 한 달에 $3,600이었다. 내 나이에 한국에서 아무리
아르바이트를 한다고 해도 한 달에 150만 원 벌기가 힘들었는데 호주에서는 달랐다.
물론 이렇게 하기까지 놀 시간도, 공부할 시간도 없어서 번 돈을 쓰지도 않고 독특하
고 예쁜 호주 달러를 매주 받는 대로 몽땅 은행에 모두 저금! 아침은 시리얼로 먹고,
점심은 농장에서 나오는 허접한 빵으로 먹으니 소비하는 돈은 저녁식대와, 백팩커스
비용, 교통비였다. 3대 골칫거리 같으니라고…….
교통비도 아까워서 웬만한 거리는 걸어 다녔고 백팩커스도 가장 최악의 시설과 불안
한 보안을 자랑하는 저가 숙소에서 머물렀다. 저녁 찬거리를 살 때도 느지막이 마트
에 가기 때문에 떨이가 많았고 호주는 고기나 소시지가 저렴했기 때문에 여러 명이서
같이 쇼핑을 하면 돈도 크게 들지 않았다.

THEME 03 저녁 알바

저녁에 집에서 영어 공부라도 좀 해야 하는데 돈 벌기로 이를 악문 이상 하루의 최대
고비인 저녁 알바를 놓을 수가 없었다.

"어서 오세요, 몇 분이시죠?"

한 번은 한국 식당에서 서빙을 하고 있는데 음식 맛이 좋아서 그런지 손님들이 가득했다. 그래서 항상 사장님이 하시는 말씀은 여기가 조금만 더 큰 도시였다면 손님이 바글바글 했을 거라는 아쉬운 소리다. 이곳에서는 11시 반에 손님이 뜸해지면 내일을 위한 준비를 하고 청소를 시작했다. 난 이 시점에서 이미 코피 나오기 직전!

"그거 버릴 거면 저 주세요!"

한국이었으면 맛있는 것만 골라 먹었겠지만 여기선 아니다! 좋아하는 것, 싫어하는 것 없이 한국 음식이면 무조건 환영이었다. 더군다나 같이 지내는 사람들이 내가 돌아올 때까지 자지 않고 기다리다가 내가 챙겨 온 음식들로 배를 채우고 자는 친구들도 많았다.

THEME 04 이렇게 살아야 하나?

"오늘은 뭐 좀 싸왔어? 어디 봐!"
"김밥 남은 게 조금 있으니까 먹어."
"와~! 대박♥"

12시가 다 된 시간에 치킨에 맥주도 아니고 김밥으로 이렇게 열광하기란 쉽지가 않지만, 여기서 이러고 살면 흰쌀밥만 있어도 열광할 판이다. 한국에서는 한식당에서 일하는 것은 너무 바보 같은 짓이라 생각했는데 실제 호주에서는 꽤 매력적인 직장이다. 일하기도 편하고, 한식으로 식사가 제공되는 경우도 있고, 심지어 운이 좋으면 남는 음식은 집에 싸갈 수도 있다.
물론 먹는 것만 밝히는 돈 버는 기계 같아서 종종 내가 싫어질 때가 많다. 눈뜨면 일하러 가고, 일하는 내내 한국말은 커녕 밥 먹을 때 빼고는 말할 기회도 없고, 피부는 아프리카인처럼 검게 그을려 지나치게 건강해 보이고……. 하도 무거운 걸 나르다 보니 (여기는 여자일, 남자일 구분이 없다.) 팔에 근육까지 생기고 있는 지경이다. 이러다 등에 여자 앉으라고 하고 팔굽혀 펴기도 할 수 있을 듯.

"너는 남자냐? 여자냐? 화장 좀 하고 댕겨!"

꾸미고 다니라는 주변 권유(아니 강압적인 협박 수준)에 가끔 파우더를 찍어 바를 때면 목과 얼굴이 물과 기름처럼 분리되는 신비한 상황에 화장을 권유했던 친구들을 찾아가 정중하게 멱살을 잡곤했다.

THEME 05   나 돈 벌고 있는 거 맞지?

호주는 우리나라와 달리 주급제이기 때문에 급여를 매주 받을 수 있다. 당연히 집세도 매주 내야 하므로, 급여를 받으면 방세와 식비가 지출되고 교통비를 포함한 용돈을 남겨두고 저금을 하게 된다.

마음 맞는 친구들이랑 단기 쉐어를 구해서 백팩커스가 아닌 작은 아파트에서 생활을 하고 있었는데 여기 집값은 주당 $120, 보증금은 3주치 방값 $360이었다. 농장에서 받는 주급이 $500이고 한식당 주급이 $400이니까 총 $900에서 방값 $120내고 식비가 $150, 교통비 $20, 용돈 $70을 제외하면 과소비 안 하고 딱 쓸 것만 어쩔 수 없이 지출해도 $360이다. 그럼 $900에서 $360을 빼면 $540을 저금할 수 있는 것이다. 이것을 한 달로 계산하면 월 $2,160, 한화로 약 250만 원인 셈이다.

한국에서는 부모님이 해 주는 따뜻한 밥을 공짜로 먹으며 안락한 집에서 집세 안내고 충분히 공부하며 아르바이트해도 벌 수 있는 돈이 한 달에 150만 원이다. 호주에 비해서는 턱없이 적은 돈으로 보일지는 몰라도 실제 일하는 시간과 제대로 먹지도 못하면서 외국인 노동자처럼 일만하는 호주 환경하고 비교를 해보면 돈을 벌고 있음에 마냥 웃어야 하는지는 확신할 수가 없다.

THEME 06   공부는 언제 하지?

이거저거 쓸 것 안 쓰고 숨만 쉬고 일만하니 호주 돈 모으는 재미가 쏠쏠했다. 외화낭비만 하는 게 아니라 대단한 남의 나라 돈인 달러를 내 주머니에 모아들인다고 생각하니 괜히 내가 자랑스러워 보이기도 했다.

막상 일할 때는 처음 경험해 보는 힘든 노동에 팔, 다리가 쑤시는 것이 훈장 같아 기분이 좋기도 했는데, 나중에는 영어 단어 하나 외우지도 않고 호주 땅에서 살고만 있지 영어 한마디 입에 뱉을 일이 없는 나의 생활에 마음이 점점 불안해져갔다. 간혹 외국인과 이야기를 할 때면 (우리나라에서도 간혹 외국인들이 길을 물어올 때가 있는데, 딱 그 정도의 만남이다.) 콩글리시를 남발하면서 의사소통은 잘 된다고 껄껄대고 있었다. 아직도 일부는 외국에 나가서 뭐 하러 학원 다니면서 한국에서처럼 공부를 하는지 모르겠다고, 일을 하면서 돈도 벌고 자연스러운 영어를 배우는 게 낫다고 말하고 있는데 이런 생각은 정말 위험하다!

물론 이미 영어를 잘 하는 사람이고 (어학연수 경험이 있거나 어렸을 때부터 엄청난 사교육으로 인해 원어민과 흡사한 실력의 소유자) 특기가 있는 사람이라면 그 특정 분야로 진출해서 전문 분야에서 일을 하게 되면 당연히 돈도 벌고 인맥도 쌓고 경력도 쌓고 일거양득이다. 하지만 우리가 이런 수준이 아니기 때문에 (영어도 못하고 특기도 없으므로) 죽어라 단순노동을 해서 돈을 벌 수 밖에 없는 거다. 그러니 영어권 호주에 와서 나 같은 사람이 일을 한다는 것은 영어 포기! 청춘 포기! 시간 포기! 건강 포기! only 호주 달러만 벌고 끝난다는 사실!

THEME 07 　외국에서 천만 원 벌어오기

평일에 13시간, 주말에 12시간 하루도 안 쉬고 한 달을 꼬박 일해서 버는 돈이 250만 원이기 때문에 4개월만 모아도 1,000만 원이다! 대단하지 않은가? 그런데 내 몸이 두 달째에서 벌써 망가져 버렸다. 한국에서는 사장님 없을 때 눈치 봐 가면서 농땡이라는 게 있었는데 여기는 직원 하나하나가 젠장할 오너십 및 오너 마인드를 가지고 있기 때문에 직원이 아닌 사장이 한두 명이 아니었다.

"대체……. 님들 왜 그러셈?"

5분을 앉아서 쉴 수가 없으니 다리도 더 이상 내 것이 아니요, 손도 더 이상 내 것이 아니었다.

"너 컨디션이 좀 안 좋아 보인다."

컨디션뿐이던가? 술을 먹은 것도 아닌데 속이 울렁울렁 거리고, 어지럼증을 동반한 몸살기 때문에 걷기도 힘들었다.

"나 내일 일 못나갈 거 같아. 네가 대신 이야기 좀 잘해 줘."

다들 일 나가고, 학원 가고, 아무도 없는 빈집에서 시름시름 앓고 있으려니 갑자기 한국이 너무 그리웠다. 한국이었다면 엄마가 죽도 해 주고 옆에서 신경 많이 써 줬을 텐데, 너무 서러웠다.
결국, 농장을 때려치우고 한식당만 시간을 좀 더 늘려 일하기로 했다. 이제는 낮에 시간이 있으니까 학원을 다니거나 도서관에서 공부를 할 생각이었다.

"야, 너 안 일어나? 일 나가야지!"
"어? 몇 시인데?"

농장 갈 시간에 공부하려고 했는데 그 시간까지 잠을 자기도 버거웠다.(내가 그럼 그렇지, 크흑.) 급여는 반 이상이 줄었는데 생활에는 별반 차이가 없었던 충격적인 사실! 조금 더 느긋하게 일어나고 쉬엄쉬엄 움직인다는 것 말고는 평소와 똑같았다.

"드·디·어!"

5~6개월 동안 이렇게 일을 해서 통장에 1,000만 원이 생겼다. 동그라미가 자그마치 7개인 1,000만 원! 힘이 쫙 빠지면서 내가 해냈다는 뿌듯함에 눈물이 다 났다. 정말 남들처럼 하니까 외국에서 1,000만 원도 벌어지더라! 아~ 돈이 뭔지…….

이제 내 어학연수 예상 기간에서 반 이상을 돈 버는 데 썼으니 아주 짧디 짧은 남은 기간 동안 공부를 해야 할 텐데 이미 망가진 내 생활 패턴과 얼마 안 남은 시간에 과연 얼마만큼의 성과가 있을지 오리무중이다. 과연 한국에서 듣던 '외국에서 1,000만 원 벌어오기' 무용담을 순수하게 멋진 이야기로만 생각할 수 있을까?

외국에서 일을 해 본다는 것은 꿈같은 일이기는 하지만, 진짜 꿈을 이루기 위해서는 지나치지 않게 일을 하는 것이 좋습니다.

군인들이 먹는다는 일명 뽀글이 점심 식사~ 불쌍한 실비아

여자라고 해서 '땅파기' 면제를 받을 순 없는 법! 실비아 전용 미니 삽

미주권보다 저렴한 연수비용

THEME 01 호주를 선택한 이유

미국, 영국, 캐나다 이름만 들어도 '오~' 소리가 나오는 선진국들이 줄줄이 있는데도 가지 않은 이유가 뭐냐고?

  "뭐긴 뭐야. 자금 문제 때문이지."

한 달에 300~400만 원은 우습게 소비될 듯 하여 아버지 연봉이 1억 이상은 돼야 미국 간다고 해도 죄송하지 않을 것 같았다. 이런 선진국들을 피해서 저렴할 것 같은 나라는 단연 뉴질랜드나 호주가 최상의 선택! 호주가 아무리 아름답고 매력이 많은 나라라고는 하지만, 처음 호주를 알아보기 시작한 이유는 '저렴한 가격'이 첫 번째였다.

THEME 02 호주의 반전

  "보나마나 미국은 비쌀 테고 호주는 어학연수 비용이 한 달에 얼마나 들죠?"
  "한 달 학원비 대략 150만 원, 한 달 쉐어비 60만 원 정도에, 용돈까지 대충 300
  만 원은 안 드는 것 같아요."
  "뭐라고요?"

홈스테이를 하면 월 120만 원은 들기 때문에 한 달에 300만 원은 족히 넘는다고 했다. 그 비싸기로 유명한 뉴욕도 한 달에 학원비+홈스테이+용돈 다 해도 월 350만 원이면 충분하다고 했는데 호주 연수비용이 거의 뉴욕 수준이었다.

'이상하다, 분명히 호주는 저렴하다고 했는데…….'

책이나 인터넷이나 여러 곳을 봐도 분위기상 호주는 저렴하고 미국, 영국은 꽤 비싼 곳처럼 나와 있는데 정말 이상했다. 물론 호주 환율이 예전에 비해서 많이 오른 것이 사실이지만 아무리 그래도……. 이건 좀 너무하지 않아?

THEME 03 초기 자금 300만 원으로 호주를 가다

특히나 호주는 300만 원, 500만 원, 많아야 1,000만 원 정도를 투자해서 어학연수를 다녀왔다는 후기가 많기 때문에 '저렴하다'라는 생각이 강한지도 모르겠다. 어학연수를 간다면 꼭 지출해야 되는 3대 비용이 학원비, 숙박비, 용돈인데 그럼 300만 원에 1년 연수를 하고 온 사람들은 무어란 말인가?

 "그것은 다름 아닌 워킹 홀리데이 비자?!"

그렇다! 핵심은 '워킹 홀리데이 비자'에 있었다. 나이만 만 30세 이하이고 질병만 없으면 수시로 신청해서 손쉽게 받을 수 있는 워킹 홀리데이 비자가 있었던 것이다. 이 워킹 비자만 있으면 최대 2년까지 호주에 머무를 수가 있고 학원에 다니지 않아도 규정에 어긋나는 게 없으므로 워킹 비자를 받아서 학원을 안다니면 적은 비용으로 호주를 다녀올 수가 있는 것이다.

THEME 04 등교가 없는 어학연수

해외 어학연수라 함은 자고로 학원(Language school)에서 커리큘럼과 레벨에 맞게 공부를 하고 수업 종료 이후에 Activity나 외국 친구 사귀기 등을 통하여 그 나라 문화와 영어를 습득하는 게 궁극적인 목적이거늘 돈! 돈! 돈! 때문에 가장 중요한 것을 잊어버리는 것 같다.

 "연수 어디로 갈 거야?"
 "돈이 없어서 호주로 가려고……. 호주가 아무래도 싸니까!"
 "호주 어학연수비가 가장 저렴하니?"
 "당연하지! 우선은 300만 원만 있어도 된다고 그랬어!"
 "300만 원에 학원비는 포함된 거고?"
 "아니! 숙박비랑 비행기 값, 당장 쓸 용돈이지."
 "그럼 그게 저렴한 거니? 다른 나라도 학원비 빼면 저렴하지!"

"그건 그렇지만 호주는 우선 그 돈으로 버티면서 일을 구해 볼 수 있으니까!"
"영어도 못하면서 가자마자 연수도 안하고 일을 구한다고?"
"노가다나 청소는 영어 못…해도…된…대."

학원을 안 다녀서 학원비를 절약하는 것으로 연수비를 조절하는 건 호주가 연수비가 저렴해서 초기 자금이 적게 드는 것이 아니라, 그 어느 국가라도 학원비를 빼버리면 부담이 줄어들 수밖에 없다.

THEME 05 호주 연수의 장점

그럼 정상적인 어학연수를 한다고 하면 '호주보다는 미국으로 알아보는 게 나은 것 아닌가?'라는 생각을 하게 될 것이다. 정말 요즈음은 미국보다 호주 환율이 더 높고 어떤 어학연수 기관은 미국에 있는 명문 사설보다 더 비싸기 때문에 놀라울 때가 많다. 예전에 비해서 호주 연수가 많이 비싸진 것이 사실이지만 연수를 하고자 하는 국가를 비교할 때는 꼭 비용만 고려해 보지 말고, 국가의 특징과 장단점을 잘 비교해 보는 것이 좋다. 호주는 친환경적인 아름다운 자연 경관과, 친절한 시민들, 대다수의 공립대학교(95% 이상의 대학이 공립!), 학생 비자 발급의 유연함, 합법적인 구직 활동, 구하기 쉽고 저렴한 숙박 등의 많은 장점들이 있다.

THEME 06 그래도 돈이 없다면?

이거저거 다 떠나서 정말 1,000만 원밖에 투자할 수가 없고 영어 실력을 단기간에 빨리 늘려야 하는 긴박한 상황이라면 어떻게 해야 하나?

그럼 호주가 생각보다 비싼 국가라고 해도 워킹 비자가 있기 때문에 워킹 비자를 받아놓고 호주에 가기 전에 필리핀에 들러서 2~3개월 스파르타식으로 어학연수를 하고 호주에 가는 것도 방법이다. 필리핀에서 기본을 쌓고 호주에 워킹 비자로 도착하자마자 학원에서 4개월 공부를 하고 (공부하는 동안 아르바이트는 안 하는 것이 좋지만 꼭 해야 된다면 짧은 파트타임 정도만 해서 학업에 방해되지 않도록 하자.) 그 이후에 일을 하면 7개월 동안 어학연수만 했기 때문에 적어도 기본기는 최소한 잡혀진 상태에서 일을 할 수가 있는 것이다.

"좋아! 그럼 호주 워킹 홀리데이 비자를 받아서 필리핀 연계연수로 가면 저렴하겠다!"
"빙고!"

 호주 워킹 홀리데이 비자 VS. 학생 비자

어느 나라에서든 1년 어학연수를 하게 되면 모든 비용을 다 해서 3,000만 원 이상은 기본적으로 소비가 된다. 여기서 어떻게 해서든 돈을 아끼려다 보니 저가 학원, 유학원 사기, 등교 없는 연수, 지나친 아르바이트 등의 폐단이 일어나는 것 같다.

"그럼 차라리 한국에서 돈을 벌어서 3,000만 원을 만들어 오라는 소리?"

해외 어학연수란 본래 한국에서 영어 공부를 꾸준히 했고 어느 정도 할 줄 아는데 더 이상 한국에서 공부하는데 있어서 커리큘럼, 환경 등의 한계를 느낄 때 가는 것이다. 그래야 더 효율적이고, 학생 신분으로 공부를 하러 가는 것이니, 학생 비자를 받는 것이 맞다. 그러려면 1년 연수하는데 3,000만 원 이상 지불이 되니 연수 자금으로 3,000~4,000만 원 정도 가지고 있어야 한다는 계산이 나온다.

헌데 여기서 공부에 취미도 없고 뚜렷한 목적도 없는 학생들이 자유로운 워킹 홀리데이 비자를 신청하는 것이고 어마어마한 목돈을 투자하기가 부담스러워, '그냥 회화나 좀 늘리러 가는 것이기 때문에 저렴한 학원에서 공부해도 된다.' 라고 이야기하는 것 같다.

단도직입적으로 영어 실력은 투자한 시간, 투자한 돈 만큼 정직하게 향상이 된다. 정말 무리하는 게 아니라면 학생 신분에 맞는 학생 비자를 받아서 적합한 비용을 내고 제대로 어학연수를 다녀오는 것이 제일 좋고, 이미 영어를 잘하는 사람이라면 워킹 홀리데이 비자를 받아서 기존 영어 실력도 뽐내며 경험 위주의 해외 연수를 하는 것이 좋다.

"결국 자기한테 맞는 비자를 받으라는 소리?"
"빙고!"

호주를 다른 영어권 국가보다 퀄리티가 높은 저렴한 연수지라고 생각하는 것은 호주에 대한 선입견 제1호이다. 요즘은 거의 모든 영어권 국가들의 연수 예상 비용이 비슷하기 때문에 호주에 대한 장단점을 잘 따져본 이후 최종적으로 국가 결정을 하고 비자를 택하는 것이 가장 올바른 방법이라고 할 수 있다.

인종 차별

THEME 01 호주의 인종 차별

어학연수는 호주에서 할 것이라고 거의 확정짓고 있을 때 호주는 인종 차별이 심하다고 주변에서 걱정을 많이 하는 소리를 자주 듣곤 했다.

> "호주는 아시아인들만 보면 막 괴롭힌대!"
> "응, 맞아! 나도 길 가던 아시아인이 호주인에게 맞고 병원에 실려 갔다는 기사 본 것 같아!"

아직 호주 어학연수를 알아보고 있는 단계라 어느 국가가 나에게 맞을지 혼란스러운 상황에서 절친들이 오히려 공포와 걱정을 두 배로 안겨 주고 있었다.

> "그 뭐더라? 지하철 기다리고 있는데 뒤에서 밀어서 즉사했다는 소리도 들었던 것 같아!

이건 뭐 내가 호주에 안 갈 거라는 소리가 나올 때까지 이야기할 생각인지, 친구들은 돌아가면서 질세라 한 마디씩 거들었다.

> "야, 야! 됐어! 너네 러시아 스킨헤드랑 헷갈리나 본데 호주는 아니거든!"

어딜 가서 맞아죽거나 다쳐서 죽거나 다 제명대로 살다 가는 것이지, 죽을 운명인 사람이 호주에 간다고 안 죽고, 안 죽을 운명이 호주에 간다고 죽을 건 아니라고 생각한다. 물론 내 성격에 아시아인이라고 무시를 당하면 그건 당연히 화를 낼 이유다! 더군다나 백인보다 훨씬 똑똑하고 강인한 정신의 한국인을 무시한다면 절대 못 참을 일!

절친들의 괜한 우려를 뒤로하고 기대에 부푼 호주 어학연수가 시작되었고 내 생에 처음 만나본 다양한 국적의 동기생들이 신기했다. 스위스, 브라질, 프랑스, 태국, 일본, 중국, 독일, 터키 등 중상급 반이라서 그런지 몇 명의 한국인들을 빼고는 여러 국적의 학생들이 있었다.

“안녕, 난 자밀레라고 해. 넌 어디서 왔니? North Korea?”
“아……니. North에서는 못 와. 난 South Korea에서 왔어!”

유럽애들은 콧대도 높고 문화가 안 맞아서 친구 되기가 무지 어렵다고 들었는데 꼭 그렇지도 않았다. 같은 반이라서 그럴 수도 있겠지만 그들은 오히려 먼저 말을 걸어주고, 먼저 놀러가자고 제의도 했다.

“오늘 클럽데이인데 약속 없으면 클럽이나 갈래?”
“클럽? 나 한국에서도 클럽은 한 번도 안 가봤는데?”

우리 반 60%가 유러피안이었는데 그 60%와 나, 한국인 오빠와 함께 다운타운에 있는 클럽으로 이동했다. 이미 사람이 꽉 차 있어서 클럽 밖으로 20여 명이 줄을 서 있었다. 그렇게 한 시간이 안 되게 기다리다 안으로 들어왔는데 클럽 안은 발 디딜 틈이 없었다. 이런 곳에서는 춤은커녕 숨도 못 쉴 듯했다. (나는 이런 정신없는 클럽에서 적응도 안 되고 있는데 한국인 오빠는 패를 돌리는 모습의 고스톱 춤을 추며 즐기고 있었다.)

THEME 03 생일 초대

호주에서 만난 절친의 생일을 맞이하여 잊지 못할 생일을 해 주고 싶었다. 이리저리 머리를 굴리며 작전을 짜보았는데 특별한 아이디어가 없어서 제일 단순하면서도 성의가 많이 들어가 있는 걸로 결정했다. 그것은 다름 아닌 최대한 많이 초대해 놓고 몇 명 모이지 않은 것처럼 조촐하게 보내자고 속인 후 떼로 몰려와 ‘서프라이즈’를 하는 것이었다. 과연 좋아할까? 그리고 그때부터 슬슬 아는 친구들을 섭외하기 시작했는데… 실비아의 인맥이 어디까지인지 알아보는 시간!

“히로시! 이번 주 토요일 찰리생일인데 시간돼?”

“얘! 안젤리나 졸려, 토요일 시간되니?”
“리차드 바닥에 기어! 와줄 거지?”

우리 반, 다른 반 할 것 없이 친구들을 초대하니 20명이 좀 못 되게 모였는데 외국에서 이 정도면 사실 엄청난 인원이다.

“파스칼! 이번 주 시간돼? 찰리 생일이거든.”
“아, 그래? 어쩌지? 이미 선약이 있어서…….”

역시 유럽애라 아시아인들 생일 파티에 올 리가 없었던 것인가? 그리 생각하고 체념하듯 흘리듯 말을 했더랬지.

“너 오면 현주 언니가 좋아할 텐데 아쉽네. 그럼 다음에 봐!”
“뭐? 현주? 나 갑자기 선약이 취소될 것 같아. 토요일 어디로 가면 된다고?”

이런 건 인종 차별이 아니라 여성 차별이었다. (이런 제기발랄♥ 같으니라고)

“예쁜 여자와 평범한 여자의 엄청난 격차, 실제로 몸소 체험했다는…….”

THEME 04 인종 차별을 보다

사실 호주는 우리가 호주 밖에서 듣는 것과는 다른 것이 많다. 호주 밖에서는 인종 차별이 꽤 심해서 밖에 조심히 다니라는 주의를 많이 들었지만 실제로 호주는 안전하고 온통 아시아인에게 친절한 오지 사람들 밖에 없는 것 같다.

‘쨍그랑! 우당탕쿵탕!’
“무슨 소리지??”

친구들과 Pub에서 맥주 한 잔을 하고 10시쯤 집으로 가고 있는데 갑자기 유리창 깨지는 소리가 들리는 것이 아닌가? 재빨리 소리가 난 곳으로 뛰어가 보니 어린 호주인 대여섯 명이 큰 돌을 어디서 구했는지 여러 개를 바닥에 놓고 집중적으로 한 가게를 향해 돌을 던지고 있었다.

‘이럴 수가!’

타깃이 된 가게는 친절한 중국계 할아버지가 운영하고 있는 곳이었다.

흑인을 보면 무조건적으로 무서워하고 피하는 한국 사람도 옳지 않아!

땅을 빼앗긴 '에버리진'의 애처로운 뒷모습

분명 인종 차별이 없는 곳이었는데 눈앞에서 말로만 듣던 인종 차별이 일어나고 있었던 거다. 어찌 보면 사람 없는 밤에 유리창만 깨트리고 가는 것이라 사람이 전혀 다친 것은 없었지만, 저 어린 핏덩어리들이 뭘 안다고 무차별로 저런 몰상식한 행동을 하는 것인지 물어보고 싶었다.

"근데… 물어볼 용기가 안 나서 조용히 자리를 떠났다는……."

그럼에도 전반적으로 호주에서는 내가 여자라서 그럴 수도 있겠지만 호주인에게 길을 물어봐도 너무 친절하게 가르쳐 주거나 버스나 전철에 앉아 있으면 항상 먼저 말을 걸어주기 때문에 인종 차별은커녕 호주인들이 오히려 좋게 다가왔다. 그런데 막상 이런 모습을 보니 아직도 소수의 호주인들은 인종 차별을 하고 있는 듯했다.

"나랑 친한 유럽애들은 인종 차별이 없던데 참 다행이야!"

THEME 05 유럽 친구

"실비아, 너는 어떻게 유럽 애들이랑 친해진 거야?"
"음……. 나도 궁금했어. 비결 좀 알려줘 봐!"

우리 반에 있는 60%의 유럽인들과 내가 가장 친하고 유럽 애들 사이에 앉아서 수업도 같이하고 수다도 많이 떨기 때문에 우리 반의 태국 친구, 일본 친구 하고는 지금 거의 처음 이야기를 나누는 것 같다.

"비결은 뭐……. 딱히 별거 없는데? 그냥 어쩌다 보니까 친해진 것 같아."
"어쩌다가? 말도 안 돼! 나는 일부러 친해지려고 해도 안 됐다고!"

다른 친구들은 나에게 유럽 친구들이 많다는 것이 진정 부러운 것 같았다. 물론 나도 호주에 오기 전부터 한국인들끼리 어울리거나 한국인 아니면 일본인들과 다니는 것은 자제해야겠다고 다짐을 해서 유럽 친구들에게 더 친근하게 대했는지도 모를 일이다. 하지만 처음으로 이야기를 하고 있는 이 두 친구들이 지금까지 어울려 다닌 유럽 친구들보다 훨씬 편하고 오래 사귄 친구 같은 느낌이 들었다.

THEME 06 인종 차별이 아닌 문화와 성격 차이

아시아 친구들과 처음 말을 해 본 이후 이제는 내가 먼저 다가가서 장난도 치고 도시락도 같이 먹게 되었다.

"음……. 맛있다. 이게 무슨 반찬이야?"

아시아 음식은 웬만해서는 다 내 입에 맞았다. 특히 일본 음식은 깔끔하고 항상 먹던 음식 같아서 제일 맛있었다는…….

"나 한국 컵라면도 있는데 도시락이랑 같이 먹을까?"
"우와, 좋아! 한국 라면 너무 맛있어."

다른 친구들도 나 못지않게 한국 음식을 좋아했다. 점심을 먹는 1시간 동안 유럽 친구들은 도시락을 싸오지 않기 때문에 밖으로 모두 나가고, 아시아 친구들은 거의 모두 도시락을 준비해 왔는데 그들과 나는 학원 카페테리아에서 같이 먹었다. 영어로 수다를 떨며 먹는 점심인데 왜 이렇게 재밌고 유쾌한지 1시간이 10분처럼 금방 지나간다. 유럽 친구들과는 내가 이야깃거리를 일부러 만들어 오거나 그때그때 힘들게 짜내서 재미있는 시간을 보내기 위해 인위적으로 노력을 하는 반면에, 아시아 친구들은 그냥 같이 앉아 있기만 해도 편안했다.

결국 그렇게 초기에 같이 붙어 다니던 파스칼, 자밀레 등의 애들하고는 점점 멀어지고 인사도 하지 않고 다녔던 아시아 친구들과 급속하게 친해져서 절친이 되었다. 유럽 친구들하고 한창 친하게 어울려 다닐 때도 자기들끼리는 빵빵 터지며 이야기하다가 내가 와서 물어보면?

라면서 지나갈 때가 종종 있었다.

그럴 때면 내가 친구가 맞기는 한 건가 생각하며 벽이 있었는데 아마도 우리가 '인종 차별'이라 생각하는 것이 이런 것이 아닌가 싶다. 문화 차이와 성격 차이에서 나와 다르다고 느끼는 것 자체가 인종 차별은 아닌지 조심스레 생각해 본다.

1 문화가 비슷한 아시아 친구들
2 가라오케 문화가 없는 스위스 친구의 어색한 노래~
3 말하지 않아도 통하는 사이, 아시아 친구들!!

호주가 연중 온화한 날씨라고?

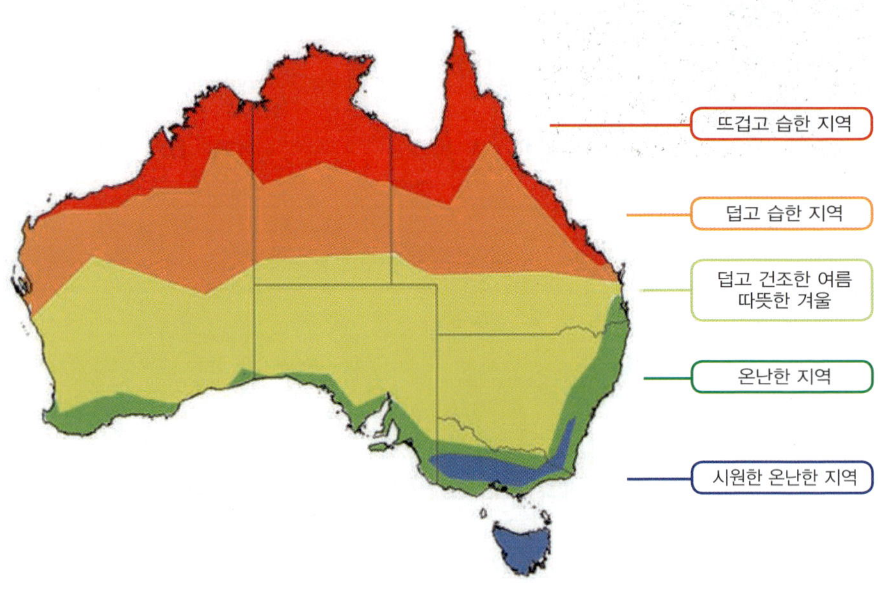

대부분의 사람들이 호주의 날씨가 연중 온화할 것이라는 착각 아닌 착각을 하는 듯하다. 호주로 연수를 결정했다면 호주의 지역별 날씨를 고려해 보는 것이 상당히 중요하다!

THEME 01 오페라 구경 나들이

한 번은 시드니에서 무료 오페라 공연을 한다는 소식에 같은 집에 살고 있던 영국인 커플과 같이 공연을 보러 가기로 했다.

"너희가 먼저 가서 자리 잡고 있어."
"응, 그래 이따 오후에 천천히 와."

좋은 자리에서 공연을 보기 위해서는 이른 아침부터 자리를 잡아 놓아야 했기 때문에 나와 내 친구가 먼저 출발을 했다.

"우리 지금 간다! 이따 맛있는 거 사 가지고 와!"
"응. 우리가 저녁 쏠 테니까 수고해."

날씨가 얼마나 화창한지 오래간만의 나들이에 기분이 들떠 있었다. 본다이 정션에서 버스를 타고 City로 간 후 도보로 공연을 하는 공원까지 이동했다. 우리가 꽤 일찍 와서 거의 앞자리에 돗자리를 폈다.

"날씨 너무 좋다. 우리 낮잠이나 잘까?"

세상에서 내가 가장 여유로워 보일 수 있게끔 돗자리에 그대로 드러누워 잠을 자기 시작했다.

THEME 02 변덕스러운 날씨

"너 혹시 카디건 없니?"

대자로 누워서 자기 시작했는데 시간이 지남에 따라 내 몸에서 한기가 느껴지기 시작하더니 점점 웅크리며 카디건을 찾고 있었다. 원래 잠을 자고 나면 추워지기 마련이라 대수롭지 않게 생각했는데 이미 아까의 날씨가 아니었다.

“우리 여기서 며칠 잔 거 아냐? 갑자기 왜 이렇게 추워졌지?”

더 기가 막힌 것은 집을 떠나 올 때 날씨가 너무 좋아서 반팔에 반바지만 입고 왔기 때문에 카디건이 있을 리가 없었던 것이다.

“그냥 참자! 뭐 이정도 추운 것쯤이야.”
“하긴 호주애들도 반팔 입은 애들이 거의 대부분이네.”

그렇게 호주인의 체력에 질 수 없다는 일념으로 (한국인의 근성을 보여랏!) 그냥 돗자리에 앉아서 팔짱을 끼고 버티고 있었다.

“으악! 비다!”
“뭐? 어떡하지?”

우리가 보러갔던 오페라 공연은 야외에서 진행되는 오페라 공연이었기 때문에 몸을 피할 곳이 없었다.

“우리 오페라 하나 무료로 보겠다고 아침부터 이게 무슨 강아지 고생이냐?”

결국……. 견디다 못한 우리는 영국인 커플에게 카디건과 우산을 요청하고 가만히 생쥐 꼴을 하고 앉아있었다.

THEME 03 잊을 수 없는 오페라 공연

영국 친구들이 당도하고 나서는 좀 살만했다. 카디건도 입고 (살짝 젖은 몸에 입으려고 하니 여간 고통스러운 것이 아니었다. 그래도 감기 걸릴까 봐 억지로 입었다.) 우산도 딱 준비되어 있으니 이제는 더 이상 부러울 것이 없었다.

“어머, 저기 봐!”
“담요네? 준비성 철저하다. 우리도 무릎 담요 하나만 가져왔어도…….”

공연이 저녁 6시 이후에 시작했기 때문에 뒤늦게 도착한 친구들하고도 꽤 오랜 시간 담소를 나누며 시간을 보낼 수 있었다. 그리고 어느덧 시간이 흘러…….

“와아! 시작한다!”
“어머, 웬일이야? 나 오페라 한 번도 본 적 없는데 대박이다!”

공연은 무료로 진행되었기 때문에 큰 기대를 하지 않았지만 그 고생을 하며 하루를 기다린 보람이 있을 만큼 너무나 훌륭했다. 배우들은 혼을 실은 연기를 보여주었고 스토리나 사운드 등 모두 완벽했다.

"무료 공연인데도 이렇게 훌륭한데 유명한 공연은 얼마나 대단할까?"

아침부터 사계절이 지나가는 바람에 고생을 좀 했지만 고생이 전혀 아깝지 않은 후회 없는 공연이었다.

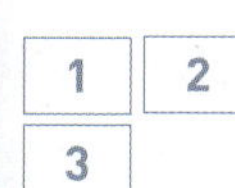

1 호주의 온화한 날씨
2 한여름의 크리스마스
3 겨울에도 바다 수영을 할 수 있는 곳

Check

호주의 날씨는?

사실 호주는 전반적으로 온난한 기후가 맞습니다. 겨울에도 크게 영하로 떨어지는 경우가 없기 때문에 겨울에도 바다 수영이 가능한 정도죠.

허나 워낙 '온화한 기후'라는 단어만 맹신하게 되면 올바른 짐 싸기를 할 수가 없으며 여행을 할 때 고생 아닌 고생을 할 수 있으므로 일교차가 심하고 갑작스러운 비가 올 수 있다는 것도 염두에 두어 놓으면 좋을 것 같습니다. 또한 지역마다 날씨가 매우 달라서 방문한 지역의 날씨도 파악해 놓도록 하세요.

예를 들어 다윈은 11월에서 4월까지는 우기이기 때문에 비가 거의 매일같이 내려서 여행을 하기가 매우 어렵고 멜버른의 경우 하루에도 사계절이 지나가는 경우도 있으므로 가방에 카디건과 우산 하나를 준비하면 좋습니다.

THEME 01 안전한 국가라는 선입견

"영어권 국가 중에서 치안 좋은 곳이 어디죠?"
"음……. 글쎄요. 호주, 캐나다, 뉴질랜드?"
"조오아쓰어! 호주로 낙찰!"

미지의 세계에 대한 공포심이 있기 때문에 치안 좋은 국가가 무조건 우선순위였다. 호주를 선택하고 호주에서 거주한지 2~3개월이 지났는데도 정말 호주에서는 크고 작은 사건, 사고도 전혀 없고 밤에 돌아다녀도 하나도 무섭지 않았다. 아름답고 깨끗하고 우호적인 나라인 것도 모자라 안전하기까지 하니 완벽한 나라 그 자체였다.

"우리 클럽갈래?"
"오늘이 클럽데이인가? 그래, 가자!"

클럽데이에 가면 사람도 많고 재밌기 때문에 가끔 문화생활(?)을 할 겸 가고 있다. (거의 매주 간적도 있다. 하하)

THEME 02 우리는 외국인

"준비 다 했어?"
"응, 다했어. 출발하자!"

오랜만에 간 클럽에는 역시나 줄이 엄청나게 길었다.

"한 시간 기다리면 들어가겠다! 다들 공부 안 하고 왜 이런 데만 오는지 원… 말세야 말세."
"그니까~호주에 왔으면 공부나 할 것이지."

공부 안 하고 온 우리 생각은 전혀 하지 않고 다른 사람들 흉을 보며 한 시간을 기다렸다가 들어갔다.

"♬♬붕붕붕~가르낄게 붕붕붕 가르낄게~♬♬"

바닥이 울릴 정도로 크게 들려오는 음악에 어깨춤이 절로 나왔다.

"으악! 내 가방! 내 명품가방이 없어졌어요!"

30분쯤 음악을 즐기고 있는데 한 동양인 여성이 소리를 질렀다. 소파에 놔둔 핸드백이 없어졌다는 것이었다. 호주에서도 이런 사고가 일어나다니, 믿어지지 않았다. 지갑을 화장실 세면대에 놓고 나오면 반나절이 지나서 다시 가도 아무도 안 가져가는 곳이 호주인데 물품 도난 사고가 일어나다니 신기했다. 사실 한국이나 일본처럼 안전한 국가도 여러 사람이 살고 있기 때문에 본인이 주의하지 않으면 여러 사고가 날 수 있는 것이 아닐까 생각된다. 하물며 호주에서 우리의 신분은 '외국인'이 아닌가.

THEME 03 호주의 실종자들

영화 〈Wolf Creek〉(흥행에는 실패해서 모르는 사람이 많지만)을 보면 호주에서는 매년 3만 명의 실종자가 생긴다고 한다. 실종자들 중 일부의 실화를 바탕으로 만들어진 이 영화를 보면 호주가 꼭 안전하다고 장담할 수는 없을 것 같다. (아웃백 여행을 하던 세 명이 살인마에게 붙잡혀서 두 명은 처참히 살해되고 한 명만 겨우 생존한 스토리) 호주의 땅덩어리가 너무도 거대한데다가 인구수는 적기 때문에 오지 여행을 할 때는 특히 주의를 해야 할 것이며 대도시에 산다고 해도 만취해서 비틀비틀 걸어 다닌다거나 하면 당연히 표적이 될 수밖에 없다. 그럼에도 호주는 분명 안전한 국가이고, 살기 좋은 나라임에는 분명하다. 그래서 많은 사람들이 영주권을 받기 위해 그리도 노력하는 것이다. 국민성만 보아도 여지없는 선진 국가이며 우리가 배워야 할 점이 너무도 많다. 헌데 호주도 사람이 사는 곳이기 때문에 무조건적으로 안전한 국가라는 생각보다는 선진 의식을 가지고 항상 주의를 하여 아름답고 안전한 국가에서 좋은 기억만 가지고 귀국하도록 하자!

Australia

PART 07

생활 적응 노하우

01. 버스

"우리 본다이 비치갈래?"
"그래~좋지~걸어가면 은근히 머니까 버스타자."

도보로 30분도 안 되는 거리인데 버스 정류장이 바로 집 앞에 있어서 버스가 더 편했다.

"블루텐 거의 다 썼네. 이제 두 번 밖에 안 남았어."

시드니는 교통체계가 복잡해서 저렴하게 이용하기 위해 할인 패스를 구매하려고 하면 이해가 안 되는 부분이 있다. 그래서 그냥 그때그때 현금을 내고 다니는 사람도 종종 볼 수가 있지만 생각보다 어렵지 않다.

시드니 시내를 많이 다니는 사람들은 (한 시간 내외의 거리) My Bus Travel Ten (기간에 상관없이 10회를 이용할 수 있는 버스티켓)중에서 '블루텐' 하나만 구매해서 다녀도 충분하다. 선진국이 우리나라 보다 물가가 더 비싸다고 느껴지는 것은 아마도 대중교통 요금이 큰 비중을 차지하는 게 아닐까 생각이 된다.

10~20분 내외로 가까운 거리를 갈 때에만 2천 원 정도이고 30분 이상 오래갈수록 구간별 요금이 적용되어 요금이 팍팍 올라 간다. (6~8천원까지도 올라간다.)

"본다이 비치 다 왔다 내리자."

호주의 버스는 우리나라처럼 (지금은 우리나라 버스의 일
부도 선진국 형이다.) 탑승하는 곳이 계단식이 아니고 버
스정류장 보도블록과 비슷한 높이여서 타기가 너무 편하
다. 물론 장애인들 휠체어도 아무 어려움 없이 탑승할 수
있어서 보는 사람이 다 뿌듯해진다.

지하는 전철, 1층에는 버스정류
장이 있어서 기다리는 것도 너무
편리하다.

차체가 낮아서 타기 편한 선진국형 버스

내부도 넓고 편리한 구조

호주의 광활한 대륙은 뚜벅이로는 버겁다. 버스 쌩유~!

버스대신 가끔은 스카이트레인도 타주는 센스

02. 무료버스&단속

대중교통 요금이 우리나라에 비해서 훨씬 비싼 게 사실이지만 (우리나라의 환승서비
스가 호주에도 도입되면 참 좋을 텐데. 우리나라 좀 본받으라고!) 할인패스나 무료 버
스를 이용하면 대중교통비 지출을 조금이라도 낮출 수 있다.

시드니에는 시내에서 서큘러키까지 무료버스가 아침부터 오후까지 운행을 하고 있고
(시드니에서 떠날 때쯤 발견했다는 놀라운 무관심의 소유자! 하하) 멜버른에는 시내
를 순환하는 무료 트램이 존재하고 있다. 물론 퍼스, 애들레이드에도 무료 대중교통
이 있다.

"우리 트래블텐 찍지 말까?"
"단속 뜨면 어떻게 하려고! 안돼!!"

버스를 타면 트래블텐을 기계에 직접 찍는 자유(?)가 있기 때문에 매번 '찍지 말고 그냥 내릴까?'하는 악마의 속삭임이 귓가에 맴돌고, 가끔 악마가 이길 때면 의지와 상관없이 무임승차를 하고 슬쩍 내린다. 이건 어디까지나 내 친구의 친구 이야기이다! 정당히 버스 값을 내고 타야지~ 무임승차가 웬 말? 실비아 이야기 같다고? 공소시효 지나고 이야기 다시 해주겠음. 하하

"잠시만요. 버스티켓 좀 보여주세요."
"네? 티켓요? 잠깐만요, 내가 아까 분명히 영수증을 여기에 두었는데… 참 희한한
일이 따로 없네요. 그죠?"

내 친구의 친구는 실제 단속에 걸려서 벌금을 겨우 모면했다고 하였다. (저 실비아 얘기가 아니라니깐요!) 우리나라는 믿고 사는 사회라 대중교통 단속경찰은 없는데 호주는 선진국인데도 이런 시스템이 있다.

사랑스러운 무료버스

무료버스를 애용하는 승객들이 꽉꽉

03. 그레이하운드 (Greyhound)

"케언즈 놀러갈까?"
"케언즈까지? 시드니에서 케언즈가 얼마나 먼데!!"
학원방학이나, 학원종강 날이 다가오면 여기저기서 다들 배낭여행 계획을 세운다.
"비행기를 타고 가야 하나? 렌트를 해야 하나?"

호주의 웬만한 지역은 전부 다 비행기 이용을 고려해봐야 할 정도로 넓기 때문에 여행 때마다 고민을 안 할 수가 없다.

“한 지역만 가는 거면 비행기를 타겠는데, 기왕 떠나는
거 가능하면 여러 지역을 보고 싶은데…….”
“그럼, 그레이하운드를 이용해볼까?”

그레이하운드는 배낭여행객들에게 인지도가 높은 버스회
사이다. 특히나 동부 여행을 계획하고 있다면 그레이하운
드를 이용하는 것이 보다 저렴하다.

“시드니에서 출발해서 코프스하버, 바이런베이, 골드
코스트, 브리즈번을 거쳐서 케언즈로 가면 좋을 것 같
아!”
“그래~ 기왕 케언즈까지 올라가는 김에 최대한 많이
보자!!”

그레이하운드 홈페이지에 들어가서 표를 온라인으로 예매
하거나, Station에 가서 직접 표를 구매하는 방법이 있고
플랜마다 비용이 모두 다르다.

한 지역 간의 이동거리가 보통 10시간이기 때문에 밤에 출발하면 숙박비를 아낄 수 있다. 잔머리~!!

티켓 검사는 꼼꼼하게

>> Greyhound Fare

10일짜리 티켓 $350 (10일 동안만 사용가능)
10일짜리 티켓 $492 (유효기간 60일)
15일짜리 티켓 $498 (15일 동안만 사용가능)
15일짜리 티켓 $637 (유효기간 60일)
21일짜리 티켓 $629 (21일 동안만 사용가능)
21일짜리 티켓 $777 (유효기간 60일)

>> Mini Traveller Passes

• 시드니 ↔ 케언즈

시드니에서 출발해서 케언즈까지 가는 패스이고, 가는 길에 무제한으
로 내렸다가 탈수 있다. 케언즈에서 출발해서 시드니까지 갈수도 있으
며, 한쪽 방향으로만 이용가능하다. (되돌아가다가 발각되면 추가비용
을 내야함)
유효기간 : 90일
비용 : $386

• 케언즈 ↔ 브리즈번 or 골드코스트

케언즈에서 출발해서 브리즈번까지 가는 패스이고, 가는 길에 무제한
으로 내렸다가 탈수 있다. 브리즈번에서 출발해서 케언즈까지 갈수도

> **Tip**
>
> **그레이하운드 홈페이지**
>
> https://www. greyhound.com.au/
>
> • 그레이하운드 연락처
>   T.1300-473-946
>   F.07-4638-2178
> • 그레이하운드 업무 시간
>   Mon-Fri
>   8am~6pm
>   Sat-Sun
>   8am~4pm

있으며, 한쪽 방향으로만 이용가능하다. (되돌아가다가 발각되면 추가비용을 내야함)

유효기간 : 90일

비용 : $321

• 케언즈 ↔ 바이런베이

케언즈에서 출발해서 바이런베이까지 가는 패스이고, 가는 길에 무제한으로 내렸다가 탈수 있다. 바이런베이에서 출발해서 케언즈까지 갈 수도 있으며, 한쪽 방향으로만 이용가능하다. (되돌아가다가 발각되면 추가비용을 내야함)

유효기간 : 90일

비용 : $326

• 케언즈↔멜버른

케언즈에서 출발해서 멜버른까지 가는 패스이고, 가는 길에 무제한으로 내렸다가 탈수 있다. 멜버른에서 출발해서 케언즈까지 갈수도 있으며, 한쪽 방향으로만 이용가능하다. (되돌아가다가 발각되면 추가비용을 내야함)

유효기간 : 90일

비용 : $445

• 시드니 ↔ 브리즈번 or 골드코스트

시드니에서 출발해서 브리즈번까지 가는 패스이고, 가는 길에 무제한으로 내렸다가 탈 수 있다. 브리즈번에서 출발해서 시드니까지 갈 수도 있으며, 한쪽 방향으로만 이용가능하다. (되돌아가다가 발각되면 추가비용을 내야함)

유효기간 : 90일

비용 : $146

• 하비베이 ↔ 시드니

시드니에서 출발해서 하비베이까지 가는 패스이고, 가는 길에 무제한으로 내렸다가 탈 수 있다. 하비베이에서 출발해서 시드니까지 갈 수도 있으며, 한쪽 방향으로만 이용가능하다. (되돌아가다가 발각되면 추가비용을 내야함)

유효기간 : 90일

비용 : $219

• 하비베이 ↔ 멜버른

하비베이에서 출발해서 멜버른까지 가는 패스이고, 가는 길에 무제한으로 내렸다가 탈수 있다. 멜버른에서 출발해서 하비베이까지 갈 수도 있으며, 한쪽 방향으로만 이용가능하다. (되돌아가다가 발각되면 추가

비용을 내야함)

유효기간 : 90일

비용 : $292

• 하비베이 ↔ 케언즈

하비베이에서 출발해서 케언즈까지 가는 패스이고, 가는 길에 무제한
으로 내렸다가 탈수 있다. 케언즈에서 출발해서 하비베이까지 갈수도
있으며, 한쪽 방향으로만 이용가능하다. (되돌아가다가 발각되면 추가
비용을 내야함)

유효기간 : 90일

비용 : $242

• 시드니 ↔ 에일리비치

시드니에서 출발해서 에일리비치까지 가는 패스이고, 가는 길에 무제
한으로 내렸다가 탈수 있다. 에일리비치에서 출발해서 시드니까지 갈
수도 있으며, 한쪽 방향으로만 이용가능하다. (되돌아가다가 발각되면
추가비용을 내야함)

유효기간 : 90일

비용 : $338

• 에일리비치 ↔ 바이런베이

에일리비치에서 출발해서 바이런베이까지 가는 패스이고, 가는 길에
무제한으로 내렸다가 탈수 있다. 바이런베이에서 출발해서 에일리비치
까지 갈수도 있으며, 한쪽 방향으로만 이용가능하다. (되돌아가다가 발
각되면 추가비용을 내야함)

유효기간 : 90일

비용 : $254

• 에일리비치 ↔ 브리즈번 or 골드코스트

에일리비치에서 출발해서 브리즈번까지 가는 패스이고, 가는 길에 무
제한으로 내렸다가 탈수 있다. 브리즈번에서 출발해서 에일리비치까지
갈수도 있으며, 한쪽 방향으로만 이용가능하다. (되돌아가다가 발각되
면 추가비용을 내야함)

유효기간 : 90일

비용 : $228

• 케언즈 ↔ 엘리스 스프링스

케언즈에서 출발해서 엘리스 스프링스까지 가는 패스이고, 가는 길에
무제한으로 내렸다가 탈수 있다. 엘리스 스프링스에서 출발해서 케언
즈까지 갈수도 있으며, 한쪽 방향으로만 이용가능하다. (되돌아가다가
발각되면 추가비용을 내야함)

Tip

City Sight Seeing Bus

지붕이 없는 빨간색 2층 버스로서 여행객들을 위한 투어용 버스이다. 시드니, 퍼스, 케언즈 등에서 운행이 되고 있으며 24시간 유효한 티켓 내지는 48시간 유효한 티켓을 버스기사에게 직접 구매하여 사용할 수 있다. 우리나라는 사람들이 타면서 기계에 찍는 버스카드 시간조차도 지루하게 느껴져서 누군가 버스카드를 찾는다고 지갑이라도 뒤적이게 되면 "아~! 뭐야! 왜 이렇게 오래 걸려!"라며 대번 짜증을 내곤 하는데 이상하게도 호주에서는 한명씩 버스에 타면서 현금으로 간단한 상담까지 하면서 버스표를 구매하는데도 하나도 짜증이 안 난다. 나뿐만이 아니라 먼저 타서 앉아있는 호주 인들은 오히려 미소를 짓고 있는 것이 참 미스터리(?)하다. 우리도 한국에서 이런 여유로운 마음을 가져보는 건 어떨까?

카카두 국립공원으로 향하는 2층짜리 투어버스 ~!

블루마운틴 2층 투어 버스

블루마운틴 2층 투어 버스

Great Ocean Road 출발을 기다리는 여행객들

Confirmation letter 검사 중

유명한 APT 현지 여행사

직접 예약하면 비싸므로, 꼭 한국여행사를 통하여 여행상품을 구매하도록 하자!

유효기간 : 90일

비용 : $357

• 케언즈 ↔ 매카이

케언즈에서 출발해서 매카이까지 가는 패스이고, 가는 길에 무제한으로 내렸다가 탈수 있다. 매카이에서 출발해서 케언즈까지 갈수도 있으며, 한쪽 방향으로만 이용가능하다. (되돌아가다가 발각되면 추가비용을 내야함)

유효기간 : 90일

비용 : $190

• 브리즈번 ↔ 멜버른

브리즈번에서 출발해서 멜버른까지 가는 패스이고, 가는 길에 무제한으로 내렸다가 탈수 있다. 멜버른에서 출발해서 브리즈번까지 갈수도 있으며, 한쪽 방향으로만 이용가능하다. (되돌아가다가 발각되면 추가비용을 내야함)

유효기간 : 90일

비용 : $257

• 케언즈 ↔ 다윈

케언즈에서 출발해서 다윈까지 가는 패스이고, 가는 길에 무제한으로 내렸다가 탈수 있다. 다윈에서 출발해서 케언즈까지 갈수도 있으며, 한쪽 방향으로만 이용가능하다. (되돌아가다가 발각되면 추가비용을 내야함)

유효기간 : 90일

비용 : $407

• 다윈 ↔ 브룸

다윈에서 출발해서 브룸까지 가는 패스이고, 가는 길에 무제한으로 내렸다가 탈수 있다. 브룸에서 출발해서 다윈까지 갈수도 있으며, 한쪽방향으로만 이용가능하다. (되돌아가다가 발각되면 추가비용을 내야함)

유효기간 : 90일

비용 : $294

• 퍼스 ↔ 브룸

퍼스에서 출발해서 브룸까지 가는 패스이고, 가는 길에 무제한으로 내렸다가 탈수 있다. 브룸에서 출발해서 퍼스까지 갈수도 있으며, 한쪽 방향으로만 이용가능하다. (되돌아가다가 발각되면 추가비용을 내야함)

유효기간 : 90일

비용 : $402

(1) 2층 전철

"우와 2층짜리 전철이다!"

2층 버스는 종종 보았지만 2층으로 된 전철은 처음 보았다. 전철을 타면 타자마자 바로 앉을 수 있는 몇 개의 의자가 있고, 지하로 내려가거나 2층으로 올라갈 수 있었다.

"2층도 신기하고 지하도 신기한데 어디 가서 앉지?"

내부가 깨끗하지는 않았지만 앉을자리가 많아서 한국처럼 만원전철은 아니었다.

"어디까지 가세요?"
"Eastwood요."

옆자리에 앉아계셨던 중후해 보이는 할아버지가 물어보았다.

"어느 나라 사람이에요?"

외국에서 살면 가장 많이 듣는 질문인데, 그만큼 사람들이 가장 궁금해 하는 부분이다.

"한국 사람이에요."
"아~그렇군요. 공부하러 온 건가요?"

Eastwood에 내릴 때까지 할아버지와 이야기를 하였다. 외국 사람들은 친절하기도 하고 오지랖이 넓기도 해서 모르는 사람에게도 항상 이렇게 말을 자주 걸어오는 것 같다. 특히나 할머니, 할아버지들은 삶에 찌든 모습이 아닌 삶의 연륜이 묻어나는 교양 넘치는 분들이 많아서 이야기를 나누는 것 자체가 매우 즐겁다.

"할아버지하고 그만 얘기하고 이제 그만 내리자!"

옆에 투명인간처럼 앉아있던 친구가 심통이 나는지 구박을 했다.

(2) 승차권할인

"우리 학생표로 끊었는데 다행히 안 걸렸다"
"아직은 안심 못해!"

전철입구부터 유쾌, 상쾌, 통쾌

승차권 자동 발매기에서 승차권을 구매할 때 가고자 하는 목적지를 선택하고 Single, Return을 선택하면 총금액이 나오고 지폐나 동전을 넣으면 끝인데 여기서 학생, 성인 등도 선택할 수 있는 것이다. (바로 여기서 우리는 '학생'을 선택했다는 거!) 사실 어학연수생은 정규학생들처럼 '학생할인'에서 제외대상이었다.

(3) 무임승차

이렇게 편법 승차권 구매를 하는 사람들도 좀 있었는데, 아무래도 너무 비싼 대중교통 요금 때문에 그런 게 아닌가 싶기도 하다. 웬만한 짧은 거리만 간다고 해도 편도 $4은 지불이 되니, 부담스럽지 않을 수가 없다.

이에 무임승차까지 하는 사람들도 종종 있었는데 단속에 걸리게 되면 더 큰 벌금을 낼 수도 있으니 조심하는 게 좋다. 단속 하는 사람들을 잘 피해서 무임승차를 요령껏 하라는 말 같지만 그게 아니고 정상적으로 표를 구매해서 탑승하라는 뜻! 물론 단속은 거의 없고 전철 출입구는 다소 허술하기 때문에 나름의 유혹(?)이 있을 수는 있지만, 당당히 그 유혹을 이겨내야 한다.

(4) 승차권이용

합법적으로 저렴하게 승차권을 구매하려면 승객들이 가장 많이 이용하는 시간을 피하면 된다.

9시 이후부터는 승차권요금이 대폭 다운되기 때문에 일부러 기다렸다가 표를 구매했다.

우리나라는 웬만한 거리는 2천 원 안에 갈 수 있는데 호주는 웬만한 거리가 4천 원 정도인 것 같다. 더군다나 우리는 장거리를 갔을 때 한국의 안정된 대중교통 요금이 빛을 발하는데 비해 호주는 40~50분만 가게 되도 편도 8천 원 정도는 소비가 된다.

(5) 호주의 전철

호주에는 시드니를 중심으로 브리즈번, 퍼스, 멜버른 등에 전철이 깔려있다. 여기에서 우리나라 서울 지하철처럼 가장 활발히 이용되고 있는 곳은 단연 시드니이다. 시드니의 최고번화가 City에서부터 시드니 외곽까지 노선이 꽤 복잡하다.

그래서 이용객이 타 지역보다 훨씬 많기는 하지만, 우리나라처럼 정확한 시간대에 전철이 도착하는 것은 아닌지라 중요한 약속이 있다면 10~20분 더 일찍 준비하는 것이 좋다. 브리즈번은 전철이라기보다 우리나라 통근기차같이 시내와 외곽을 이어주

구매한 티켓을 넣고 pass하는 전철역 입구

소요되는 승차시간도 알 수 있는 전철노선표

Tip

Train에서 내릴 때 안에서 내리는 사람이 직접 문을 열어야 한다.

는 City Train이라고 볼 수 있다. 노선이 단순해서 이용하기에 복잡함이 없고 꽤 늦게까지 운행하는 편이다. 요금 체계는 'Trans Link'와 같기 때문에 여행목적에 맞게 Daily나 Weekly등으로 구매하도록 하자.

03. 페리 (Ferry)

(1) 유람선이 아닌 페리

"시드니에서 유람선 한번 타볼까?"
"그래그래, 한강에서 타는 거 하고는 완전 차원이 다를 거야!!"
오페라 하우스를 배경으로 크루즈를 타기위해 친구와 함께 서큘러키로 갔다
"오메~ 뭐가 이리 복잡하지?"
"그르게, 그냥 [유람선 $10] 이런 식으로 매표소하나 있으면 될 텐데."

시드니에서는 페리(Ferry)가 하나의 교통수단으로 이용되고 있기 때문에 많은 곳들을 페리를 통해 가 볼 수 있다. 특히 Manly Beach는 시드니에서 육로로 가는 것보다 페

리를 이용하는 것이 더욱 빠르다.

어차피 타 지역으로 이동하는 것 자체가 페리에서도 충분히 관광이 될 수 있기 때문에 Watsons Bay에 가보기로 했다.

우리나라와 달리 호주의 부자들은 페리 하나쯤 가지고 있는 게 보통이다.　　페리를 타고 이동하는 것 자체가 관광!!　　아름다운 호주

(2) 이용요금

우리나라 한강 유람선 가격이 한 시간에 15,000원 정도이고 페리가 거리마다 다르지만 대략 8천 원~1만 원 정도 인거에 비하면 저렴한 건지, 비싼 건진 모르겠지만 호주 페리는 교통수단의 일부라 거리가 짧고 관광목적은 아니기 때문에 다소 비싼 거 같기는 하다. 물론 '페리텐'이라고 해서 버스의 블루텐처럼 10회를 자유롭게 할인된 가격으로 이용하는 티켓이 있지만 버스에 비해서 그리 많이 이용하는 편은 아니다.

(3) 호주의 페리

시드니는 페리 노선이 한국 지방의 전철수준은 될 정도로 규모가 크지만 다른 지역은 그렇지 않다. 브리즈번에는 세 종류의 페리가 있는데 가장 빠르고 많이 이용하는 것이 파란색 City Cat으로서 퀸즐랜드 대학까지 운항을 한다. 홈스테이를 시내에서 먼 곳으로 배정받은 학생들은 페리를 타고 등하교를 하는 경우도 있고, 한적한 브리즈번을 여유롭게 관광하기 위하여 페리를 이용하는 경우도 많다. 직장인들이 출퇴근할 때도 페리를 이용하기 때문에 새벽 5시30분부터 밤 12시까지 운항을 한다. 퍼스의 페리는 시드니, 브리즈번보다도 더 규모가 작으며 관광의 목적이 보다 크다. 운항시간도 저녁 9시 이전까지이기 때문에 낮에 동물원이나 프리맨틀 등으로 데이투어 겸 다녀오기 좋다. 이밖에 여행객들을 대상으로 런치크루즈 등을 운항하고 있으므로 식사 겸 여유로운 한낮을 느껴보도록 하자.

브리즈번의 City Cat

늠름한 자태

헬리콥터타고 싶다~!!

(4) 수상택시

고거 참 신기하네!

“택시! 택시~ 택시가 왜 이렇게 안 잡히지?”
“나 참, 이제 하다하다 물 위에서 택시를 잡는 애를 다 보네.”

시드니에는 물 위를 달리는 진정한 원색의 종결자, 노란색 택시를 볼 수 있다. 일반 페리보다 비싼 요금이지만 (루나파크까지 약 $13, 타롱가 동물원까지 $16 등) 우리나라에서는 볼 수 없는 택시종류이기 때문에 관광용으로 한번 이용해 볼만하다.

“기사님 운전 좀 살살 해주세요! 여기 물이 너무 튀어서 옷 다 젖고 있어요! 나~참. 하하”

04. 자전거

(1) 피프틴(Fifteen)

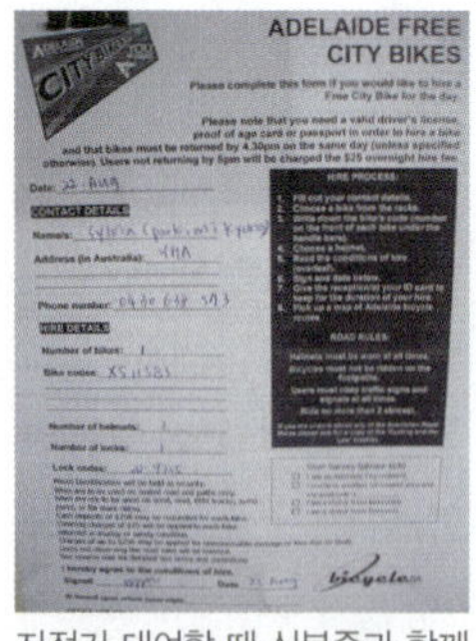
자전거 대여할 때 신분증과 함께 간략한 신청서만 하나 쓰면 끝!!

한국 고양시에서 피프틴(Fifteen) 정책을 펴고 나서 예전에 비해 자전거를 도로에서 많이 볼 수 있게 되었고 매우 보기 좋은 광경이었다. 무료가 아니기는 하지만 회원가입을 하면 피프틴 자전거 대여소에서 자전거를 빌리고 사용 후 다른 지역이라도 대여소가 있으면 어느 곳에나 반납을 할 수 있다. 물론 회원가입 절차, 자전거 센서 오류, 자전거 사고 등 문제도 있기는 하지만 그건 우리나라가 아직 여러 면에서 '자전거 사용' 의 초보자이기 때문일 것이다. 하루빨리 다른 지역도 시민들의 자전거 사용을 촉진시킬 수 있는 방향을 모색하여 더 푸르른 녹색을 기대해본다.

> "실비아~호주의 자전거 사용이나 알려주지 그래?"
> "아~음음 오키도키~ 또 다른 길로 샜네."

피프틴도 경기도 고양시에서 운영되고 있는 것처럼 아쉽게 시드니에서도 자전거 타는 사람은 그리 많지 않다. (물론 주택가에서는 많이 타지만… 도심에서는…….) 그래서 시드니에서 살다가 애들레이드로 갔을 때 차가 다니는 도로 한 쪽에 자전거 전용도로가 있다는 것에 적잖이 놀랐었다. 더군다나 신분증만 맡기면 외국인까지도 자전거 무료대여가 가능한 복지의 천국이었다.

(2) 선진국

> "선진국일수록 자전거를 타고 다니는 사람이 많은 것 같아"
> "맞아 맞아, 후진국은 오토바이가 많고 말이지!"

우리가 상상하는 호주, 뉴질랜드, 유럽 등의 선진국을 머릿속에 그릴 때면 예쁜 원피스를 입고 아름다운 풍경에서 자전거를 타는 모습도 일부 상상이 되곤 한다. (이건 포카리 스웨트 옛날 CF를 상상한 건가? 하하) 그 상상이 틀리지 않다는 건 선진국에 가보면 알 수 있는 것 같다. 돈이 많고 적은 걸 떠나서 자전거를 타고 학교에 가고 자전거를 타고 마트에 가서 종이 백에 구입한 물품을 넣고 오는 걸 보면 뭔가 느껴지는 것이 있다. 한국에서는 편의점에서 맥주 한 캔 산다고 차를 타고 간 뒤 비닐봉지에 캔 맥주 하나를 넣고 와서 비닐은 바로 쓰레기통으로~ 결국 맥주하나로 내 목마름을 해소하기 위해 매연으로 파란 하늘에 검은 공해를 주고! 비닐봉지 하나로 소중한 땅에 답답한 고통을 주곤했다.

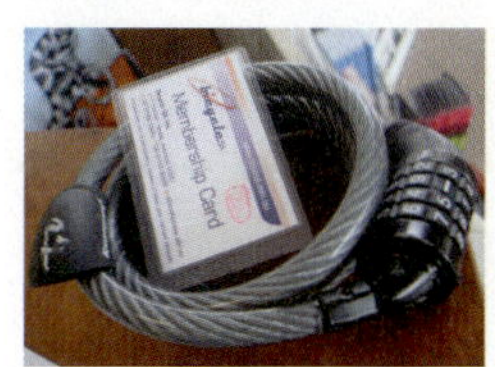

자전거를 빌렸다가 도난당하면 안 되기 때문에 잠금장치 챙기기

어디를 가나 볼 수 있는 자전거 전용도로

9시~5시까지만 운영하기 때문에 낮에만 대여가 가능하다는 다소 아쉬운 현실

신분증만 맡기면 말끔한 자전거를 빌릴 수 있는 무료 대여센터

(3) 자전거 타고 관광하기

자전거 대여가 불가능한 지역도 있지만, 대여가 가능한 지역에 서는 자전거를 빌려서 투어를 해보는 것도 즐거운 추억이 될 수 있다.

> "여행은 그렇지 않아도 피곤한데 자전거로 굳이 고생할 필요가 있나?"

자전거를 타고 사이클경기에 나가는 것이 아니기 때문에 천천히 시내투어를 하고 멋있는 강가나 커피숍이 나오면 잠깐씩 쉬면서 사진을 찍기에도 자전거만큼 좋은 게 없는 것 같다. 퍼스도 자전거도로가 잘 되어있으므로 자전거대여소에서 약 $10~30을 주고 괜찮은 자전거 한대를 빌려보는 건 어떨까?

05. 기차

(1) 장거리여행

배낭여행으로 일부러 기차를 이용해보지 않는 이상 기차를 타 볼일이 많지는 않은 편이다.

<table>
<tr><td>1</td><td>2</td><td>3</td></tr>
<tr><td>4</td><td colspan="2">5</td></tr>
</table>

1 잠깐 정차해놓고, 사진촬영 중
2 아무데나 세워놓으면 주차장이기 때문에, 주차비 나갈 일도 없는 최고의 애마!!
3 뭘 해도 폼 안 나네
4 자전거타고 와서 장보고 간 아저씨 잠깐만요~ 사진 좀 찍읍시다!
5 장보고 집에 가는 모르는 사람과 함께 친한 척

재밌는 기차여행

10시간 이상의 기차여행에는 강력체력이 필수!!

기차 탈 때는 최대한 편한 옷으로! 준비

기차에 타자마자 식당으로 고고씽

기차에는 화장실은물론 샤워 실까지 완비~ 흔들리는 기차에서 머리 한 번 안감아 보신 분!! 말을 하덜덜 말랑께!

멜버른 Station

시드니에서 멜버른까지 기차로 가게 되면 족히 12시간은 소요된다. 우리는 비행기 대신 밤기차를 타고 멜버른에 아침에 도착하여 하루를 버는 편을 선택했다. 숙박은 기차에서 해결!

기내용 캐리어 하나와 내 몸집만한 백팩을 메고 기차에 올라탔다.

침대칸은 비싸기 때문에 당연히 좌석칸으로 예약을 했고 이제 막 탑승했기 때문에 앞으로 벌어질 기나긴 여정은 미리 걱정하지 않기로 했다.

(2) 기차 백배 즐기기

<table>
<tr><td>1</td><td colspan="2">2</td></tr>
<tr><td>3</td><td>4</td><td>5</td></tr>
</table>

1 VIP 칸에 어슬렁 어슬렁
2 편해 보이는 소파~~ 와우
3 달리는 식당 칸에서 식사해주는 건 필수코스
4 물 한 잔 들고 분위기 잡고 있는데… 분위기가 잘 안 잡혀서… 원
5 이렇게 먼 곳을 보니까 좀 분위기 있나?

"술이나 한잔할까?"
"벌써 식당 칸으로 가자고?"

친구는 고개를 가로저으며 갑자기 가방에서 커다란 와인 한 병을 꺼내는 것이었다.

"헉! 와인을 챙겨 왔어??"
"넌 안 가져왔니 그럼?"

고마운 친구 덕분에 승객들 자라고 불 꺼진 어두운 기차에서 분위기 있게 와인을 마셨다.

"모던 Bar가 따로 없네. 히히 근데 너는 호주에 왜 온 거야?"
"음…글쎄……. 꿈을 좇아 무작정 온 곳이 호주더라고."

"너는?"
"나는 기차에서 호주산 와인을 먹어보려고. 하하"
기차가 웬만한 로맨틱 Bar보다 훨씬 매력적인 우리만의 공간이 되고 있었다.

(3) 이용요금

시간도 돈이거늘 12시간이나 기차를 타고 이동하면 도대
체 비용은 얼마일까 궁금할 텐데 그건 바로 비밀?

거리에 따라서, 어떤 좌석이냐에 따라서 요금은 천차만별
이지만 시드니에서 멜버른까지는 편도 10만 원이 조금 넘
는다. YHA, Backpackers 카드 이용 시 할인 가능하니
사전에 할인카드 종류를 확인해서 카드발급부터 하도록 하
자. 우리나라도 서울에서 부산까지 왕복 10만 원은 하기 때
문에 거리까지 따져보았을 때 호주의 기차요금을 비싸다고
만 할 수는 없는 것 같다. 시드니에서 퍼스까지는 편도 30
만 원이 넘고 침대칸을 이용하는 경우에는 100만 원이 넘
는다.

06. 비행기

(1) Air Bus

호주는 땅덩어리가 크기 때문에 국내선이 많이 발달되어
있어서 운행 횟수가 매우 많은 편이다.

Tip

시드니공항
T.02-9667-9111

브리즈번공항
T.07-3406-3000

멜버른공항
T.03-5227-9100

퍼스공항
T.08-9478-8888
www.sydneyairport.
com.au

콴타스 항공
www.qantas.com.au

버진블루
www.virginblue.com.
au

리저널
www.rex.com.au

라이언
www.lionairways.
com.au

제트스타
www.jetstar.com.au

잘 안가는 도시 몇 곳을 제외하고는 거의 하루에 10회 이상 운행스케줄이 있었다. 한 번도 안 가본 지역이나, 배낭여행 자체가 처음이거나, 버스와 기차를 한 번도 안타본 게 아니라면 많은 시간이 절약되는 비행기를 이용하는 것이 여행할 때에도 덜 피곤하기 때문에 효율적일 수 있다.

(2) 국내선 이용요금

샴푸, 린스, 치약, 바디샤워, 화장품 등 큰 것은 모두 빼버리고 샘플만 기내용으로 몇 개 챙기고 짐을 대폭 줄였다. 어차피 수화물용 짐이 없으면 짐 붙이는 시간, 짐 찾는 시간이 절약되기 때문에 여행이 한결 수월해지기도 한다. (여행의 고수는 꼭 필요한 짐만 들고 다닌다는 거~) 비행기 요금은 얼마나 미리 예매하는지, 얼마나 운이 좋은지에 따라서 천차만별인 것 같다. 저렴할 때는 편도10만 원 미만에서부터, 성수기 때는 편도 40만 원 이상까지. 요금은 천차만별이다.

콴타스 항공

버진블루

제트스타

면세점 쇼핑은 언제 해도 즐거워

쇼핑을 다 했다면, 나의 Gate를 찾아서 이동

총, 칼은 공항에 가져가기 없음

자국민이 아니면 줄이 항상 길다는…….

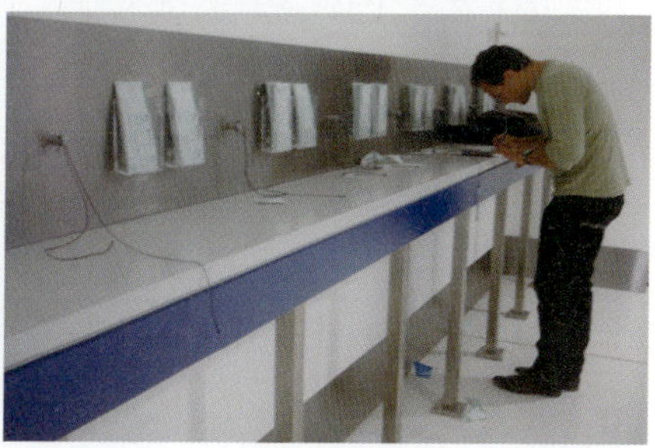

입국신고서는 미리미리 작성해 두자구요~

비행기는 Gate문이 열릴 때까지 대기
하는 게 제일 고역

비행기가 취소되거나 연착될 때에는
이렇게 공항은 숙소로 변신

이제 비행기 타고 갈 준비 끝!!

(3) 소요시간

"시드니에서 멜버른까지 버스로는 12시간정도 걸리는
데 비행기타면 좀 빠른가?"
"1시간 반이면 가니까 좀 빠른 게 아니고 많이 빠르
지!"

우리나라는 KTX가 워낙 빠르기 때문에 서울에서 부산을
비행기타고 간다고 하면 공항까지 가는 시간과 비행기시간
을 합해서 그 시간이 그 시간일 수 있지만 호주는 버스와

비행기의 소요시간 차이가 실로 엄청나다. 시드니에서 애들레이드까지는 무려 24시간 정도를 버스타고 가야하는데 비행기로는 2시간이 채 걸리지 않는다.

07. 렌트카

여행 동반자가 3명 이상일 경우 차를 렌트하는 것도 좋은 방법일 수 있다. 렌트 비용은 우리나라보다 더 저렴한 곳이 많기 때문에 믿을만한 회사에서 차를 렌트해 보도록 하자. 렌트 시에는 기본적으로 운전면허증, 여권, 신용카드 등이 필요하다.

호주는 워낙 장거리가 많기 때문에 안전을 위해서 운전이 가능한 사람이 2명 이상 있는 것이 효율적이다. 그래서 계약서를 작성할 때에는 여권과 동일하게 운전 가능자 이름을 모두 적는 것이 좋다.

렌터카를 빌릴 때에는 무조건 가격만 볼 것이 아니라 별도로 납부해야하는 보험료는 없는지 반납장소는 어디어디에 있는지 장기대여서 할인은 없는지 꼼꼼하게 확인해야 한다. 특히 호주는 운전대뿐만이 아니라, 차선까지 우리나라와 반대이기 때문에 적응되기 전까지 주의해야한다.

먹거리

THEME 01 피시 앤 칩스(Fish and chips)

'fish and chips $8'

호주 거리를 돌아다니다 보면 쉽게 눈에 띄는 문구이다.
영국인들이 좋아하는 음식이라 영국 이민자들이 많은 호주
에서도 자주 볼 수 있는 인기 식품이다.

"피시 앤 칩스 $5 밖에 안 해, 완전 맛있어 보인다."
"우리 그럼 VB(호주의 맥주 중 하나이다.) 하나 사서
같이 먹자!"

종류가 한정적이고, 비싼 음식 값에 매끼 해결하는 게 힘
들 때면 값싸고 맛있는 피시 앤 칩스가 제격이다. 튀김종
류라 포만감도 있어서 흥분한 배를 진정시키기에도 그만이
기 때문에.

"헉, 여기는 피시 앤 칩스가 $12이나 하네?"
"오징어 튀김은 $15이나 한다. 다른 데 보다는 좀 비싸
네."

10달러 이하와 10달러 이상은 주머니가 가벼운 어학연수
생들에게 큰 차이이기 때문에 가격이 비싼 곳에서는 아예

바삭바삭 맛있는 피시 앤 칩스~

사 먹지를 않는다. (비싼 음식점은 가랏~!) 생선가스와는 뭔가가 다른, 바삭하면서도 담백한 피시 앤 칩스~ 완전 내 스타일이다.

THEME 02 배지마이트(Vegemite)

무시무시(?)한 맛의 베지마이트

"학생 아침 먹어욧~!! 아침은 토스트예용~"

홈스테이의 아침은 우리나라처럼 삼겹살(?)이나 돌솥비빔밥(?)이 아닌 토스트나 간단한 시리얼이라고 들었기 때문에 호스트가 챙겨주는 토스트를 집어 들었다.

"우유도 있으니 먹을 만큼 따라 먹으면 되요~ 토스트 빵도 저기 더 있어요."

생각보다 꽤 친절한 우리 호스트가 마음에 든다. 근데 토스트사이에 발라져있는걸 확인하기 위해 토스트를 살짝 들어보았는데, 초콜릿 쨈이 발라져있었다. 와우! 초콜릿을 너무 좋아하기 때문에 덥석 입에 넣으려 하다가, 다소 얇게 발라져있는 쨈이 신경 쓰이기 시작했다.

"역시 홈스테이라, 인색한 부분이 있구나… 씁쓸하구 먼……."

식구들이 거실에서 TV 켜는 소리를 듣는 순간, 쨈 한통을 빵 한 조각에 전부 다 바른다는 생각으로 무식하게 쨈을 덧바르기 시작했다..

'음하하, 아침을 이렇게 허술한 빵으로 먹을 거면, 풍족하게라도 발라 먹어야지 말이야~!'

한 끼에 쨈 반통이 없어진걸 알면, 혹시나 호스트가 화를 낼까봐, 토스트와 우유를 가지고 내 방으로 조용히 들어갔다. 하마처럼 입을 벌리고, 크게 한입 토스트를 베어 문 순간, 갑자기 세상이 초콜릿색으로 까매지면서 지금 내가 호주에 있는 건지, 한국에 있는 건지 분간이 가지 않았다. 분명 초콜릿 쨈이었는데, 왜 이렇게 짜기만 한 건지, 내가 바른 쨈 통을 가지고 호스트에게 가서 물어보니, 이건 초콜릿 쨈이 아니라, 호주 전통 쨈의 일종인 '베지마이트(vegemite)'라고 했다. 채식주의자도 먹을 수 있는 야채 추출물과 소금 등이 들어간 건강음식이지만, 너무 맛이 최악이라 한 숟가락 먹고 1년을 더 살 수 있다고 해도 망설여질 정도였다.

THEME 03 팀탐(TimTam)

수십 가지의 다양한 과자 종류를 자랑하는 우리나라와 달리, 호주의 스낵류 종류는 매우 한정적이다. 그래서 그런지 '팀탐' 과자의 위력은 가히 폭발적이다.

달달한 팀탐! 다이어트 하시는 분들은 Do not Touch!!

"우와~ 팀탐이네! 나 하나만 먹어봐도 될까?"

가격이 과자치고 저렴하지 않기 때문에 맛있기는 하지만 자주 사 먹게 되지는 않는다. (우리나라에서도 판매를 하고 있다. 대략 6천 원 정도) 그래서 누가 사오면, 부지런히 뺏어먹게 되는 악마의 과자~!

"너 그거 다 먹으면 살쪄, 나도 한 개만 달라고!!"
"싫어~ 살쪄도 상관없거등! 흥~ 맨날 뺏어먹어."

우리나라의 초코파이, 새우깡처럼 호주의 대표 과자지만 매우 달아서 너무 많이 섭취할 경우 살이 찌고 이가 썩을 수 있다는 부작용이 있다.
그래서 한 달에 한 번 이내로 먹는 걸 추천한다. 기왕 먹을 때는 냉장고에 넣었다가 먹어야 맛있다. 실외에 두었다가 초콜릿이 녹으면 손에도 너무 많이 묻고, 온도가 낮을 때보다 맛이 없는 것 같다.

평소에 먹기는 힘들지만 아웃백 투어에 가거나, 일일투어에서 맛볼 수 있는 은근히 중독성 있는 음식이다. 빌리라고 불리는 큰 찜통에 차를 끓여서 마시는 것을 '빌리티'라고 부르고, 소다로 반죽해서 세지 않은 온기로 부풀린 '댐퍼빵'은 진정한 호주의 전통음식이라고 할 수 있다. 하지만~! 점심이나 저녁때 먹기에는 300% 부족한 음식이기 때문에 입맛이 하나~도 없을 때 아침대용으로 먹기에 좋다!

따뜻할 때 먹어야 제 맛~!

"와~ 캥거루다 너무 귀여운걸!"
"그치? 나도 캥거루가 동물 중에서 코알라 다음으로 귀여운 것 같아."
"맞아 맞아. 우리 오늘 저녁에 캥거루 먹을까?"
"헉…ᷟ"

캥거루가 너무 귀여워서(?) 오늘 저녁 만찬으로 캥거루 메뉴를 선택하였다. 의외로 캥거루 고기를 먹을 수 있는 레스토랑이 많지 않아서, 기왕 처음으로 먹어보는 캥거루 고기를 오페라 하우스에 가서 먹기로 했다!! 친구와 옷을 쫙 빼입고 오페라하우스에 가서 메뉴를 골랐다.

"흐미, 이거 뭐 메뉴가 교과서 보다 더 어렵냐?"
"그냥 '캥거루 캥거루' 하면 되지 뭐."

결국 우리는 보던 메뉴판을 던져놓고, 멋지게 주문을 했다.

"2인분 같은 1인분 주세요. 저희 나눠먹을 거예요. 푸하하~ 아!! 앞접시도 하나 주
시고요~"

교양 있게 주문을 마치고, 우아하게 귀요미 캥거루를 기다렸다. 분위기가 얼마나 로
맨틱하고 음침(?)한지 다음에는 애인과 함께 오고 싶었다.

"와우 캥거루 고기당!"

한눈에도 먹음직스러워 보이는 캥거루 고기가 도착하자마자, 친구와 함께 허겁지겁
먹어보았다.

"질긴 치킨 맛인데?"

굉장히 신기한 맛일 거라고 상상했는데 치킨맛과 크게 다르지 않았다. 꼭 이렇게 레
스토랑에 가지 않더라도, 대형마트에 가면, 돼지고기처럼 저렴하게 구입해서 집에서
요리를 해 먹을 수도 있다. 친한 스위스 친구가 가끔 캥거루 고기를 구입해서 (약 $5)
맥주와 함께 혼자 저녁을 먹는 모습을 많이 보았다.

THEME 06 래밍턴 케이크(Lamington cake)

"팀탐은 너무 달아서 먹기 부담스러운데, 좀 더 가벼운 과자는 없을까?"
"래밍턴 먹을까?"

팀탐은 맛있기는 하지만, 너무 달아서 손이 안갈 때가 있다. 그때 생각해볼 수 있는
것이 부담스럽지 않은 래밍턴 케이크! 우리나라 '오예스'랑 조금은 비슷한 케이크이
고, 빵 사이에 크림이나 딸기잼 등이 들어있다. 빵 겉에는 코코넛가루가 듬뿍 묻어 있
어서, 팀탐보다는 아니지만, 꽤 단맛이 있다.

"음~부드러운데? 괜찮다."

첫맛은 달콤하고, 끝 맛은 부드러운 빵이라 흰 우유와 함께 먹으면 간식으로 으뜸이
다. 오지들은 아침식사용으로도 자주 먹는 것 같다. 난 아침에 빵은 정말 싫은데…….
흑흑.

래밍턴 케이크는 너무 간단해서 포만감이 없다면 미트파이로 한 끼 식사를 대체할 수 있다. 빵 속에 양념한 갈은 고기가 푸짐하게 들어있어서, 마니아층이 있을 정도이다.

"마트에서 미트파이 사왔는데 먹을래?"
"마트에서 파는 건 안 먹어. 맛없어. 힝"

빵에 고기가 너무 많이 들어있어서, 배가 부를 정도!

고기가 많이 들어가는 빵이라서 고기의 퀄리티가 떨어지거나 맛없는 제품을 사먹으면, 느끼하고 심지어 냄새가 날 때도 있다. 우리나라에서도 이태원이나 홍대에서 호주 미트파이를 파는 곳이 많이 있는데 입소문이 난 곳으로 가야 맛있는 걸 먹어볼 수가 있다. 내 입맛에는 크게 맞지 않아서 잘 사 먹지는 않지만, 오지인들은 굉장히 많이 사 먹는 편이다.

캥거루 고기 다음으로 도전해 본 음식이 '악어 고기'였다. 사실 캥거루 보다 더 기대했던 음식이기도 했다.

"여기 악어 스테이크 하나요."

악어가 나올 때까지 긴장이 될 정도로 기대가 되었다.

'악어에 독이 있는 건 아니겠지?'
'뱀 먹고 죽은 사람 있었는데, 악어 먹고 죽은 사람이 있었던가?'

악어 스테이크가 피시 앤 칩스와 비슷하게 서빙이 되었다. 양이 어찌나 적은지, 거대한 악어 잡으면 몇 백 명 먹을 고기는 나올 것 같은데 참……. 혼자서 다윈 바닷가에 앉아서 우아하게 악어고기를 잘라서 맥주와 함께 먹었는데…너무 질겼다.

요리를 잘 못하는 곳에 온 건지, 원래 악어 고기가 질긴 건지, 기름은 뚝뚝 떨어지는데 고기는 질겨서 먹기는 다 먹었지만, 맥주 없었으면 못 먹었을 것 같았다.

"나 다윈에서 악어 고기 먹었는데, 완전 질기고 맛없었어."
"정말? 악어 고기 육질 부드럽고 맛있는데……."

다른 친구들에게 물어보았더니, 악어 고기가 왜 질기냐고 맛있다고 하는 사람들이 많았다. 으악! 난 정말 맛없는 레스토랑에 갔던 것일까. 흐미…다른 스테이크보다 더 비싸게 주고 먹었는데…….

느끼한 것도 같고, 담백한 것도 같고……. 어찌되었든 맥주가 필수!

"그럼 에뮤를 먹어봐, 에뮤는 더 부드러울걸?"
"아니. 호주 사람들도 우리 보신탕 먹는다고 욕하면 안 되겠네~ 아주 못 먹는 동물이 없는데?"

에뮤는 몸집이 세계에서 두 번 째로 큰 날지 못하는 새이다. (뚱뚱해서 못 나는 듯. 하하) 나는 아직 먹어보지 못했지만, 부드러워서 먹을만 하다는 평이 많다.

THEME 09 Sea Food

호주는 사면이 바다로 둘러싸여져있기 때문에 다양하고 신선한 씨푸드를 먹어볼 수 있다. 우리나라는 횟집에서 신선한 회에 소주 한잔 생각날 때가 있는데, 호주에서는 커다란 씨푸드 플래터에 맥주 한 잔이 너무나 잘 어울린다. 오징어튀김, 새우튀김, 가리비, 신선한 굴, 문어 등 없는 거 없이 접시에 한가득 음식이 쌓여있다. 맥주뿐만이 아니라 와인과도 찰떡궁합이다.

꼴깍! 오징어링 너무 맛있어! 흑흑

THEME 10 호주의 주류

먹거리에 주류가 웬 말이냐고 물으신다면, 술을 사랑하는 사람으로서, 주류도 먹거리의 중요한 일부라고 이야기 하고 싶다.(하하) 호주는 물이 깨끗해서 그런 건지 술 제조법이 달라서 그런 건지, 맥주의 맛이 한국과는 너무 대조적이다. (호주의 맥주를 주기적으로 수개월 섭취한 뒤, 한국의 맥주를 먹으면…뜨억……. 카X, 하XX, 둘 다 너무 죄송하지만 맛이 없어요!) 호주에서 가장 유명하고 즐겨 찾는 맥주는 '비비'라는 애칭의 VB이다. 한국에서도 가끔 VB를 볼 수가 있는데 (보통은 없는 편임) 가격이 비싸고 배로 이동해 오면서 신선도가 떨어져서 그런지, 호주에서 먹는 것과는 많이 다르다.

삶은 계란에 맥주를 마셔줘야 진정한 애주가

눈이 번쩍 떠지는 맛있는 맥주도 많지만, 좀 안다는 사람들은 와인을 더 찾는다. 호주의 건강하고 광활한 대지에서 자란 신선한 포도로 만들어진 와인은 왠지 건강에도 좋을 것 같다. (적당히 먹었을 때의 이야기. 하하)

호주의 주류를 사랑하기 시작하면 그 어떤 음식과도 함께 하게 된다. 특히 박스와인(보통 4리터인데, 가격이 $10불 정도 밖에 안 해서 매우 저렴한 술이다.)을 먹기 시작하면 그건 바로…알콜 중독의 초기 증상이다. 하하하

전화 사용법

THEME 01 후불카드

"전화 걸 일도 잘 없는데 꼭 선불카드 사가야 하나?"
"전화 걸 일이 잘 없으면 그냥 OO7OO 후불 국제전화
가입해서 쓸 일 있을 때만 써도 되지."

요즈음 가입비는 거의 면제이기 때문에 무료 가입한 이후
전화카드를 소지하고 호주에 가서 쓸 일 있을 때에만 국제
전화 후불카드를 사용해도 괜찮다.
가격은 저렴하지 않지만 잘 끊기지 않고, 통화품질이 우수
하기 때문에 중요한 전화를 할 때 요긴할 수 있다.

"여보세요~ 엄마 나 돈 좀 보내줘, 용돈 떨어졌어!"
"뭐라고?? 미경이니? 하나도 안 들려!! 엄마 바쁘니
까 끊는다!"
"안 돼~! 돈 보내달란 말이얏!"

이렇게 중요한 통화는 꼭 믿을만한 회사의 후불카드를 사
용해서 분명하고 명확하게 전달을 하는 게 좋다.

> **Tip**
>
> 제한 없이 자유롭게 사용할 수 있고, 사용 이후 요금이 정산되기 때문에 비밀번호와 카드번호가 노출되지 않도록 주의를 해야 한다.

가격이 저렴하지는 않지만, 통화품질 우수한 후불카드

> "인터넷폰은 잘 끊겨서 후불카드로 전화하고 싶은데, 후불카드는 너무 비싸단 말이
> 지……."
> "그럼 선불카드도 괜찮아!! 엄청 저렴하잖아."

선불카드는 $10, $20 등 원하는 금액의 폰 카드를 구입한 후, 부여된 고유 번호를 이용해서 전화를 할 수 있다. 1분당 300원이 채 안 되는 저렴한 선불카드가 매우 많으므로 가격을 비교해보고 구입하면 된다.

> "실비아~ ABC 선불카드 완전 저렴한데, 써본 적 있어?"
> "그거 조심해~!내 친구 샀다가 통화품질 안 좋아서, 그냥 버렸다고 하던데."
> 주변에서 추천하는 선불카드 이거나, 어느 정도 규모가 있는 회사카드이면 통화품
> 질도 나쁘지 않고, 가격도 좋다.
> "헉…실비아, 나 어떻게 하지? 국제전화 전화요금이 30만 원 나왔어."
> "뭐?? 왜?? 어떻게?"
> "나는 분명히 후불카드도 아니고, 선불카드로 전화했는데 왜 요금이 나온 건지 모르
> 겠어."

간혹 이상하리만큼 저렴한 선불카드는 거의 통화연결세 정도만 선불로 비용을 받은 거고, 실제 국제전화 요금은 후불로 나오는 경우도 있다. 물론 이런 것은 소비자를 속이는 행위 이지만, 회사를 선별해서 처음부터 구매를 잘 하는 것이 좋다. 실제로 지인이 매우 저렴하게 구입했다고 생각한 선불카드로, 국제전화를 남자친구에게 무지막지하게 하였다가, 100만 원의 요금이 청구가 된 적이 있다. 24시간 내내 전화를 안 끊고 수화기를 들고 다닌 건지 이해가 쉽게 가지 않지만 100% 실화이다.

THEME 03 문자

외국 가서 핸드폰 쓸 일이 어디 있냐고 공부만 할 거라고 하지만, 핸드폰도 Study가 될 수 있다. 호주에서 사귄 외국친구들, 선생님들과 (물론 한국친구들도) 문자를 영어로 주고받기 때문에 영어가 좀 더 친숙해지고 문장을 만드는 속도가 빨라질 수 있다.

> "Where R U?"
> "Y?"

내가 어디 문자를 영어로 쓰는 게 이렇게 손쉬울 줄 상상이나 했겠느냐 말이다. 특히 서로 전화하는 건 요금이 저렴하지 않아서 한국에 있을 때보다 문자를 더 많이 주고 받았다.

"I'm Fucking busy! you know!"

문자 주고받기에 너무 빠지면 이런 나쁜 말도 간혹 나온다. (잘못했어요! 전 세계의 모든 욕을 평정해버린 실비아. 흑흑)

"너는 수업 받으면서 필기를 영어로 하니? 대박이다."
"그냥 요점만 받아쓰는 거야, 한글보다 영어가 더 편해서 말이야……. 하하"

문자 주고받기로 숙달된 영어 Writing 속도 때문에, 고급스러운 문장은 아니지만, 우선 '쓰기' 속도가 몰라보게 빨라졌다.

THEME 04 인터넷전화

"국제전화 사용요금 비교를 뭐 하러 하니? 아예 무료 인터넷전화 쓰면 되지."

세상이 너무나 좋아졌기 때문에 스카이프(Skype)처럼 PC를 통해서 무료전화를 할 수 있는 방법도 생겼다.

"실비아!! 반갑다, 오랜만에 보네~ 어쩜 얼굴도 까매지고, 살도 찌고, 많이 이뻐(?) 졌다~!!"

나를 좋아하는(?) 친구와 모니터를 통해 얼굴을 보면서 전화를 할 수도 있다. 그래서 해외를 나갈 때는 여러모로 노트북이 유용하다.

"070 인터넷폰도 무료라고 하던데, 070이나 가입해갈까?"
"그것도 좋지~ 스카이프처럼 070끼리는 무료인거고, 기본적으로 국제전화를 시 내전화요금으로 할 수 있으니까 저렴하지!!"

예전에는 070 인터넷폰 기계를 구매해서 호주로 가져가야 인터넷에 연결해서 사용할 수가 있었는데, 요즘은 기계 없이도 전화할 수 있다. 예전에는 070 기계가 크고 복잡 해서 번거로웠는데, 지금은 기계가 많이 작아지고 간소화되어서 사용하기가 더욱 편 리해졌다.

요즘은 거의 전 국민이 스마트폰을 사용하고 있기 때문에 스마트폰 국제전화 무료 Application을 핸드폰에서 다운받을 수가 있다.

"무료국제전화 어플 완전 많은데! 정말 무료일까?"
"글쎄, 사기를 당해봐야 알 거 같은데. 하하 "

무료 국제전화 어플은 체계가 단순해서, 사용하기도 매우 쉽다. 어플을 다운로드받은 뒤에, 프로그램을 실행시켜서 걸고자 하는 전화번호를 누르면 끝!! (호주 국가번호는 61번) 간혹 낚시 어플도 있을 수 있으므로 규모 있는 회사 제품을 이용하도록 하자.

"어무이~나 여기 브리즈번이여~~ "
"전화세가 을매나 비싼데 자꾸 전화질이여~!"
"이거 스마트폰 어플로 하는 거라 무료전화여~"
"뭐? 시방 뭐래는 거냐~"
"스마트폰만 있으면, 전화세 안 나가~ 엄마도 보이스톡으로 전화해봐, 무료여~"
"보이스가 뭐?? 바쁘다 끊어라."

우리나라처럼 호주통신사도 여러 개라는 거!

호주에서 인지도 높은 '보다폰' 통신사

THEME 06 메신저

굳이 통화까지 할 필요는 없고 안부는 전해야 한다면? 바로 바로 메신저를 이용하면 된다는 거!

"How's everything?"

"Wow~ Hi sylvia~! Anything New?"
"What did you do over the weekend?"
"Not Much!"

문자보다 더 많은 내용들을 빠르게 써야하기 때문에 빈번한 메신저사용이 나의 영어실력을 조금씩 올려주고 있었다. 노트북만 있으면 요즘은 어디에서나 인터넷사용이 거의 가능하기 때문에 수시로 메신저를 할 수가 있다.

공중전화 옆쪽에 전화사용방법이 상세하게 나와 있는데, 어떤 건 코인을 넣고, 전화번호를 누르는 한국과 동일한 방법의 공중전화도 있다.

호주의 전화번호부
http://www.
yellowpages.com.au/

THEME 07　공중전화

요즘 공중전화를 사용할 일이 너무 없기 때문에 장소를 정확히 정하지 않은 상태에서 친구를 만나러 시드니 다운타운으로 나왔는데, 버스에 핸드폰을 놓고 내린 경우 같은 흔치 않은 상황에서만 공중전화를 사용할지 말지 고민하게 된다. (사실 이런 경우에도 주변사람들 핸드폰을 빌리는 게 더 빠르다.)

"꼼꼼아~! 너 지금 어디니?"
"칠칠이니? 이거 무슨 번호야? 왜 핸드폰으로 전화 안 했어?"
"핸드폰을 버스에 놓고 내린 거 있지? 그래서 공중전화로 건거야"
"설마 공중전화 사용법을 몰라서 20분이나 늦은 건 아니겠지? 빨리 우러스 앞으로 와!!"

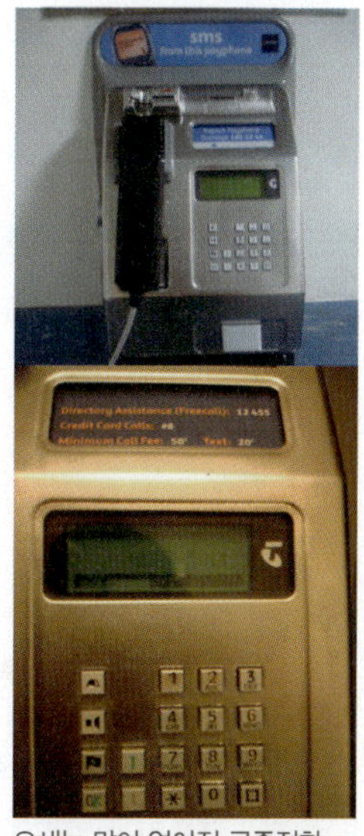
요새는 많이 없어진 공중전화

호주의 공중전화는 우리나라와 달리 걸고자 하는 전화번호를 먼저 누른 후 동전을 넣도록 되어있다.

[수화기를 든다. → 전화번호를 누른다. → 동전을 넣는다. (1달러짜리 동전) → 끝!]

우리나라 보다는 아직도 공중전화를 사용하는 인구가 조금은 더 높은 것 같다!

THEME 01 승용차

"안녕! 헉! 이 빨간 고급 승용차는 니껀 아닐 테고, 훔…친…건 아…니지?"
"하하. 내꺼야 별 부담 없이 100% 일시불로 결재한 페라리야."

호주가서는 항상 유럽 애들하고만 어울리겠다는 나의 결심이 고급 승용차를 타고 등교하는 태국아이를 보면서 두 갈래로 쩍쩍 갈라졌다.

"저기, 갑자기 친한척해서 미안하지만 그 페라리 얼마짜리야? 너랑 갑자기 절친이 되고 싶은 나의 마음을 받아주겠니?"
"음, 버스비도 아까워서 걸어 다니는 유럽 애들하고 절친인 니가 상상할 수 없는 금액이란다."
"으앙~ 잘못했습니다. 나 한번만 태워주세요."

알고 보니 Classmate였던 태국아이들이 거의 다 상류층 집안의 자녀들이었다. 학생 신분으로 차를 소유하고 있는 사람이 우리 학원 통틀어서 몇 명 되지 않았는데 그 몇 명은 한국인 포함 모두 아시아인이었다.

THEME 02 가격

"나 안 되겠어 차 한대 구입할래."
"진짜? 호주에 얼마나 있는다고 차까지 사?"

"중고차 사면되지! 저렴한 것도 많다고 하던데."
"아무리 저렴해도 학생인데!"

호주는 시내에 살지 않는 이상 드넓은 땅에서 친척집에 한번 가려고 해도 만만치가 않기 때문에 차 한대 소유하고 있는 것이 우리나라에 비해 대단한 건 아니었다. (아무리 단칸방에 살아도 고물차 한 대는 꼭 가지고 있는 정도) 저렴한 중고차는 200~300만 원 정도라서 등교거리가 좀 있는 경우 학생들도 부담스럽지 않게 구매가 가능하다

"너 진짜 차 살 거야? 알아보긴 했어?"
"응, 중고차 200만 원짜리 사려고 이미 다 봐두었지."

THEME 03 · 수리

"200만 원짜리 중고차? 왜 이렇게 저렴해? 20년 된 차 아니야? 하하"
"15O년밖에 안되었고~ 탈만한 차야. 푸핫~"
많이 올드해 보인다는 단점이 있지만, 튼튼하고 안락한 느낌이었다.
"야~타! 시승식이다."
"올~ 차 샀어? 대박인데~ 꼭 누가 버린 차 가지고 온 것 같애. 크크"
"그치? 그래~ 넌 내 차에서 내려서 걸어가는 게 좋겠다!"

차를 산 기쁜 마음에 친한 친구들을 꽉 채우고 드라이브를 갔다. (마치 티코에 10명이 탄 기분) 어쩜 이렇게 호주 도로가 막히지를 않는지 운전 초보이고 운전석 위치까지 반대인데도 오히려 서울보다 운전하기가 더 편했다.

"언니 달려 유후~! 100이 뭐야~ 150까지는 밟아야지, 앞에 차 한 대도 없는데!"
"오케~ 다들 창밖으로 날아갈 수도 있으니까 창문 닫고 꽉 잡어!"

끝없이 펼쳐진 지평선을 향해 신나게 달리고 있는데 갑자기 속력이 천천히 줄어들기 시작하더니 차가 멈췄다. 다시 시동을 걸어보았지만 시동이 걸리지 않아서 타고 있던 10명(?)의 친구들이 모두 내려서 차의 이곳저곳을 살피기 시작했다.

"음~ 그냥 차가 오래 되서 그런 것 같은데……. 정비소에 맡겨서 여기저기 손 좀 봐야겠어."
"아, 그래? 호주는 정비소 비쌀 텐데!!"

호주는 인건비가 높아서 사람이 하는 모든 일들은 비용이 많이 드는 편이다. 한국에서 카센터 근무경력이 있고 실력이 뒷받침 된다면 호주 정비소 취업을 고려해보는 것도 괜찮다. 전문직이라 급여도 높을 수 있다.

호주에서 중고차는 저렴하게 판매되고 있지만, 고장이 잦기 때문에 주의하도록 하자!

병원 이용하기

THEME 01　보험가입

"제가 돌도 씹어 먹는 사람인데, 보험가입을 꼭 해야 되나요?"

해외 어학연수를 준비하는 사람들에게 가장 아깝고 지출하기 싫은 비용이 의료보험이다. 보험비용 1년 치면 60만 원 정도이기 때문에 적은 비용도 아니었다. 60만원이면, VB맥주를 100병은 족히 먹을 수 있는 돈이었다. (순수한 실비아. 하하하)

"보험은 필수라서 꼭 가입해야 되거등요!!"

워킹비자 소지자는 보험가입을 선택할 수 있지만, 학원에서 학업을 할 목적인 학생비자 소지자들은 보험이 의무가입이다. 학생비자 소지자들은 OSHC에 의무가입하게 되고 (학원에 등록하면, 인보이스에 보험료도 포함돼서 표기가 된다.) 워킹이나 관광비자 소지자들은 보험회사와 상품종류를 선택해서 가입할 수 있다. 보험가입은 보통 유학원에서 대행을 해주고 있기 때문에 특별히 어려운 것은 없다.

"저는 워킹으로 갈 거라 가장 저렴한 보험으로 가입하고 싶어욧!"
"나이, 성별에 따라서 보험비용이 다른데요. 지금 검색해보니까 가장 저렴한 걸로 해서 1년에 20만 원 짜리 있네요."
"네네, 그걸로 해주세요! 가입을 안 해가는 건 너무 위험하니까 가장 저렴한 걸로 가입!!"

보험회사에 따라, 보험상품에 따라 보험료 차이가 크게 날 수 있다.

인적사항	성별: ○ 남 ● 여 (31)주민번호(앞):820705					검색	
PLAN	K1	K2	K3	K4	K5	K6	K7
상해 사망후유장해	200,000$	100,000$	100,000$	70,000$	30,000$	5,000만원	1,000만원
상해 해외치료	100,000$	100,000$	50,000$	30,000$	20,000$	2,500만원	1,500만원
상해 국내입원치료	3,000만원	3,000만원	3,000만원	3,000만원	3,000만원	3,000만원	3,000만원
상해 국내외래치료	15만원	15만원	15만원	15만원	15만원	15만원	15만원
상해 국내처방조제	5만원	5만원	5만원	5만원	5만원	5만원	5만원
질병 천재상해사망, 후유장해	200,000$	100,000$	100,000$	70,000$	30,000$	5,000만원	1,000만원
질병 해외치료	100,000$	50,000$	50,000$	30,000$	20,000$	2,500만원	1,500만원
질병 국내입원치료	3,000만원	3,000만원	3,000만원	3,000만원	3,000만원	3,000만원	3,000만원
질병 국내외래치료	15만원	15만원	15만원	15만원	15만원	15만원	15만원
질병 국내처방조제	5만원	5만원	5만원	5만원	5만원	5만원	5만원
특별비용	25,000$	20,000$	20,000$	15,000$	15,000$	2,000만원	1,500만원
1개월	132($)	79($)	68($)	42($)	28($)	33($)	20($)
	144,636원	87,121원	74,332원	46,625원	31,655원	36,203원	22,432원
45일	158($)	95($)	81($)	51($)	34($)	39($)	24($)
	173,563원	104,545원	89,198원	55,950원	37,986원	43,444원	26,919원
2개월	198($)	119($)	102($)	63($)	43($)	49($)	30($)
	216,954원	130,682원	111,498원	69,938원	47,483원	54,305원	33,649원
3개월	264($)	159($)	136($)	85($)	57($)	66($)	41($)
	289,272원	174,243원	148,664원	93,251원	63,311원	72,407원	44,865원
4개월	519.97($)	306.68($)	260.43($)	157.56($)	103.58($)	119.65($)	70.1($)
	568,380원	335,233원	284,677원	172,232원	113,219원	130,787원	76,627원
5개월	623.96($)	368.02($)	312.52($)	189.08($)	124.29($)	143.58($)	84.12($)
	682,056원	402,279원	341,612원	206,679원	135,862원	156,944원	91,952원

보험료 예시. 호주는 간단한 진찰만 받아도 치료비로 $90 이상이 나올 수 있기 때문에 보험가입을 반드시 하고 가도록하자!

THEME 02 보험증서

보험에 가입을 하면 보험증서와 약관을 수령할 수 있는데, 이때 영문이름과 기간, 보장내역 등을 잘 살펴보아야 한다. 최대 치료비 보상한도는 적게는 1500만 원 정도인데, 호주는 병원비가 비싸기 때문에 1000~1500만 원의 보상한도는 결코 높은 것이 아니다.

> "최대 보상한도가 1,500만 원이예요? 그렇게까지 다칠 일이 없을 것 같은데, 더 저렴한 상품은 없어요? 100만 원만 보장받아도 상관없는데……"
> "아니~ 사람 일을 어떻게 안다고, 그러다가 어떻게 되기라도 하면 갯값으로 받고 싶어요?!"

보험증서는 분실해도 사실 크게 상관은 없지만, 무거운 약관은 집에 놓고 가더라도 영문증서 복사본은 따로 하나 챙겨놓는 것이 좋다.

LIG Insurance

LIG Insurance Bldg, 649-11, Yeoksam-dong, Gangnam-gu, Seoul Korea

Certificate of Overseas Student's Insurance

Certificate No.	2012-		
Insurance Period	2012-09-13 10:00 ~ 2013-09-13 10:00		
Insured	kim		
ID No.	870912-1******	Gender	MALE
Insured List	-		

THE COMPANY IS LIABLE ONLY FOR BENEFITS INDICATED BY THE AMOUNT INSURED

	COVERAGE	AMOUNT INSURED
ACCIDENT	Death	(WON) 10,000,000
	Permanent Handicap	(WON) 10,000,000
	Medical Expenses	(WON) 15,000,000
	Death	

보험증서 샘플

THEME 03 병원 이용하기

"몸이 으슬으슬 아픈 게 감기몸살인가 봐."
"병원 가 봐, 병 키우지 말고"
"호주는 병원비 비싸단 말이야!"
"보험가입하고 왔잖아~ 괜찮아~"

병원비를 떠나서 나의 디테일한 증상을 영어로 표현해야 되는 것에 자신이 없었다. 하하!! 증상을 잘못말해서 이상한 주사라도 맞을까봐 겁이 났다고 해야 하나? 나의 증상은 너무 심한 일교차 때문에 시름시름 앓고 있는 단순한 감기였기 때문에 용기를 내서 개인병원에 가 보았다.

"안녕하세요 저 진찰받으러 왔어욤~"
"예약하셨죠?"
"아니요??? 예약해야 돼요?"
"예약안하셨으면 저기 의자에서 가볍게 1시간만 기다리시면 됩니다."
"헉!! 아파서 바로 왔건만……."

한국은 큰 병원 아니고서는 그냥 가도 되는데, 호주는 동네 병원인데도 예약을 하고 와야 하다니…낭패……. 실내가 따뜻한데도 불구하고, 식은땀을 펄펄 흘리며 의자에서 한 시간 반을 기다리고 드디어 내 차례가 왔다.

호주는 응급차를 부르는 데만 최소 $600 이상이다. 호주에서 아플 땐 131450을 누르면 한국어 통역서비스를 통한 병원진료를 받아볼 수 있다.

• 호주 병원 위치 검색 웹 사이트
http://www.myhospitals.gov.au/
• 호주의 질병과 건강에 대한 커뮤니티
http://www.hcn.com.au/

병원에 붙어있는 안내문~! 영어 공부 할 겸 읽어보아요!

"의사쌤, 열도 나공 콧물도 나공 기침도 나공 마이마이 아파서 왔어욤."
"증상은 감기인데, 진찰결과는 애교병(?)이네요. 풉!"

손짓발짓을 동원해서 진찰을 받았더니 더 피곤한 것 같았다.
"감기로 죽지는 않죠? 기운도 없고, 의지도 없고, 공부하기도 싫고……."
"그렇게 불안하면, 진료의뢰서 가지고 전문 의원으로 가 보실 수도 있고요."
"어머, 심각한 감기인가요??"
"아니요, 지극히 평범한 감기인데요!"
"헉, 그래요? 그럼 진짜 전문의 안 찾아가 봐도 될까요?"
"네, 그냥 평범한 감기라고욧!!! 원한다면 의사소견서 써줄게요! 전문의 찾아가 보세욧!!"

호주는 크게 개업의원, 전문의원, 치과의원, 응급실 등으로 병원이 나뉘고, 일반병원에서 치료가 안 되는 심각한 질병일 경우에는 일반병원의 의사소견서나 진단서를 들고 전문병원으로 갈 수 있다. 주정부 이상에서 운영하는 공립병원은 병원비가 거의 무료인데, 안타까운 건 호주시민권자, 영주권자에게만 해당이 된다. 그러므로 우리 같은 유학생들은 사립병원으로 가야한다.

골드코스트의 병원

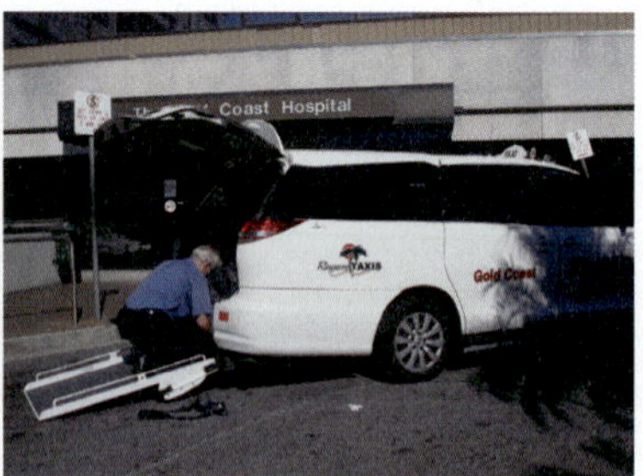
응급환자입니다. 다들 비켜주세요~!

Chatswood에 있는 Dental Centre

조용한 병원

Emergency Department

시드니 Chatswood 동네 병원

THEME 04 보험료 청구

그냥 방치하면 일주일 만에 감기가 낫고, 병원 다니면, 7일 만에 나을 수 있다는 감기로 인해 병원을 일주일 내내 다녔더니, 병원비가 꽤 나왔다. 보험가입을 하고 왔기 때문에 치료비를 정산하고 받은 영수증 원본, 진단서 원본 등 병원에서 주는 종이들을 모두 챙겨왔다. 보상이 전혀 되지 않는 것은 일반적으로 치과, 안과, 산부인과, 자가운전, 기왕증(과거에 이미 발생한 병력) 정신과, 피부과 등이다.

하루만 입원해도 약 $450정도이고, 일반진찰은 약 $40, 전문의 진찰은 약 $120정도이기 때문에 꼭 병원에서 받은 영수증원본과 진단서 원본을 챙겨서 보험료 청구를 하도록 하자!! (보험료는 보험회사에서의 심사과정을 거쳐서 보상액이 결정된다.) 비싼 유료서비스인 응급차를 부를 경우에는 000번을 누르면 되는데 이것도 추후 보장받을 수 있다.

>> 나의 질병은 내가 설명하자!!

MediBank 홈페이지
http://www.medibank.com.au/Overseas-Students/About-OSHC.asp

몸이 덜덜덜 너무 추워요.
I feel Chilly and I am shivering.

앗! 뜨거워! 열이 나나 봐요.
I have a fever.

아오, 창피해! 콧물이 주루룩
I sniveled all day.
내 목이 켁켁 아프다.

I have a sore throat.

전 왜 이렇게 편도선이 잘 붓는 거죠?
I come down with tonsillitis.

저는 A형입니다! 소심하니까 치료 좀 잘 좀 해주세요!
My blood type is A

차 사고로 다리가 부러졌어요. 말도 안 돼!! 살려줘!!
I broke my leg in the car accident.

아이고 머리야, 스트레스성인가? 두통이에요 두통!
I have a headache.

어제 갈비를 너무 뜯었더니 이가 아파요.
I have a toothache.

라면 5개 끓여먹었을 뿐인데, 소화가 안 돼요! 소화불량인가 봐요!
I had an attack of indigestion.

제가 삼일 째 응가를 못했걸랑요. 왜 그럴까요?
I am suffering from chronic constipation.

의사쌤, 저 충치하나 있어서 왔어요. 제발 안 아프게 치료 해주세요!
It looks like I have small cavities.

화화…화…상 입었어요. 죽는 건 아니겠죠?
I got scorched.

5불짜리 저렴한 식사 사먹다가 식중독에 걸리다니……, 진정 싼 게 비지떡인가?
I got food poisoning.

배가 아파요. 초콜릿을 너무 많이 먹었나 봐요. 하하
I have a stomachache.

건강검진은 미리미리! 머리부터 발끝까지 검진 좀 부탁드려요~!
I am here for a check-up.

은행 이용하기

THEME 01 은행의 필요성

환전을 해가면 당장 그 돈을 모두 쓰는 게 아니라서 맡겨놓을 현지 은행이 필요하다.
해외직불카드로 돈을 인출할 때에도 가급적 꽤 큰돈을 인출하기 때문에 인출한 돈의
일부를 저금해놓을 현지 은행이 있어야한다. 더구나 해외직불카드는 인출수수료가
높아서(약 8~9천 원) 급할 때에만 사용을 하는 게 좋고, 현지은행에서 만들어준 직불
카드를 통해서 그때그때 필요할 때마다 용돈을 인출하면 된다.
호주에도 우리나라처럼 은행이 많기 때문에 인출수수료나 은행위치를 따져보고, 계
좌를 오픈하는 것이 좋다. 특히나 호주에서 일을 하게 되면 주급을 통장으로 받기 때
문에 요즘은 호주에서의 통장 개설이 필수가 되어가고 있다.

THEME 02 호주은행

한국학생들이 주로 이용하는 호주 은행에는 Commonwealth Bank,
ANZ(Australia and New Zealand Bank), NAB(National Australia Bank),
Westpac 등이 있다.

"나는 commonwealth에서 하려고 하는데~"
"정말? 왜? 다들 ANZ에서 하지 않아?"
"요즘은 commonwealth가 대세야, 한국인 상담원도
있는걸!!"

예전에는 ANZ 은행을 많이 이용하였는데, 요즘에는 Commonwealth Bank가 인기가 높은 편이다. 물론 은행선택의 첫 번째 요소는 '집이나 어학원에서 얼마나 가까운가.'이다. 요즘에는 한국에서도 구좌개설을 하고 올 수가 있기 때문에 예전에 비해서 여러모로 Account open이 쉬워졌다.

한국에서 계좌를 만들고 올 경우 호주에 도착하자마자 은행카드를 바로 수령해서 사용할 수가 있고, 계좌유지수수료를 면제받을 수 있다. 계좌유지수수료는 보통 $4~$6이다.

"Commonwealth로 구좌 개설하러 가자!"
"그래, Debit 카드도 하나 만들자"
"Debit 카드가 뭐야?"
"체크카드 같은 거야, 은행에 들어있는 한도 안에서만
쓸 수 있는 카드지~"

만16세 이상만 되면, 그리 어렵지 않게 Account Open을 할 수가 있어서, 처음으로 호주에서 내 이름으로 된 통장을 하나 오픈하였다.

호주에서 인지도 높은 ANZ 은행

손님 없는 조용한 은행. 아~ 호주 은행에 취업하고 싶어라~~

은행상품 상담중인데, 무료 1:1 수업이 따로 없네? 아무거나 꾹꾹 클릭 중
푸하하

은행수수료

호주는 우리나라와 달리 월 4~5회 등으로 은행에서 지정된 횟수 이상 현금을 인출하게 되면 인출수수료가 3불 이상 붙게 된다.
그러므로 계좌 만들 때 무료로 몇 번 인출이 가능한지 알아보도록 하자.

THEME 03 Net Saver Account

우리나라처럼 호주은행에도 홍보전단이 많아요.

"이야~우리 호주에서 통장도 생기고 신기한데~"
"그니까~ 호주인도 아니고 외국인인데도, 금방 만들어주네."

ATM 기에서 돈을 인출하는 방법도 궁금해서 실습도 할 겸 ATM기 앞에 줄을 섰다. 대충 어떻게 하는지 알면 좋을 것 같아서, 앞에서 먼저 돈을 인출하고 있는 호주 사람들을 유심히 관찰했다.

'withdraw 버튼을 누르고, 아~저렇게 하는 거구나.'

우리나라와 비슷한 방법이여서 별로 어려워 보이지 않았다. 이제 거의 첫 단계부터 돈이 나오는 과정까지 모든 절차를 이해할 때쯤 앞사람이 나를 아래위로 훑어보더니, 손으로 모니터를 최대한 가리며, 비밀번호를 보이지 않게 조심스럽게 눌렀다. (비밀번호를 심지어 새끼손가락으로 눌렀다.) 돈을 이미 인출한 사람도 나를 힐끔 쳐다보고 가는 이상한 분위기가 연출되어서, 이러다가 경찰이라도 출동할까봐 두려(?)웠다.

"돈 인출 해보는 실습은 나중에 하고, 그만 가자."
"근데 내 친구가 온라인계좌 하나 만들면 이자 붙는 재미가 쏠쏠하다던데, 그건 뭐지?"

우리를 2인조 강도로 보는듯한 삼엄한(?) 바깥 분위기도 피할 겸 다시 은행 안으로 들어왔다. 온라인계좌 좋은 게 있다던데, 이자 붙는 계좌가 어떤 것이 있고 어떻게 만드는 것이냐며 폭풍질문을 쏟기 시작했더니 담당직원 표정에 답답함이 뭉게구름처럼 피어오른다. (바깥에서는 강도 취급, 안에서는 바보취급 당하고 있는 우리 2인조)

담당직원이 Net Saver Account를 말하는 것 같다고 하면서 사용방법을 설명해주었다. 일반계좌는 보통 계좌유지 수수료가 있는 반면에 이것은 유지수수료도 없을뿐더러 매일매일 약 3% 가량 이자가 붙는다. 온라인계좌이기 때문에 ATM 기에서 돈을 인출하거나, 은행에 방문해서 돈을 인출하는 것 등은 모두 안 되고, 계좌이체를 사용한 입출금만 가능하다. (진정한 사이버 통장)

THEME 04 한국에서 은행계좌 미리 만들기

모든 것이 그렇지만, 하루가 다르게 많은 시스템들이 디지털화 되고 있기 때문에 미리 계좌개설 관련으로 주거래은행에 가서 상담 받아보는 걸 추천한다.

> "한국에서 호주계좌를 미리 만들고 갈 수 있나요?"
> "네 그렇습니다. 가능합니다."
> "우와~ 되게 좋다, 근데 가서 만드는 거랑 무슨 차이예요?"
> "미리 만들어 가면 은행카드도 바로 수령할 수 있고, 송금수수료할인과 환율우대도 되기 때문에 장점이 많습니다!!"

해외직불카드를 만들기 위해 은행에 들렀다가 의외의 고급정보를 얻었다. 한국에서 은행계좌를 미리 오픈할 수 있는 호주은행은 ANZ, Commonwealth은행이고, 우리은행에 가면 VITOPA를 통해서 체크카드와 Woori One, 외국현지계좌를 동시에 신청할 수 있다.

외국현지계좌를 부여받으면 Woori One 송금계좌에 송금정보를 등록하고, 원화입금을 할 수 있으며, 인터넷뱅킹, ATM, 은행창구를 통해서 언더서든 쉽게 할인된 수수료로 해외로 송금할 수 있게 된다.

호주출국 한 달 전에 미리 계좌를 오픈해놓고, 호주출국이 지연되거나 하면 계좌가 자동 폐쇄될 수 있으니, 우리원서비스를 통해 호주에 미리 일정금액을 입금해 놓는 것도 방법이다. 호주에 도착해서 은행카드를 수령할 시에는 여권 등의 신분증과 호주은행 계좌가 완료되었다는 이메일 사본, 비자 승인 사본 등이 필요하다.

Tip

호주은행에 카드 수령하러 방문했을 때, 이 외 다른 카드는 굳이 만들지 않아도 된다.

아르바이트의 모든 것

 아르바이트 구하기

학생비자로 온 나는 공부가 목적이었지만 용돈 정도는 내가 벌어볼 요량으로 일자리를 구하러 다운타운 쪽으로 발길을 옮겼다.

> **"저기, 혹시 여기 사람 안 구하나여?"**
> **"안 구합니다!"**

처음에는 직원을 구한다는 문구가 있는 곳을 찾기 위해 발품을 팔았지만 어디에도 그런 문구가 붙어있는 곳은 없었다. 구경도 할 겸 겸사겸사 온 거지만 이렇게 일자리 구하는 곳이 아예 없을 줄은 상상도 못했다. 오늘은 그만 돌아가고 내일 다시 나올 생각으로 집으로 가는 버스에 올라탔다.

> **"여기 직원 구하는 곳이 왜 이렇게 없어요?"**
> **"직원을 찾는 곳보다 일자리를 찾는 사람들이 더 많아서 그렇지 뭐~ 이력서 50장 복사해서 싹 돌려~"**

말이 50장 복사이지 복사비도 만만치 않기 때문에 친한 선생님한테 로비를 해서 20장을 학원 근처에 있는 레스토랑, 마트, 휴대폰상점, 서점까지 가리지 않고 필요 없다는 손사래를 무시하며 이력서를 돌렸다. 그리고 20곳에 뿌렸으니 적어도 한곳에서는 연락이 올 거라는 희망은 정확히 일주일 이후에 사라졌다

> **"아르바이트 구하는 거 아무래도 포기해야 되겠다. 구하기가 너무 힘들어~"**

"진짜? 나 저번 주에 구한 주방장일 그만둘라고~ 힘
들어서 못하겠다."
"누구는 일 못 구해서 안달인데 일을 그만둔…잠깐! 그
일 내가 대신하면 안 되나?"

그렇게 고생고생하며 발품 팔 때는 전혀 안 구해지던 일이
우연히 친구와 대화를 나누다가 기회를 얻게 되었다.

"히로시 친구 실비아라고 하는데요~ 혹시 거기서 일할
수 있나요? 일도 잘하고 일본어도 좀 하거든요."

호주는 안타깝게도 한국음식이 아닌 일본스시를 사랑하기
때문에 스시 집이 가장 흔한 일자리이다.

"음, 뭐 열심히 할 것 같네요. 내일부터 오후 5시까지
오세요. 주말에는 아침 9시까지 오면 됩니다."

드디어 처음으로 일을 구한 스시 집으로 바로 다음 달부터
아침 9시까지 출근하기로 했다.

THEME 02 얼마나 벌 수 있을까?

"여러분~ 이쪽은 오늘부터 같이 일하게 될 실바아예
요. 싸우지 말고 사이좋게 지내길 바라요."

한국에서는 몇 번 아르바이트를 해봐서 대략 분위기를 알
지만 외국에서는 한 번도 일해본적이 없기 때문에 모든 것
이 낯설었다.

"실비아 오늘 수고했고 내일모레 보자고~"
"근데 혹시 매일 일하는 건 안 되나요?"

어렵게 구한 일자리에다가 막상 일 해보니 돈 벌고 싶은 욕
심이 생겼다.

"매일은 안 되고 대신 주말 내내 나오는 건 돼요. 그럼
토요일 날 아침 8시까지 나와요."

① 영어공부를 열심히
해라. (스피킹 실력이
우수한 사람은 어디
서나 우대 받는다.)
② 최대한 많은 사람들
에게 일자리가 필요
하다는 걸 알리자.
③ 교민잡지가 새롭게
나올 때를 골라 처음
으로 가져간다.
④ 호주교민 사이트를
자주 검색해본다.
⑤ 여러 장소의 게시판
등을 눈여겨본다. (학
원, PC방, 한국식품
점 등)
⑥ 호주인 친구를 많이
만들자. (일자리 구하
는 걸 도와줄 수도 있
다.)
⑦ 본인의 특기를 최대
한 살리자.
(태권도사범, 일일노
동, 제과제빵, 네일아
트, 미용기술, 카지노
등)

어차피 일자리를 못 구해서 한 달 내내 놀았기 때문에 주말까지 일하는 게 큰일도 아니었다.

"실비아는 일도하고 부럽다 시간당 얼마나 받아?"
class mate 메튜가 물었다.
"시간당 $9 받아. 팁은 퇴근할 때 직원들하고 똑같이 나눠서 갖고~ 팁은 매일 다른데, 보통 하루에 $5~10 정도는 받으니까 차비는 되는 것 같아."

사실 일자리 구하기가 워낙 힘드니 시간당 8불만 줘도 감사히 일하고 있는 게 현실이다. 급여가 작아도 불만을 이야기 할 순 없는 것이다.

물론 class mate인 브라질리안 자밀레가 주당 19불을 받으며 일하는 것을 보면 심기가 뒤틀리기는 한다. 왜 똑같이 일하는데도 동양인만 최저임금보다 더 적게 받는 게 당연시 되는지 이해할 순 없지만 현실이 그렇다. 하지만 동양인 남자들은 간혹 일자리를 잘 구하면 주당 $15 이상 받는 경우도 꽤 많다. 특히 체력이 좀 되는 사람은 새벽청소, 기계 닦기, 일일노동을 하면 급여를 많이 받을 수 있다. 저번 달에 아이엘츠 과정을 마치고 졸업한 크리스라는 한국 사람은 한국에서 용돈을 좀 벌어본다고 종종 했었던 일일노동이 경력이 되어 호주에서 시급을 꽤 받으면서 일했던 것도 기억난다. 한국 갈 때는 돈을 여기서 꽤 쓰고도 천만원 이상을 벌어서갔다. 농장, 공장 등에서 일해도 돈은 많이 벌 수 있는데 그야말로 돈만벌 수 있기 때문에 공부하러 온 사람에게는 추천하고 싶지 않다.

THEME 03 아르바이트의 득과 실

아르바이트를 하니 용돈도 생기고 퇴근할 때 남은 음식까지 싸올 수 있어서 생활에 도움이 너무 많이 되었다. 나뿐만이 아니라 근처에 살고 있는 한국 사람들까지 내 퇴근시간을 기다리며 남은음식에 열광했다!

“오늘은 새우튀김 롤이 하나도 없네! 넉넉히 좀 만들어서 남게 좀 하면 안 돼?”
“일본식당이잖아! 일본인들이 얼마나 철저한데! CCTV도 있고 직원들이다 감시자
야! 점심때 우동에 새우 2개 넣어서 먹으니까 새우는 먹으면 안 된다고 하더라.”

평일에는 수업이 끝나고 숙제를 좀 하다가 출근을 해서 11시에 다 같이 퇴근을 한다.

“미소스프가 된장국 같아요~ 너무 싱거워요~”

일본인들은 싱겁게 먹는다고 들어서 일부러 싱겁게 만들었더니 너무 싱겁다고 해서
된장을 양껏 넣으니 이제야 제 맛이 난다고 맛있다고 한다. 우동도 간장을 많이 넣어
야 좋아하고 데리야끼도 소스를 많이 넣고 짭짤하게 해야 좋아했다.

“실비아~ 냉장고 청소 좀 해야겠는데.”

주방에서도 나 혼자 요리하고 나 혼자 설거지하고 나 혼자 청소하고 있기 때문에 화
장실 갈 시간도 없는데 한가롭게 서빙 하는 직원들이 간혹 들러 한마디씩 하고 갈 때
마다 창피하기도 하고 어쩜 이렇게 직원들이 오너쉽을 가지고 일을 하는지 대단하기
도 했다. (으…얄미운 것들…….) 내가 일하는 곳은 회전초밥 레스토랑이기 때문에 나
와 호주인 2명을 빼고는 전부 일본인들 뿐이다.

“뎀뿌라 히또쯔~”
“하이!”

그래서 당연히 주문도 일본어로 들어오고 모든 이야기는 일본어로 통한다. 심지어 은
근히 기대했던 호주인마저도 일본어를 잘해서 영어는 쓰지도 않았다. 만약 일본어를
공부중인 학생이라면 도움이 많이 될 것 같지만, 나같이 영어가 필요한 사람에게는
전혀 도움이 되지 않았다. 한국에서 아르바이트를 할 때는 사장님이 없을 때마다 조
금씩 요령을 피우기도 하고 어려운 일은 남자직원들이 많이 도와주곤 했는데 여기서
는 아무것도 기대할 수 없어서 괜히 외로운 느낌도 나고 일이 많이 힘들었다.

“으~악! 이거 절대 못 들겠는데 남자직원 좀 불러오면 안 될까요?”

주말 아침마다 거대한 가마솥에 밥을 하고 그 밥을 번쩍 들어 올려서 기계에 넣은 다
음에 식초를 넣고 비벼야 하는데 밥의 무게는 대략 25Kg 정도였다. 물론 바닥에 있
는 밥을 들어 올리는 건 충분히 여자라도 할 수 있지만, 선반 위에 있는 밥을 내 머리
위까지 들어 올려 빼내는 건 불가능해보였다.

1 이것이 진정한 양떼 목장!! 이런 곳에서 알바 해봤니?
2 이런 곳에선 해봤을까? 3 묘목심기의 진수
4 사냥총으로 직접 잡아온 토끼
5 가죽도 농장주인과 같이 벗겨봤는데… 미안해 토끼야!
6 귀여운 아가들!
7 하루 일과 모두 마치고 집으로 돌아가는 길

"남자를 왜 불러와요~ 충분히 할 수 있는데!"

옆에 있던 여자직원이 밥을 번쩍 들어 올려 기계에 넣더니 다음부터는 내가 해야 된다고 했다. (흑흑)

"아, 뜨거!"

설거지를 해서 젖은 손으로 뎀뿌라(튀김)를 만들고 있으니 기름에 물이 튀겨서 항상 손을 데였다.

"실비아~ 그릇에 물기 좀 제대로 닦아줘요!"
"네!"

내가 일하는 곳은 장사가 너무 잘되고 꽤 큰 곳에다가 주방에 나 혼자 있기 때문에 다른 사람들보다 훨씬 일을 고되게 해서 그런지는 몰라도 퇴근해서 집에 도착하면 술을 한잔 하지 않고서는 잠이 오지 않을 정도였다.

"실비아! 빈칸 채우라고 했더니 자면 어떻게 해여!"

일하기전에는 수업시간에 제일 시끄러운 게 나였는데 일하고 나서는 강의실에서 제일 조용한 게 내가 되었다. 한국에서도 일과 공부를 병행하는 게 쉽지가 않은데 여기서는 아예 불가능해 보였다.

"실비아 월급～"

호주는 거의 모든 게 주당으로 계산되기 때문에 월급도 매주 받았다. 생전 처음 벌어보는 예쁘게 생긴 호주달러에 감동을 받고는 스스로 일을 찾아하며 점점 적응을 했다. 하지만 그것도 잠시, 일한지 4주차 만에 장렬히 바닥에 쓰러지며 이틀 동안 학원에 결석을 했다. 4주 동안 대략 170만 원 정도의 돈을 벌어서 방값에 용돈까지 충분히 쓸 수 있었지만 한 달에 140만원이 넘는 학원을 제대로 다니지도 못하고 학업에도 소홀했던 것을 생각하니 돈을 번 게 아니라 돈을 낭비했다는 씁쓸한 생각이 들었다.

THEME 04 세금환급

아껴야 잘살지!! 한 푼이라도 포기하지 않는 꼼꼼이의 세금환급 하기!

》》 직접 인터넷으로 환급신청을 할 수 있으나, 다소 어렵고 번거롭기 때문에 대부분 대행업체를 통해서 신청하고 있다

❶ www.ato.gov.au 접속!

❷ e-tax 파일 다운로드 하기

❸ 신청서 작성하기

》》 대행업체에게 세금환급을 의뢰했을 때 필요한 준비물

❶ 개인정보 (이름, 생년월일 등)

❷ TFN (텍스파일넘버)

❸ 호주 입국날짜, 출국날짜

❹ 환급받을 은행정보 (계좌번호, Swift code, 은행 명 등)

❺ 소지하고 있는 비자

❻ 직업관련 정보 (일을 시작한 날짜, 고용주회사 이름, 주소 등)

❼ 페이먼트 서머리(Payment Summary)

>> 환급신청하기

❶ 총 수입이 $11,000 이상인 경우 일과 관련해 구입한 물품영수증이 있다면 환급을 더 많이 받을 수 있다.

❷ 세금 신고기간은 7/1~10/31

❸ 일하면서 받은 급여명세서 및 일 관련 증빙서류들은 버리지 말고 모아두는 것이 좋다.

❹ 출국이 얼마 남지 않아서 조기에 텍스환급을 신청해야한다면(Early Leaving Lodgment) 한국으로 귀국하기 6~8주 전에 신청해야한다.

❺ 일반텍스 환급신청은 보통 2~4주 안에 처리가 된다.

❻ 세금환급을 대행하게 되는 경우 약 $65 정도의 수수료가 든다. (조기 환급의 경우는 수수료가 더 높을 수 있다.)

❼ 가능하면 한국인 회계사를 통해 신청하는 것을 추천한다.

❽ 총 소득이 $15,000 이상이라면 세금환급이 불가하다.

❾ 텍스 관련 웹사이트 (Good Tax Refund Service) http://www.etaxback.com/ T.070-8256-9134 / T.02-9267-8155

성공어학연수 가이드 – 우리는 지금 호주로 간다
호주 맞짱뜨기

1판 1쇄 인쇄 2013년 11월 25일

1판 1쇄 발행 2013년 11월 30일

지 은 이	박미경
발 행 인	이미옥
발 행 처	아이생각
정 가	16,000원
등 록 일	2003년 3월 10일
등록번호	220-90-18139
주 소	(143-839)서울 광진구 능동 253-21
새 주 소	(143-849)서울 광진구 능동로 32길 159
전화번호	(02)447-3157~8
팩스번호	(02)447-3159

저자합의
인지생략

ISBN 978-89-97466-12-2 (13980) | I-13-09